应用型本科院校“十三五”规划教材/计算机类

U1016804

主　编　孔繁亮
副主编　洪　港　顾贞　刘龙

概率论与数理统计

（第2版）

Probability Theory and Mathematical Statistics

哈爾濱工業大學出版社

内 容 简 介

本书是高等院校应用型本科系列教材，根据编者多年的教学实践，按照新形势教材改革精神，并依据教育部高等院校课程教学指导委员会提出的“概率论与数理统计课程教学基本要求”，结合应用性、职业型、开放式的应用型本科院校培养目标编写而成。内容为概率论的基本概念、随机变量及其概率分布、二维随机变量及其分布、随机变量的数字特征与极限定理、数理统计的概念与参数估计、假设检验、统计分析方法简介、上机计算(IV)。本书附有习题答案与提示，配备了学习指导书，并对全书的习题做了详细解答，同时也配备了多媒体教学课件，方便教学。本书结构严谨、逻辑清晰、叙述详细、通俗易懂，突出了应用性。

本书可供应用型本科院校的相关专业学生使用，也可作为工程技术、科技人员的参考书。

图书在版编目(CIP)数据

概率论与数理统计/孔繁亮主编. —2 版. —哈尔滨：哈尔滨工业大学出版社，2013.1(2018.7 重印)
应用型本科院校“十三五”规划教材
ISBN 978-7-5603-3072-3

Ⅰ.①概… Ⅱ.①孔… Ⅲ.①概率论-高等学校-教材 ②数理统计-高等学校-教材 Ⅳ.①021

中国版本图书馆 CIP 数据核字(2012)第 289077 号

策划编辑 赵文斌 杜 燕
责任编辑 尹 凡
出版发行 哈尔滨工业大学出版社
社 址 哈尔滨市南岗区复华四道街 10 号 邮编 150006
传 真 0451-86414749
网 址 http://hitpress.hit.edu.cn
印 刷 哈尔滨久利印刷有限公司
开 本 787mm×1092mm 1/16 印张 15.75 字数 365 千字
版 次 2010 年 8 月第 1 版 2013 年 1 月第 2 版
2018 年 7 月第 5 次印刷
书 号 ISBN 978-7-5603-3072-3
定 价 30.00 元

(如因印装质量问题影响阅读，我社负责调换)

《应用型本科院校“十三五”规划教材》编委会

主　任　修朋月　竺培国

副主任　王玉文　吕其诚　线恒录　李敬来

委　员　（按姓氏笔画排序）

丁福庆　于长福　马志民　王庄严　王建华

王德章　刘金祺　刘宝华　刘通学　刘福荣

关晓冬　李云波　杨玉顺　吴知丰　张幸刚

陈江波　林　艳　林文华　周方圆　姜思政

庹　莉　韩毓洁　蔡柏岩　臧玉英　霍　琳

序

哈尔滨工业大学出版社策划的《应用型本科院校“十三五”规划教材》即将付梓，诚可贺也。

该系列教材卷帙浩繁，凡百余种，涉及众多学科门类，定位准确，内容新颖，体系完整，实用性强，突出实践能力培养。不仅便于教师教学和学生学习，而且满足就业市场对应用型人才的迫切需求。

应用型本科院校的人才培养目标是面对现代社会生产、建设、管理、服务等一线岗位，培养能直接从事实际工作、解决具体问题、维持工作有效运行的高等应用型人才。应用型本科与研究型本科和高职高专院校在人才培养上有着明显的区别，其培养的人才特征是：①就业导向与社会需求高度吻合；②扎实的理论基础和过硬的实践能力紧密结合；③具备良好的人文素质和科学技术素质；④富于面对职业应用的创新精神。因此，应用型本科院校只有着力培养“进入角色快、业务水平高、动手能力强、综合素质好”的人才，才能在激烈的就业市场竞争中站稳脚跟。

目前国内应用型本科院校所采用的教材往往只是对理论性较强的本科院校教材的简单删减，针对性、应用性不够突出，因材施教的目的难以达到。因此亟须既有一定的理论深度又注重实践能力培养的系列教材，以满足应用型本科院校教学目标、培养方向和办学特色的需要。

哈尔滨工业大学出版社出版的《应用型本科院校“十三五”规划教材》，在选题设计思路上认真贯彻教育部关于培养适应地方、区域经济和社会发展需要的“本科应用型高级专门人才”精神，根据前黑龙江省委书记吉炳轩同志提出的关于加强应用型本科院校建设的意见，在应用型本科试点院校成功经验总结的基础上，特邀请黑龙江省9所知名的应用型本科院校的专家、学者联合编写。

本系列教材突出与办学定位、教学目标的一致性和适应性，既严格遵照学科体系的知识构成和教材编写的一般规律，又针对应用型本科人才培养目标及与之相适应的教学特点，精心设计写作体例，科学安排知识内容，围绕应用讲授理论，做到“基础知识够用、实践技能实用、专业理论管用”。同时注意适当融入新理论、新技术、新工艺、新成果，并且制作了与本书配套的PPT多媒体教学课件，形成立体化教材，供教师参考使用。

《应用型本科院校“十三五”规划教材》的编辑出版，是适应“科教兴国”战略对复合型、应用型人才的需求，是推动相对滞后的应用型本科院校教材建设的一种有益尝试，在应用型创新人才培养方面是一件具有开创意义的工作，为应用型人才的培养提供了及时、可靠、坚实的保证。

希望本系列教材在使用过程中，通过编者、作者和读者的共同努力，厚积薄发、推陈出新、细上加细、精益求精，不断丰富、不断完善、不断创新，力争成为同类教材中的精品。

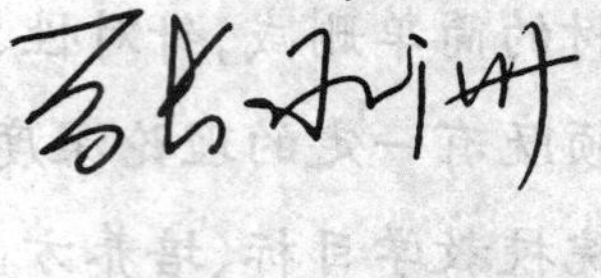

第2版前言

为了贯彻全国高等院校教育工作会议精神和落实教育部关于抓好教材建设的指示，为了更好地适应培养高等技术应用型人才的需要，促进和加强应用型本科院校“概率论与数理统计”的教学改革和教材建设，由黑龙江东方学院、哈尔滨理工大学、黑龙江科技学院、黑龙江大学等院校的部分教师参与编写了本教材。

在编写中，我们依据教育部高等院校课程教学指导委员会提出的“概率论与数理统计课程教学基本要求”，结合应用性、职业型、开放式的应用型本科院校的培养目标，努力体现以应用为目的、以掌握概念、强化应用为教学重点、以必须够用为度的原则，并根据我们的教改与科研实践，在内容上进行了适当的取舍。在保证科学性的基础上，注意处理基础与应用、经典与现代、理论与实践、手算与电算的关系。注意讲清概念，建立数学模型，适当削弱数理论证，注重两算（笔算与上机计算）能力以及分析问题、解决问题能力的培养，重视理论联系实际，叙述通俗易懂，既便于教师教，又便于学生学。

本书48学时可讲完主要部分，加*号的部分可根据专业需要选用（另加学时），或供学生自学。本书除供应用型本科院校的相关专业及高等工科院校工程类、经济类、管理类等专业的概率论与数理统计教材使用外，也可供成人教育学院等其他院校作为教材，还可作为工程技术人员、企业管理人员的参考书。

本书由孔繁亮教授担任主编，洪港、顾贞、刘龙担任副主编。黑龙江大学陈正宏教授和哈尔滨医科大学张仲教授审阅了全部书稿，并提出了宝贵意见，在此表示感谢！

高等应用型本科院校的蓬勃发展，为我国高等教育的发展增添了新的活力。如何搞好这个层次的教材建设，是教学改革的一个当务之急。我们编写的这套教材，就是其中的一个探索。由于我们的水平有限，书中难免有疏漏之处，敬请广大师生、社会各界读者不吝指正。

编　者

2012年11月

目 录

第 1 章 概率论的基本概念

概率论与数理统计是研究现实世界中随机现象规律性的一门数学学科,是数学的一个有特色的分支.一方面,它有别开生面的研究课题,有自己独特的概念和方法,内容丰富、结果深刻;另一方面,它与其他数学分支以及科学技术的许多领域又有紧密的联系,理论严谨,应用广泛,是近代数学的重要组成部分.本章将介绍它的基本概念、理论与方法.

自然界和社会上发生的现象是多种多样的,其中一类是在一定条件下必然发生或必然不发生的现象,这类现象叫做确定性现象.例如:

(1) 向上抛一枚硬币,必然落下;

(2) 在标准大气压下,纯水加热到 100℃ 必然沸腾;

(3) 从一批全是合格品的产品中任取一件,取到的必是合格品.

这类确定性现象的特点是:每次试验或观察它的结果总是确定的.

另一类现象是在一定条件下,具有多种可能结果,哪一种结果将会发生,事先不能确定,这类现象叫做随机现象.例如:

(1) 向上抛一枚硬币,落下后可能正面向上,也可能正面向下;

(2) 某运动员投篮一次,可能投中,也可能投不中;

(3) 从一装有白球和黑球的袋中任取一球,可能是白球,也可能是黑球.

上述这些现象都是随机现象.随机现象的特点是:一方面,事先不能预言其结果,具有不确定性;另一方面,在相同的条件下进行大量的重复试验,会呈现出某种规律性,这种规律性通常叫做统计规律性.概率论与数理统计的任务就是研究与揭示随机现象的规律性.

1.1 随机事件与样本空间

1.1.1 随机试验 随机事件

试验作为一个含义广泛的术语,它包括各种各样的科学试验,社会试验,甚至对某一事物的某一特征的观察也认为是一种试验.

如果某试验满足以下三个条件:

(1) 可以在相同条件下重复进行;

(2) 每次试验的可能结果不只一个,并且事先能明确知道试验的所有可能结果;

(3) 一次试验不能预言哪一个结果会出现.

我们称此试验为随机试验,简称为试验,用字母 E 表示.例如:

E_1:投掷一枚质地均匀的硬币,观察它出现"正面"或"反面";

E_2:在一批灯泡中,任选一只,测试它的寿命;

E_3:掷一枚质地均匀的骰子,观察它出现的点数.

显然,上述3个试验都是随机试验.

随机试验的每一可能的结果称为随机事件(简称事件),通常用字母 $A,B,C,\cdots$ 表示.概率论与数理统计就是通过随机试验来研究随机现象规律性的.

1.1.2 基本事件与样本空间

随机事件是随机试验中可能发生也可能不发生的事件.在试验中一定发生的事件叫做必然事件,用 Ω 表示;在试验中不可能发生的事件称为不可能事件,用 $\varnothing$ 表示.必然事件和不可能事件实质上都是确定性现象的表现,为了便于讨论,通常把它们当作随机事件的特殊情况来看待.

在随机事件中,有些事件可以看做是由某些更简单的事件复合而成的.

例 1.1.1 10个产品中含有2个次品,8个正品,从中任取3个,观察它所含的次品数,记

$$B_0 = \{恰有0个次品\} \quad B_1 = \{恰有1个次品\} \quad B_2 = \{恰有2个次品\}$$
$$A = \{至少有1个正品\} \quad B = \{最多有1个次品\}$$

都是随机事件,其中事件 B 是可分解的事件,可看作 B_0 和 B_1 两个事件复合而成的,而 B_0, B_1, B_2 是不能再分解的事件.

在随机试验中,不能再分解的事件称为基本事件,亦称为样本点,记作 ω.一个随机试验的全体基本事件组成的集合称为样本空间,记作 Ω.

例如:掷一枚骰子,观察它出现的点数.

该试验的样本空间为

$$\Omega = \{1,2,3,4,5,6\}$$

样本点:{出现1点},{出现2点},{出现3点},……,{出现6点}.

例 1.1.2 从编号分别为 $1,2,3,\cdots,10$ 的十个球中任取一个观察其编号数,试写出试验的样本空间和下列事件所包含的基本事件

$$A = \{取到6号球\} \quad B = \{取到偶数号球\}$$
$$C = \{取到编号数大于4的球\}$$

解 样本空间 $\Omega = \{1,2,3,\cdots,10\}$,事件所包含的基本事件为

$$A = \{6\} \quad B = \{2\},\{4\},\{6\},\{8\},\{10\} \quad C = \{5\},\{6\},\{7\},\{8\},\{9\},\{10\}$$

1.1.3 事件的关系与运算

1.事件的包含关系

定义 1.1.1 如果事件 A 发生必然导致事件 B 发生,则称事件 B 包含事件 A,或事件 A 包含于事件 B,记作 $B \supset A$ 或 $A \subset B$.

事件间的包含关系可用图1.1直观说明.

例如:一台机器从使用到报废有下列事件,$B=\{$使用20年$\}$,$A=\{$使用25年$\}$,A 发生时 B 必然发生,所以 $A\subset B$.

2.事件的相等关系

定义1.1.2　如果事件 $A\subset B$ 且 $B\subset A$,则称事件 A 与 B 相等,记作 $A=B$.

3.事件的和

定义1.1.3　事件 A 和事件 B 中至少有一个发生的事件称为事件 A 与 B 的和,记作 $A+B$ 或 $A\cup B$.

图1.2中阴影部分表示的就是 $A+B$.

类似地,n 个事件 $A_1,A_2,\cdots,A_n$ 中至少有一个发生所构成的事件称为这 n 个事件的和事件,记为 $\bigcup\limits_{i=1}^{n}A_i$.

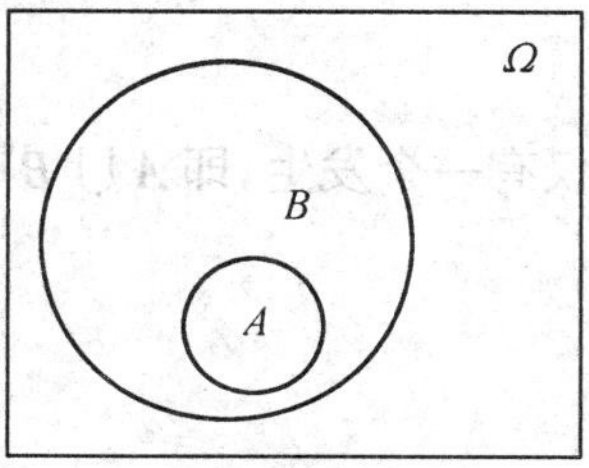

图1.1

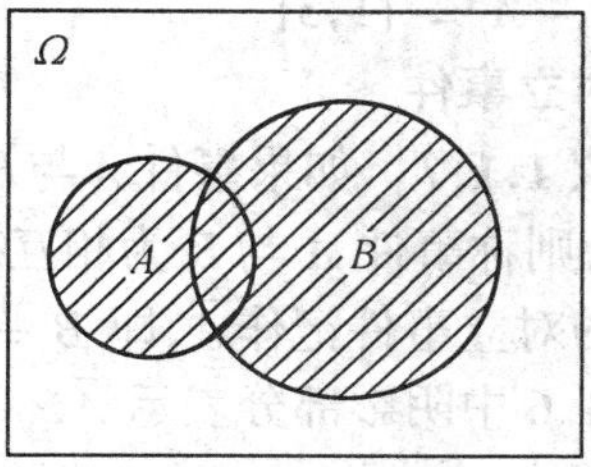

图1.2

例1.1.3　抽查一批产品,记事件:$A=\{$没有不合格品$\}$,$B=\{$有一件不合格$\}$,$C=\{$最多有一件不合格品$\}$.试写出上述事件的关系.

解　由于事件 C 的发生意味着 A 与 B 至少有一个发生,所以 $C=A+B$.

4.事件的积

定义1.1.4　事件 A 与 B 同时发生的事件,称为事件 A 与 B 的积,记作 AB 或 $A\cap B$.图1.3阴影部分表示 AB.

类似地,n 个事件 $A_1,A_2,\cdots,A_n$ 同时发生的事件称为这 n 个事件的积事件,记为 $\bigcap\limits_{i=1}^{n}A_i$.

例1.1.4　如果某零件的验收标准为长度,直径都合格,设事件:$A=\{$零件直径合格$\}$,$B=\{$零件长度合格$\}$,$C=\{$零件合格$\}$.试用事件的积表示这三个事件之间的关系

解　因为事件 C 的发生必然要事件 A 与 B 同时发生,所以有 $C=AB$.

5.互不相容事件

定义1.1.5　如果事件 A 与 B 不能同时发生,即 $AB=\varnothing$(或 $A\cap B=\varnothing$),则称事件 A 与 B 为互不相容(或互斥)事件.

图1.4表示事件 A 与 B 不相容(事浸 A 与 B 互斥).

互不相容事件的概念可推广到 n 个事件的情形:如果 n 个事件 $A_1,A_2,\cdots,A_n$ 中任何两个事件都不能同时发生,即

$$A_iA_j=\varnothing\qquad(i\neq j,i,j=1,2,\cdots,n)$$

则称这 n 个事件为两两互不相容事件.

6.事件的差

定义1.1.6　事件 A 发生而事件 B 不发生的事件称为事件 A 与 B 的差,记作 $A-B$.

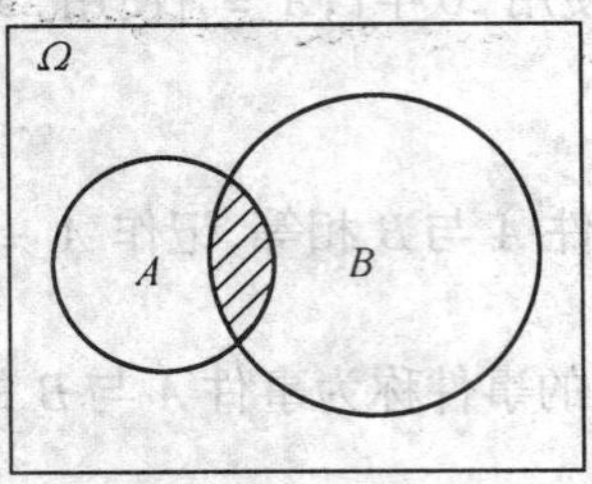

图 1.3

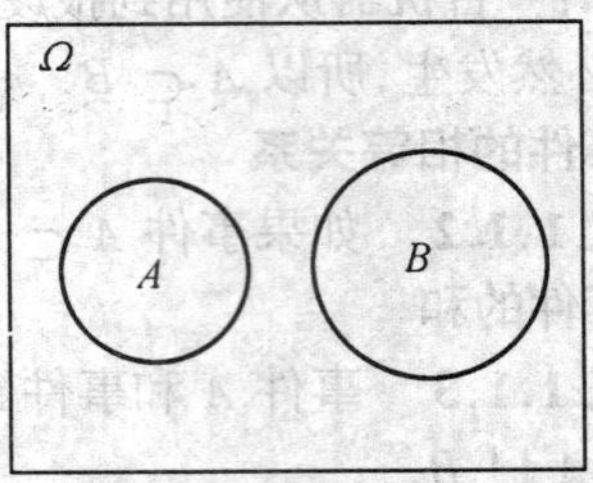

图 1.4

图 1.5 中阴影部分表示事件 $A - B$.

例 1.1.5 掷骰子试验中:$A = \{$出现两点$\} = \{2\}$,$C = \{$出现小于4的点$\} = \{1,2,3\}$,则 $C - A = \{1,3\}$.

7.对立事件

定义 1.1.7 如果事件 A 与 B 中必有一个发生,且仅有一个发生,即 $A \cup B = \Omega$,$A \cap B = \varnothing$,则称事件 A 与 B 为相互对立事件(或逆事件).

A 的对立事件记作 $\overline{A}$,即 $B = \overline{A}$.

图 1.6 中阴影部分表示 $\overline{A}$.

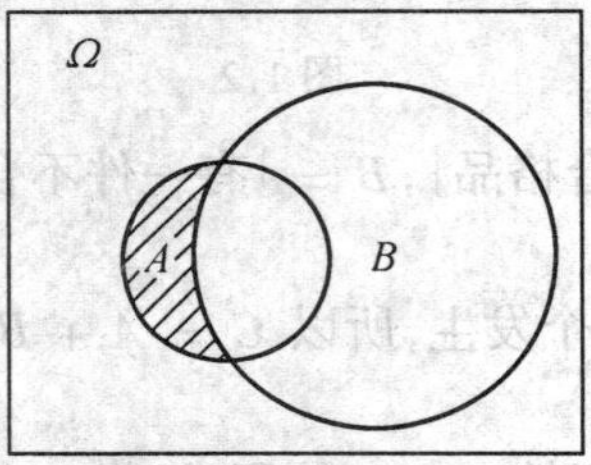

图 1.5

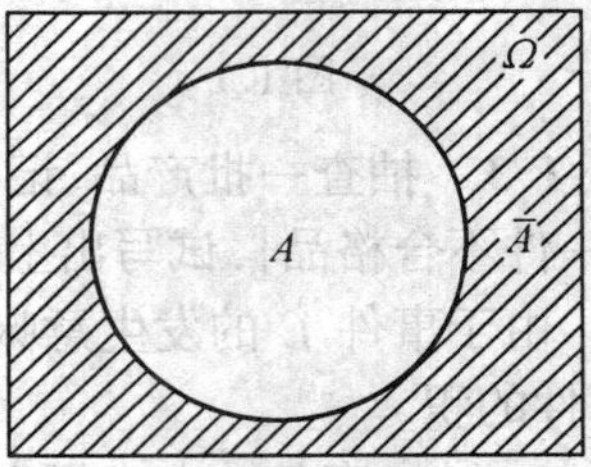

图 1.6

例如,事件 $A = \{$产品合格$\}$ 的对立事件 $\overline{A} = \{$产品不合格$\}$;事件 $B = \{$产品全部合格$\}$ 的对立事件 $\overline{B} = \{$至少有一个产品不合格$\}$.

一般的,对立事件必然是互斥事件,但互斥事件不一定是对立事件.

为了与集合论概念相对照,特列表 1.1.

表 1.1

记号	概率论	集合论
Ω	样本空间　必然事件	空间(集合)
$\varnothing$	不可能事件	空集
$\omega \in \Omega$	基本事件　样本点	Ω 中的元素
$A \subset \Omega$	事件 A	Ω 的子集
$A \subset B$	事件 A 发生导致事件 B 发生	集合 B 包含集合 A
$A = B$	事件 A 与事件 B 相等	集合 A 与集合 B 相等
$A \cup B$	事件 A 与事件 B 至少有一个发生	集合 A 与集合 B 的并
$A \cap B$	事件 A 与事件 B 同时发生	集合 A 与集合 B 的交
$\overline{A}$	事件 A 的逆事件	集合 A 的余集
$A - B$	事件 A 发生且事件 B 不发生	集合 A 与集合 B 的差集
$A \cap B = \varnothing$	事件 A 与事件 B 互不相容	集合 A 与集合 B 没有公共元素

8.事件的运算律

(1) 交换律

$$A \cup B = B \cup A, A \cap B = B \cap A$$

(2) 结合律

$$(A \cup B) \cup C = A \cup (B \cup C)$$

$$(A \cap B) \cap C = A \cap (B \cap C)$$

(3) 分配律

$$(A \cup B) \cap C = (A \cap C) \cup (B \cap C)$$

$$(A \cap B) \cup C = (A \cup C) \cap (B \cup C)$$

分配律可以推广到有限个的情形,即

$$A \cap (\bigcup_{i=1}^{n} A_i) = \bigcup_{i=1}^{n}(A \cap A_i)$$

$$A \cup (\bigcap_{i=1}^{n} A_i) = \bigcap_{i=1}^{n}(A \cup A_i)$$

(4) 对偶公式

$$\overline{A \cup B} = \overline{A} \cap \overline{B}$$

$$\overline{A \cap B} = \overline{A} \cup \overline{B}$$

对偶公式也可以推广到有限个的情形,即

$$\overline{\bigcup_{i=1}^{n} A_i} = \bigcap_{i=1}^{n} \overline{A_i}, \overline{\bigcap_{i=1}^{n} A_i} = \bigcup_{i=1}^{n} \overline{A_i}$$

例 1.1.6 设 Ω 为样本空间, A, B, C 为三个随机事件,试将下列事件用 A, B, C 表示出来:

(1) A 发生, B, C 都不发生;

(2) A, B 都发生,而 C 不发生;

(3) A, B, C 都发生;

(4) A, B, C 中至少有一个发生;

(5) A, B, C 中至少两个发生;

(6) A, B, C 都不发生.

解 (1) $A\overline{B}\,\overline{C}$;(2) $AB\overline{C}$;(3) ABC;(4) $A + B + C$;(5) $AB + AC + BC$;(6) $\overline{A}\,\overline{B}\,\overline{C}$.

例 1.1.7 设某射手向一目标连续射击3次, A_i 表示第 i 次击中目标($i = 1,2,3$).

(1) 写出样本空间;

(2) 试用文字叙述下列事件: $A_1 + A_2, \overline{A_2}, A_1 + A_2 + A_3, A_3 - A_2, \overline{A_2 + A_3}, \overline{A_2A_3}, A_1A_2 + A_1A_3 + A_2A_3$.

解 (1) $\Omega = \{A_1A_2A_3, \overline{A_1}\,\overline{A_2}\,\overline{A_3}, A_1\overline{A_2}\,\overline{A_3}, \overline{A_1}A_2\overline{A_3}, \overline{A_1}\,\overline{A_2}A_3, \overline{A_1}A_2A_3, A_1\overline{A_2}A_3, A_1A_2\overline{A_3}\}$.

(2) $A_1 + A_2 = \{$前两次至少击中一次$\}$;

$\overline{A_2} = \{$第二次未击中$\}$;

$A_1 + A_2 + A_3 = \{$三次中至少有一次击中$\}$;

$A_3 - A_2 = A_3\overline{A_2} = \{$第三次击中而第二次未击中$\}$;

$\overline{A_2 + A_3} = \overline{A_2}\,\overline{A_3} = \{$后两次均未击中$\}$;

$\overline{A_2A_3} = \overline{A}_2 + \overline{A}_3 = \{$后两次至少一次未击中$\}$;

$A_1A_2 + A_1A_3 + A_2A_3 = \{$至少两次击中$\}$.

1.2　随机事件的概率

为了研究随机现象的统计规律性,必须要知道随机事件 A 在试验中发生的可能性的大小,这便是我们下面要讨论的问题.

1.2.1　概率的统计定义

定义 1.2.1　设随机事件 A 在 n 次试验中发生了 m 次,则称 $\frac{m}{n}$ 为随机事件 A 发生的频率,记作 $f_n(A)$,即

$$f_n(A) = \frac{m}{n} \tag{1.1}$$

由定义易见频率具有下述基本性质:

(1) $0 \leqslant f_n(A) \leqslant 1$;

(2) $f_n(\Omega) = 1; f_n(\varnothing) = 0$;

(3) ① $f_n(A \cup B) = f_n(A) + f_n(B) - f_n(AB)$;

② 若 A, B 互不相容,则 $f_n(A \cup B) = f_n(A) + f_n(B)$.

若 $A_1, A_2, \cdots, A_m$ 是 m 个两两不相容事件,则

$$f_n(\bigcup_{i=1}^{m} A_i) = \sum_{i=1}^{m} f_n(A_i)$$

即
$$f_n(A_1 \cup A_2 \cup \cdots \cup A_m) = f_n(A_1) + f_n(A_2) + \cdots + f_n(A_m)$$

(4) $f_n(A) = 1 - f_n(\overline{A})$;

(5) 若 $A \subset B$,则 $f_n(A) \leqslant f_n(B)$.

为了研究事件频率的规律性,历史上有许多人做过抛掷一枚均匀硬币的实验,结果见表 1.2.

表 1.2　实验结果

试验者	抛币次数	正面向上数	频率
德摩根	2 048	1 061	0.521 81
浦　丰	4 040	2 048	0.506 9
皮尔逊	12 000	6 019	0.501 6
皮尔逊	24 000	12 012	0.500 5

这个例子揭示了这样一个事实:当实验次数 n 逐渐增大时,事件的频率 $f_n(A)$ 逐渐稳定于某个常数 p.这就是频率的稳定性,它表明数 p 是事件本身客观存在的一种固有属性,因而,我们用这个频率的稳定值 p 来表示事件发生的可能性大小.

定义 1.2.2　在试验条件不变的情况下,重复进行 n 次试验,如果事件 A 发生的频率

$\frac{m}{n}$ 总是在某个常数 p 附近摆动，则称常数 p 为事件 A 的概率，记作 $P(A)$. 即 $P(A)=p$.

在上述抛掷硬币的试验中，事件 B"正面向上"的概率为 $P(B)=0.5$，但在一般情况下，概率值 p 不可能用统计方法精确得到，因此当 n 充分大时，通常用频率作为概率的近似值.

概率有以下基本性质：

(1) 对任意一事件 A，有 $0\leqslant P(A)\leqslant 1$；

(2) $P(\Omega)=1, P(\varnothing)=0$；

(3) 加法公式

① 对任意两个事件 A,B，有

$$P(A\cup B)=P(A)+P(B)-P(AB)$$

证明　因为 $A\cup B=A\cup(B-AB)$ 且 $A\cap(B-AB)=\varnothing$，$AB\subset B$，所以

$$P(A\cup B)=P(A)+P(B-AB)=P(A)+P(B)-P(AB)$$

推广　(a) 对于任意三个事件 A,B,C，有

$$P(A\cup B\cup C)=P(A)+P(B)+P(C)-P(AB)-P(AC)-P(BC)+P(ABC)$$

(b) 对于任意 n 个事件 $A_1,A_2,\cdots,A_n$，可得一般的加法公式

$$P\left(\bigcup_{i=1}^{n}A_i\right)=\sum_{i=1}^{n}P(A_i)-\sum_{1\leqslant i<j\leqslant n}P(A_iA_j)+\sum_{1\leqslant i<j<k\leqslant n}P(A_iA_jA_k)+\cdots+(-1)^{n-1}P(A_1A_2\cdots A_n)$$

② 若两个事件 A,B 互不相容，有

$$P(A\cup B)=P(A)+P(B)$$

若 $A_1,A_2,\cdots,A_k$ 是两两不相容事件，则有

$$P(A_1\cup A_2\cup\cdots\cup A_k)=P(A_1)+P(A_2)+\cdots+P(A_k)$$

(4) 对于任一事件 A，都有 $P(\overline{A})=1-P(A)$.

证明　因为 $A\overline{A}=\varnothing$ 且 $A\cup\overline{A}=\Omega$，所以 $P(A)+P(\overline{A})=P(\Omega)=1$，即

$$P(\overline{A})=1-P(A)$$

(5) 设 A,B 是两个事件，若 $A\subset B$，则有 $P(B-A)=P(B)-P(A)$，$P(B)\geqslant P(A)$.

证明　由 $A\subset B$，知 $B=A\cup(B-A)$ 且 $A(B-A)=\varnothing$，由概率的有限可加性知：$P(B)=P(A)+P(B-A)$，即 $P(B-A)=P(B)-P(A)$，进一步有，$P(B-A)\geqslant 0$，即 $P(B)\geqslant P(A)$.

1.2.2　古典概型　概率的古典定义

如果随机试验满足下面两个条件：

(1) 样本空间只有有限个样本点，即全部基本事件的个数是有限的；

(2) 每个样本点发生的可能性相同，即每个基本事件发生的可能性相等. 称之为等可能的.

这种试验称为古典型随机试验，称它的数学模型为古典概型.

定义 1.2.3 在古典概型中，如果试验的基本事件总数是 n，事件 A 包含其中 m 个基本事件，那么事件 A 发生的概率为

$$P(A)=\frac{m}{n}=\frac{A\text{ 中包含的基本事件数}}{\text{基本事件总数}} \tag{1.2}$$

对于古典概型，同样有以下性质：

(1) $0\leqslant P(A)\leqslant 1$；

(2) $P(\Omega)=1, P(\varnothing)=0$.

据公式(1.2)，要计算古典概型中事件 A 的概率，必须搞清楚样本空间包含的基本事件总数以及 A 中包含的基本事件数.

例 1.2.1 盒中有5个球，其中3个白球，2个黑球，从中任取2个，求：恰有一个白球的概率；至少有一个白球的概率.

解 这是一个古典概型问题，设事件 $A=\{$恰有一个白球$\}$，事件 $B=\{$至少有一个白球$\}$，则

$$P(A)=\frac{C_3^1C_2^1}{C_5^2}=\frac{3}{5}$$

$$P(B)=\frac{C_3^1C_2^1+C_3^2}{C_5^2}=\frac{9}{10}$$

例 1.2.2 从 9 件正品，3 件次品组成的产品中，任取 5 件，试求：

(1) 其中至少有 1 件次品的概率；(2) 其中至少有 2 件次品的概率.

解 这是一个古典概型问题.

(1) 设事件 $A=\{$至少有 1 件次品$\}$，则 $\overline{A}=\{$5 件全是正品$\}$

$$P(A)=1-P(\overline{A})=1-\frac{C_9^5}{C_{12}^5}=1-0.159=0.841$$

(2) 设事件 $B=\{$至少有 2 件次品$\}$

$$P(B)=\frac{C_3^2C_9^3+C_3^3C_9^2}{C_{12}^5}=\frac{288}{792}\approx 0.36$$

例 1.2.3 从1,2,3,…,9这九个数字中任取一个，取后放回，先后取5个数字，组成五位数，求下列事件的概率：

(1) $A_1=\{$五个数字互不相同$\}$；(2) $A_2=\{$五位数是偶数$\}$；

(3) $A_3=\{$2 恰好出现三次$\}$；(4) $A_4=\{$1 至少出现两次$\}$.

解 (1) 注意取后放回，则 $P(A_1)=\dfrac{A_9^5}{9^5}\approx 0.256$.

(2) 由于偶数有 4 个：2,4,6,8，则 $P(A_2)=\dfrac{9^4\times 4}{9^5}=\dfrac{4}{9}\approx 0.444$.

(3) 2 恰好出现 3 次，这三次可以是 5 次中的任意三次，有 C_5^3 种，则

$$P(A_3)=\frac{C_5^3\times 8^2}{9^5}=\frac{640}{59\ 049}\approx 0.010\ 8$$

(4) 事件 $A_4=\{$1 至少出现两次$\}$ 的逆事件为 $\overline{A}_4=\{$1 最多出现一次$\}$

$$P(A_4) = 1 - P(\overline{A}_4) = 1 - \frac{8^5}{9^5} - \frac{5 \cdot 8^4}{9^5} \approx 0.098\,3$$

例 1.2.4　一口袋中装有 5 个红球，3 个白球和 4 个黑球，现从中任取 3 个球，求下列事件的概率：(1) $A_1 = \{$三种不同颜色的球$\}$；(2) $A_2 = \{$只有红球$\}$；(3) $A_3 = \{$没有黑球$\}$.

解　(1) $P(A_1) = \dfrac{C_5^1 C_3^1 C_4^1}{C_{12}^3} = \dfrac{60}{220} \approx 0.273$；

(2) $P(A_2) = \dfrac{C_5^3}{C_{12}^3} = \dfrac{10}{220} \approx 0.045$；

(3) $P(A_3) = \dfrac{C_8^3}{C_{12}^3} = \dfrac{56}{220} \approx 0.255$.

例 1.2.5　假定一年中，每一天人的出生率相同，现任选甲、乙两人，试求两人生日不相同的概率.

解　设事件 $A = \{$两人生日不相同$\}$，事件总数 $n = 365 \times 365 = 365^2$.

事件 A 中含基本事件数 $m = A_{365}^2 = 365 \times 364$，所以

$$P(A) = \frac{m}{n} = \frac{364}{365} \approx 0.997$$

例 1.2.6　如图 1.7 所示的电路中，已知元件 a 发生故障的概率为 0.04，元件 b 发生故障的概率为 0.07，a 和 b 同时发生故障的概率为 0.006，求断路的概率.

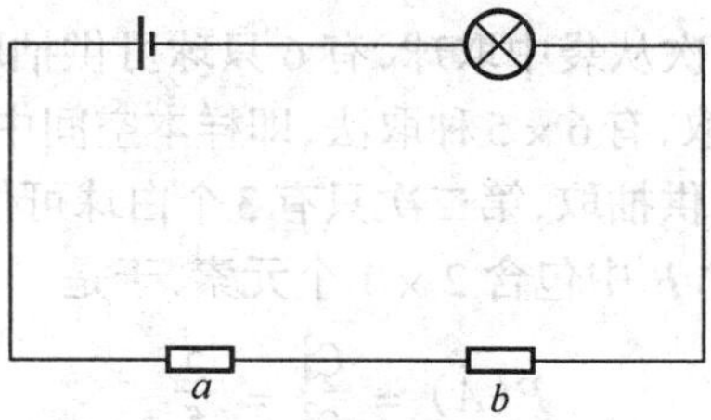

图 1.7

解　设事件 $A = \{$元件 a 发生故障$\}$，$B = \{$元件 b 发生故障$\}$，则 $A \cup B = \{$断路$\}$

$$P(A \cup B) = P(A) + P(B) - P(AB) = 0.04 + 0.07 - 0.006 = 0.104$$

例 1.2.7　在 1 ~ 100 这一百个自然数中任取一数，则它能被 2 或 5 整除的概率是多少？

解　设事件 $A = \{$取出的数能被 2 整除$\}$；$B = \{$取出的数能被 5 整除$\}$，则

$$A \cup B = \{\text{取出的数能被 2 或 5 整除}\}$$

$$AB = \{\text{取出的数既能被 2 整除又能被 5 整除}\}$$

$$P(A) = \frac{50}{100} = \frac{1}{2},\ P(B) = \frac{20}{100} = \frac{1}{5},\ P(AB) = \frac{10}{100} = \frac{1}{10}$$

所以 $P(A \cup B) = P(A) + P(B) - P(AB) = \dfrac{1}{2} + \dfrac{1}{5} - \dfrac{1}{10} = \dfrac{6}{10} = 0.6$.

例 1.2.8　一口袋内装有 6 只球，其中 4 只白球，2 只红球. 从袋中取球两次，每次随机取一只. 考虑两种取球方式：(a) 每次取一只球，观察其颜色后放回袋中，再任取一只球. 这种取球方式称为放回抽样；(b) 每次取一只球不放回，这种取球方式称为不放回抽样.

试分别就以上两种情况求：

(1) 取到的两只球都是白球的概率；

(2) 取到的两只球颜色相同的概率；

(3) 取到的两只球中至少有一只是白球的概率.

解 设 A 表示{取到的两只球都是白球}，B 表示{取到的两只球都是红球}，C 表示{取到的两只球中至少有一只是白球}，则{取到的两只球颜色相同}这一事件即为 $A\cup B$，而事件 $C=\overline{B}$，在袋中依次取两只球，每种取法为一基本事件，显然，此时样本空间中仅含有限个元素，且每个基本事件等可能发生.

(a) 放回抽样 第一次从袋中取球有 6 只球可供抽取，第二次也有 6 只球可供抽取，由组合法的乘法原理共有 6×6 种取法，即样本空间中元素总数为 6×6，对于事件 A 而言，第一次有 4 个白球可供抽取，第二次也有 4 个白球可供抽取，由乘法原理共有 4×4 种取法，即 A 中包含 4×4 个元素. 同样地，B 中包含 2×2 个元素. 于是

(1) $P(A)=\dfrac{4\times 4}{6\times 6}=\dfrac{4}{9}$；

(2) $P(B)=\dfrac{2\times 2}{6\times 6}=\dfrac{1}{9}$，又由于 $AB=\varnothing$，得

$$P(A\cup B)=P(A)+P(B)=\frac{5}{9}$$

(3) $P(C)=P(\overline{B})=1-P(B)=\dfrac{8}{9}$.

(b) 不放回抽样 第一次从袋中取球，有 6 只球可供抽取，由于取出的球不放回，所以第二次只有 5 只球可供抽取，有 6×5 种取法，即样本空间中元素总数为 6×5，对于事件 A 而言，第一次有 4 个白球可供抽取，第二次只有 3 个白球可供抽取，有 4×3 种取法. 即 A 中包含 4×3 个元素. 同样地，B 中包含 2×1 个元素. 于是

(1)
$$P(A)=\frac{C_4^2}{C_6^2}=\frac{2}{5}$$

(2)
$$P(B)=\frac{C_2^2}{C_6^2}=\frac{1}{15}$$

又由于 $AB=\varnothing$，得

$$P(A\cup B)=P(A)+P(B)=\frac{7}{15}$$

(3) $P(C)=P(\overline{B})=1-P(B)=\dfrac{14}{15}$.

例 1.2.9 一个质点随机地落入区间[1,6]上，则该质点落在区间[2,4]上的概率为多少？

解 质点随机地落入区间[1,6]上，指该质点落在[1,6]上各个点的可能性相等，于是质点落入任一子区间的概率为该子区间的长度与原区间长度的比，记作

$$p=\frac{\text{区间}[2,4]\text{的长度}}{\text{区间}[1,6]\text{的长度}}=\frac{4-2}{6-1}=\frac{2}{5}$$

随机试验 E 的样本空间是一个有界区域 Ω，并且任意一点落在度量(长度、面积、体积)相同的子区域(子区域属于 Ω)内是等可能的(与子区域的位置形状无关)，则事件 A

的概率定义为

$$P(A)=\frac{\mu(A)}{\mu(\Omega)}$$

其中 $\mu(A)$ 为构成事件 A 的子区域的度量,$\mu(\Omega)$ 为样本空间的度量.称这类概率为几何概率.

例 1.2.10 (会面问题)甲、乙两人相约8点到9点在某地会面,先到者等候另一人20 min,过时就可以离去,试求这两人能会面的概率.

解 设 x,y 分别表示甲、乙两人到达的时刻,则样本空间(图1.8)为

$$\Omega=\{(x,y)\mid 0\leqslant x\leqslant 60,0\leqslant y\leqslant 60\}=\text{正方形区域 } OABC$$

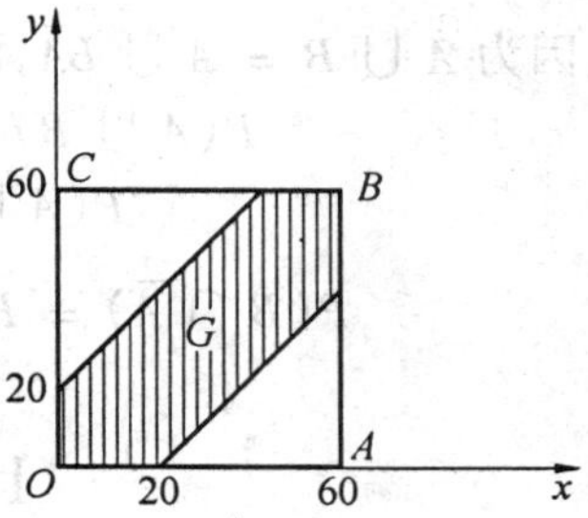

图1.8

甲、乙两人能会面的充要条件是

$$|x-y|\leqslant 20,0\leqslant x\leqslant 60,0\leqslant y\leqslant 60$$

即两人能会面的点的全体区域为

$$G=\{(X,Y)\mid |x-y|\leqslant 20,0\leqslant x\leqslant 60\ \ 0\leqslant y\leqslant 60\}$$

所以两人能会面的概率为

$$p=\frac{G\text{ 的面积}}{\Omega\text{ 的面积}}=\frac{60^2-40^2}{60^2}=\frac{5}{9}$$

1.2.3　概率的公理化定义

前面介绍的概率的古典定义及其推广(几何概率)都带有局限性,因为它们都是以等可能性为基础的,而实际问题中遇到的情况有许多是没有这种等可能性的.概率的统计定义虽然适合一般情况,但它是根据试验次数大,频率呈稳定性这一事实,然而试验次数究竟应该大到什么程度,以及结果摆动情况应该如何理解都是很难确定的.因此,下面以统计定义的前三个性质为背景给出一组关于随机事件 A 的概率 $P(A)$ 的公理.

公理1 对于任一事件 A,有 $0\leqslant P(A)$(非负性).

公理2 $P(\Omega)=1$(正规性).

公理3 若 $A_1,A_2,\cdots,A_k,\cdots$ 是两两不相容事件,则有

$$P(A_1\cup A_2\cup\cdots\cup A_k\cup\cdots)=P(A_1)+P(A_2)+\cdots+P(A_k)+\cdots\text{(可加性)}$$

于是我们概括出下列关于概率的公理化定义.

定义 1.2.4 设函数 $P(A)$ 是定义在样本空间 Ω 中,对每个事件 A,都有一个实值 $P(A)$ 与之对应,且满足公理1~3,则称 $P(A)$ 为事件 A 的概率.

可以验证,按照古典定义及几何概率规定的概率都符合该定义中的要求,因此,它们都是这个一般定义范围内的特殊情形.

例 1.2.11 设事件 A,B 的概率分别为 $\frac{1}{3}$ 和 $\frac{1}{2}$,在下列三种情况下求 $P(B\cap\overline{A})$ 的值.

(1) A 与 B 互不相容;(2) $A \subset B$;(3) $P(A \cap B) = \frac{1}{8}$.

解 (1) 由于 A 与 B 互不相容, $B \subset \overline{A}$,所以 $B\overline{A} = B$,即

$$P(B\overline{A}) = P(B) = \frac{1}{2}$$

(2) 当 $A \subset B$ 时

$$P(B \cap \overline{A}) = P(B - A) = P(B) - P(A) = \frac{1}{2} - \frac{1}{3} = \frac{1}{6}$$

(3) 因为 $A \cup B = A \cup B\overline{A}$,而

$$P(A \cup B) = P(A) + P(B) - P(A \cap B)$$

$$P(A \cup B\overline{A}) = P(A) + P(B\overline{A})$$

即得

$$P(B \cap \overline{A}) = P(B) - P(A \cap B) = \frac{1}{2} - \frac{1}{8} = \frac{3}{8}$$

1.3 条件概率

1.3.1 条件概率

在实际问题中,我们往往会遇到在事件 A 已经发生的条件下求事件 B 发生的概率的问题.这时由于附加了事件 A 已经发生的条件,它与事件 B 发生的概率 $P(B)$ 有不同的意义.我们称这种概率为在事件 A 发生条件下事件 B 的条件概率,记 $P(B \mid A)$.

例 1.3.1 掷一枚质地均匀的骰子,求:

(1) 出现两点的概率;

(2) 在出现偶数点的条件下求出现两点的概率.

解 设 B =“出现两点”, A =“出现偶数点”.

(1) $P(B) = \frac{1}{6}$;

(2) 由于 A 中含有三个基本事件,即出现2点,4点与6点;B 中有一个基本事件,即出现2点.而 2 点这个基本事件为 A 与 B 共有.因而在 A 发生条件下 B 的条件概率 $P(B \mid A) = \frac{1}{3}$.

由上面计算不难发现

$$P(B|A) = \frac{1}{3} = \frac{\frac{1}{6}}{\frac{3}{6}} = \frac{P(AB)}{P(A)}$$

一般的,设试验的基本事件总数为 n, A 所包含的基本事件数为 $m(m > 0)$, AB 所包含的基本事件为 k,即有

$$P(B \mid A) = \frac{k}{m} = \frac{\frac{k}{n}}{\frac{m}{n}} = \frac{P(AB)}{P(A)}$$

因此给出下面定义.

定义1.3.1　设 A,B 是两个事件,且 $P(A)>0$,则称

$$P(B\mid A)=\frac{P(AB)}{P(A)} \tag{1.3}$$

为事件 A 发生的条件下事件 B 发生的条件概率.

显然条件概率符合概率定义中的三个公理及概率的其他性质.

例1.3.2　盒子中装有5只产品,其中有3只一等品,2只二等品.从中任取两只,每次一只,取后不放回,设事件 A 为"第一次取到的是一等品",事件 B 为"第二次取到的是一等品".试求条件概率 $P(B\mid A)$.

解法一　与不放回抽样的抽球问题相仿.因为所求结果强调了取产品的次序,所以我们应该用排列的方法来分析样本空间.

样本空间 Ω 中所含样本个数为 $\mathrm{P}_5^2=20$;

事件 A ="第一次取到的是一等品"中所含基本事件个数为 $\mathrm{P}_3^1\mathrm{P}_4^1=12$;

事件 AB ="两次都取到的是一等品"中所含基本事件个数为 $\mathrm{P}_3^1\mathrm{P}_2^1=6$.

因此得条件概率

$$P(B|A)=\frac{P(AB)}{P(A)}=\frac{\frac{6}{20}}{\frac{12}{20}}=\frac{1}{2}$$

解法二　当 A 发生以后,试验的所有可能结果的集合就是 A,A 中有 $\mathrm{P}_3^1\mathrm{P}_4^1=12$ 个基本事件.其中只有 $\mathrm{P}_3^2=6$ 个基本事件属于 B.因此

$$P(B\mid A)=\frac{6}{12}=\frac{1}{2}$$

解法三　若利用第一次抽取后的结果作为样本空间,则做法更为简洁.事实上,5件产品中,已知 A 已发生,即知3件正品已有1件被抽走,于是,第二次抽取的所有可能结果的集合中共有4件产品,其中只有2件一等品,故得

$$P(B\mid A)=\frac{2}{4}=\frac{1}{2}$$

在第一次取出1件一等品后,样本空间由2件一等品与2件二等品构成.

可见,条件概率的计算方法:(1) 可按定义计算;(2) 可按条件概率的含义计算;(3) 可根据实际,在缩小了的样本空间上进行计算.

例1.3.3　设某产品100件中有5件不合格,而5件不合格品中又有3件次品,2件废品.今在100件产品中任取一件,已知取得的是不合格品,求它是废品的概率.

解　设事件 A 为"抽得的是不合格品",事件 B 为"抽得的是废品",则所求概率为

$$P(B\mid A)=\frac{P(AB)}{P(A)}=\frac{\frac{2}{100}}{\frac{5}{100}}=\frac{2}{5}$$

已知抽得的是不合格品,实验的所有可能结果就是3件次品,2件废品组成的不合格品的集合.由条件概率的含义,可直接得出

$$P(B \mid A) = \frac{2}{5}$$

1.3.2 乘法公式

由条件概率公式(1.3),可得概率乘法公式

$$P(AB) = P(A)P(B \mid A) \tag{1.4}$$

$$P(AB) = P(B)P(A \mid B)$$

$$P(A_1A_2A_3) = P(A_1A_2)P(A_3 \mid A_1A_2) = P(A_1)P(A_2 \mid A_1)P(A_3 \mid A_1A_2)$$

乘法公式也称乘法定理.可推广到多个事件的情形

$$P(A_1A_2\cdots A_n) = P(A_1)P(A_2 \mid A_1)\cdots P(A_n \mid A_1\cdots A_{n-1})$$

例 1.3.4 100 台电脑中有 3 台次品,其余都为正品,无放回地从中连续取 2 台,试求:(1) 两次都取得正品的概率; (2) 第二次才取得正品的概率.

解 设事件 A = {第一次取得正品};B = {第二次取得正品}.

(1) 两次都取得正品即事件 AB,依题意有

$$P(A) = \frac{97}{100}, P(B \mid A) = \frac{96}{99}$$

$$P(AB) = P(A)P(B \mid A) = \frac{97}{100} \times \frac{96}{99} \approx 0.94$$

(2) 第二次才取得正品,意味着第一次取得次品,即事件 $\overline{A}B$

$$P(\overline{A}B) = P(\overline{A})P(B \mid \overline{A}) = [1 - P(A)]P(B \mid \overline{A}) = \frac{3}{100} \times \frac{97}{99} \approx 0.03$$

例 1.3.5 已知 100 件产品中有 5 件次品,无放回地抽取 3 次,每次取一件,求全是次品的概率.

解 设事件 A_i = {第 i 次取得次品}($i = 1,2,3$),B = {全是次品},则

$$P(B) = P(A_1A_2A_3) = P(A_1)P(A_2 \mid A_1)P(A_3 \mid A_1A_2) = \frac{5}{100} \times \frac{4}{99} \times \frac{3}{98} \approx 0.000\,062$$

此题亦可用古典概型的公式求得

$$P(B) = \frac{A_5^3}{A_{100}^3} \approx 0.000\,062$$

1.3.3 全概率公式

设 $B_1, B_2, \cdots, B_n$ 是一组互不相容事件,且满足 $B_1 \cup B_2 \cup B_3 \cup \cdots \cup B_n = \Omega$,则

$$P(A) = \sum_{i=1}^{n} P(B_i)P(A \mid B_i) \tag{1.5}$$

证明 因为 $P(A) = P(A\Omega) = P[A(B_1 + B_2 + \cdots + B_n)] =$

$$P(AB_1 + AB_2 + \cdots + AB_n) =$$

$$P(AB_1) + P(AB_2) + \cdots + P(AB_n) =$$

$$P(B_1)P(A \mid B_1) + P(B_2)P(A \mid B_2) + \cdots + P(B_n)P(A \mid B_n) = \sum_{i=1}^{n} P(B_i)P(A \mid B_i)$$

公式(1.5) 叫做全概率公式,如图 1.9 所示.

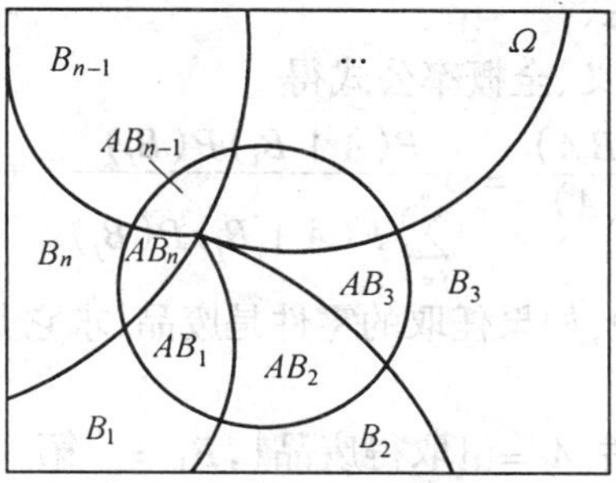

图 1.9

例 1.3.6　两台机床加工同样的零件,第一台出现废品的概率为 0.03,第二台出现废品的概率为 0.02,加工出来的零件放在一起,并且已知第一台加工的零件比第二台加工的零件多一倍,求任意取出的零件是合格品的概率.

解　任取一零件,设事件 B_1 = {第一台机床加工的零件}, B_2 = {第二台机床加工的零件}, A = {取出的零件为合格品}.显然

$$P(B_1) = \frac{2}{3}, P(B_2) = \frac{1}{3}$$

$$P(A \mid B_1) = 1 - 0.03 = 0.97, P(A \mid B_2) = 1 - 0.02 = 0.98$$

$$P(A) = P(AB_1) + P(AB_2) = P(B_1)P(A \mid B_1) + P(B_2)P(A \mid B_2) = \frac{2}{3} \times 0.97 + \frac{1}{3} \times 0.98 = 0.973$$

例 1.3.7　今有三个盒子,第一个盒子内有 7 只红球和 3 只黄球;第二个盒子内有 5 只蓝球和 5 只白球;第三个盒子内有 8 只蓝球和 2 只白球.现在第一个盒子中任取一球,若取到红球则在第二个盒子中任取两球;若取到黄球则在第三只盒子中任取两球.求第二次取到的两球都是蓝球的概率.

解　设 B_1 表示{从第一盒子中取一球为红球}, B_2 表示{从第一盒子中取一球为黄球}, A 表示{第二次取到两个蓝球},显然 B_1, B_2 为样本空间的一个划分,且

$$P(B_1) = \frac{7}{10} = 0.7, P(B_2) = 0.3$$

$$P(A \mid B_1) = \frac{C_5^2}{C_{10}^2} = \frac{2}{9}, P(A \mid B_2) = \frac{C_8^2}{C_{10}^2} = \frac{28}{45}$$

由全概率公式得

$$P(A) = P(A \mid B_1)P(B_1) + P(A \mid B_2)P(B_2) = 0.342$$

1.3.4* 贝叶斯公式

设试验 E 的样本空间为 Ω, A 为 E 的任一事件, $B_1, B_2, \cdots, B_n$ 是互不相容事件,若对于

事件 A 有 $B_1+B_2+\cdots+B_n\supset A$ 且 $P(A)>0, P(B_i)>0(i=1,2,\cdots,n)$，则

$$P(B_i\mid A)=\frac{P(A\mid B_i)P(B_i)}{\sum_{j=1}^{n}P(A\mid B_j)P(B_j)}\quad(i=1,2,\cdots,n)\tag{1.6}$$

我们称其为贝叶斯(Bayes)公式.

证明 由条件概率的定义、全概率公式得

$$P(B_i\mid A)=\frac{P(B_iA)}{P(A)}=\frac{P(A\mid B_i)P(B_i)}{\sum_{j=1}^{n}P(A\mid B_j)P(B_j)}\quad(i=1,2,\cdots,n)$$

例 1.3.8 在例 1.3.6 中，如果任取的零件是废品，求它是由第二台机床所加工的概率.

解 任取一零件，设事件 $A=\{$取得废品$\}$，$B_1=\{$第一台机床加工的产品$\}$，$B_2=\{$第二台机床加工的产品$\}$，则所求的概率为 $P(B_2\mid A)$.

由贝叶斯公式得

$$P(B_2\mid A)=\frac{P(B_2)P(A\mid B_2)}{P(B_2)P(A\mid B_2)+P(B_1)P(A\mid B_1)}=$$

$$\frac{\frac{1}{3}\times 0.02}{\frac{1}{3}\times 0.02+\frac{2}{3}\times 0.3}=0.25$$

例 1.3.9 对以往数据分析结果表明，当机器调整得良好时，产品的合格率为 90%，而当机器发生某一故障时，其合格率为 30%. 每天早晨机器开动时，机器调整良好的概率为 75%. 试求已知某日早上第一件产品是合格品时，机器调整得良好的概率是多少?

解 设 A 为事件"产品合格"，B 为事件"机器调整良好"，已知

$$P(A\mid B)=0.9, P(A\mid\overline{B})=0.3, P(B)=0.75$$

则要求的量是

$$P(B\mid A)=\frac{P(B)P(A\mid B)}{P(A)}=\frac{P(B)P(A\mid B)}{P(B)P(A\mid B)+P(\overline{B})P(A\mid\overline{B})}=0.9$$

这就是说，当生产出第一件产品是合格品时，机器调整良好的概率为 0.9.

这里，概率 0.75 是由以往的数据分析得到的，称为先验概率. 而得到信息(即生产出的第一件产品是合格品)之后，再重新加以修正的概率(即 0.9)叫做后验概率. 有了后验概率我们就能对机器的情况有进一步的了解.

1.4 事件的独立性与独立重复实验

1.4.1 事件的相互独立性

一般的，条件概率 $P(A\mid B)$ 与概率 $P(A)$ 不一定相等，但某些情况下，事件 B 发生不影响事件 A 的概率.

例如，袋中 5 个白球，3 个红球，从中每次任取 1 个，有放回地取两次，记事件 $A=\{$第

二次取得红球},B = {第一次取得白球},则 $P(A \mid B)=\frac{3}{8}$,$P(A)=\frac{3}{8}$,显然 $P(A \mid B)=P(A)$.

从上例可知事件 B 发生的概率与事件 A 是否已经发生的条件无关.于是有

定义 1.4.1 如果事件 B 的发生不影响事件 A 的概率,即

$$P(A \mid B)=P(A)$$

则称事件 A 与事件 B 是相互独立的.

显然 A 与 B 相互独立的充要条件为 $P(AB)=P(A)P(B)$.

如果 A 与 B 独立,则有 A 与 $\overline{B}$,$\overline{A}$ 与 B,$\overline{A}$ 与 $\overline{B}$ 相互独立,不妨对 A 与 $\overline{B}$ 相互独立证明如下.

证明 因为 A 与 B 独立,所以有

$$P(AB)=P(A)P(B)$$

因为
$$A=A\Omega=A(B+\overline{B})=AB+A\overline{B}$$

则
$$P(A)=P(AB)+P(A\overline{B})$$

$$P(A\overline{B})=P(A)-P(AB)=P(A)-P(A)P(B)=$$
$$P(A)(1-P(B))=P(A)P(\overline{B})$$

即 A 与 $\overline{B}$ 相互独立.

例 1.4.1 甲、乙两人独立地对同一目标射击一次,其命中率分别是 0.5 和 0.4.现已知目标被命中,则它是乙射中的概率是多少?

解 设 A = {甲射中目标},B = {乙射中目标},C = {目标被射中},根据题意

$$P(C)=P(A\cup B)=P(A)+P(B)-P(AB)=$$
$$P(A)+P(B)-P(A)P(B)=0.7$$

而所求事件的概率为

$$P(B \mid C)=\frac{P(BC)}{P(C)}=\frac{P(B)}{P(C)}=\frac{4}{7}$$

其中,由于甲、乙独立进行射击,所以有 $P(AB)=P(A)P(B)$;另一方面,$B\subset C$,故 $P(BC)=P(B)$.

三个事件的独立性 若事件 A_1,A_2,A_3 两两独立,即

$$P(A_iA_j)=P(A_i)P(A_j)\quad(i\neq j,i,j=1,2,3)$$

并且满足

$$P(A_1A_2A_3)=P(A_1)P(A_2)P(A_3)$$

则称 A_1,A_2,A_3 是独立的.

需要注意的是三个事件可能两两独立,但并不一定相互独立.

设 $A_1,A_2,\cdots,A_n$ 是 n 个事件,若对任意 $k(k\leqslant n)$,任意 $1\leqslant i_1<i_2<\cdots<i_k\leqslant n$,满足等式

$$P(A_{i_1}A_{i_2}\cdots A_{i_k})=P(A_{i_1})P(A_{i_2})\cdots P(A_{i_k})$$

则称这 $A_1,A_2,\cdots,A_n$ 是相互独立的.

例 1.4.2 设有电路如图 1.10 所示,其中 1,2,3,4 为继电器接点.设各继电器接点闭

合与否相互独立,且每一继电器接点闭合的概率均为 p,求 L 至 R 为通路的概率.

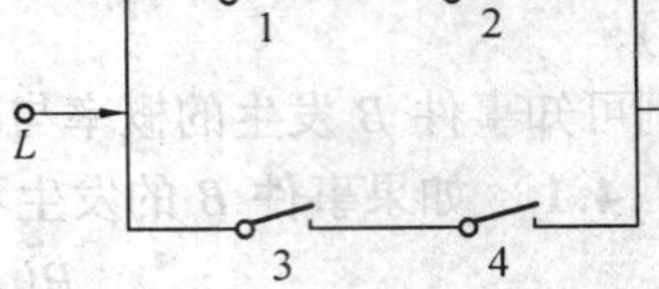

图 1.10

解 设事件 $A_i(i = 1,2,3,4)$ 为"第 i 个继电器接点闭合",事件 A 为"L 至 R 为通路",于是

$$A = A_1A_2 \cup A_3A_4$$

由"各继电器接点闭合与否相互独立"和"事件的加法公式"有

$$P(A) = P(A_1A_2) + P(A_3A_4) - P(A_1A_2A_3A_4) = P(A_1)P(A_2) + P(A_3)P(A_4) - P(A_1)P(A_2)P(A_3)P(A_4) = 2p^2 - p^4$$

例 1.4.3 一个工人看三台机床,在一小时内甲、乙、丙三台机床需要工人照看的概率分别为 0.9,0.8,0.85,求在一小时中

(1) 没有一台机床需要工人照看的概率;

(2) 至少有一台机床不需要照看的概率.

解 设 A,B,C 分别表示甲、乙、丙机床需要照看,因为三台机床是否要照看是相互独立的.所以

(1) $$P(\overline{A}\,\overline{B}\,\overline{C}) = P(\overline{A})P(\overline{B})P(\overline{C}) = (1 - 0.9)(1 - 0.8)(1 - 0.85) = 0.003$$

(2) $$P(\overline{A} \cup \overline{B} \cup \overline{C}) = P(\overline{ABC}) = 1 - P(ABC) = 1 - P(A)P(B)P(C) = 1 - 0.9 \times 0.8 \times 0.85 = 0.388$$

1.4.2 独立重复实验 二项概率公式

在一定的条件下,重复地做 n 次试验,如果每一次试验的结果都不依赖于其他各次试验的结果,称这 n 次试验为 n 次独立试验,如果构成 n 次独立试验的每一试验只有两种可能的结果 A 和 $\overline{A}$,且每次试验中事件 A 发生的概率不变,那么这样的 n 次独立试验叫做 n 次伯努利试验,简称伯努利试验或伯努利概型.在 n 重伯努利试验中,最重要的问题是求事件 A 发生 k 次($0 \leqslant k \leqslant n$) 的概率 $P_n(k)$.

设在试验中,事件 A 发生的概率为 p,$\overline{A}$ 发生的概率为 $1 - p = q$.在 n 次试验中,事件 A 在指定的 k 次试验中发生,则在其他 $n - k$ 次试验中,必有 $\overline{A}$ 发生,则概率为 p^kq^{n-k}.由于这种指定的方式共有 C_n^k 种,它们是两两互不相容的,由加法定理可知在 n 次试验中 A 发生 k 次的概率为

$$P_n(k) = C_n^kp^kq^{n-k} \quad (k = 0,1,2,\cdots,n;q = 1 - p) \tag{1.7}$$

由于 $C_n^kp^kq^{n-k}$ 恰好是 $(p + q)^n$ 二项公式展开时式中的一般项,所以上述公式称为二项概率公式.

例 1.4.4 某人对同一目标进行 5 次独立射击,每次射击命中率为 0.8,试求 5 次射击

中恰有两次命中目标的概率.

解　这是一个伯努利概型,其中 $n=5,p=0.8,q=1-0.8=0.2$,所求概率为

$$P_5(2)=C_5^2\times0.8^2\times0.2^3=0.0512$$

例 1.4.5　某工厂生产的一批产品中,已知有 10% 的次品,进行有放回的抽样检查,如果共取 4 个产品,求:

(1) 恰有 3 个次品的概率;(2) 至多有 2 个次品的概率.

解　这也是一个伯努利概型,$n=4,p=0.1,q=0.9$.

(1) 所求概率

$$P_4(3)=C_4^3p^3q^1=4\times0.1^3\times0.9=0.0036$$

(2) 所求概率

$$P_4(k\leqslant2)=C_4^2p^2q^2+C_4^1p^1q^3+C_4^0p^0q^4=$$

$$\frac{4\times3}{2}\times0.1^2\times0.9^2+4\times0.1\times0.9^3+0.9^4=$$

$$0.0486+0.2916+0.6561=0.9963$$

例 1.4.6　在人寿保险中,假如一个投保人能活到 80 岁的概率为 0.4,现有 4 人投保.求:

(1) 全部活到 80 岁的概率;

(2) 有 2 人活到 80 岁的概率;

(3) 有 1 人活到 80 岁的概率;

(4) 都活不到 80 岁的概率.

解　这也可以看作一个伯努利概型问题,这里 $n=4,p=0.4,q=0.6$.

(1) $P_4(4)=C_4^4\times0.4^4\times0.6^0=0.0256$;

(2) $P_4(2)=C_4^2\times0.4^2\times0.6^2=0.3456$;

(3) $P_4(1)=C_4^1\times0.4\times0.6^3=0.3456$;

(4) $P_4(0)=C_4^0\times0.4^0\times0.6^4=0.1296$.

习题一

一、填空题

1. 设 A,B,C 是三个随机事件.试用 A,B,C 分别表示

(1) A,B,C 至少有一个发生____________.

(2) A,B,C 中恰有一个发生____________.

(3) A,B,C 不多于一个发生____________.

2. 设 A,B 为随机事件,$P(A)=0.5,P(B)=0.6,P(B\mid A)=0.8$,则 $P(A\cup B)=$ ____________.

3. 若事件 A 和事件 B 相互独立,$P(A)=\alpha,P(B)=0.3,P(\overline{A}\cup B)=0.7$,则 $\alpha=$ ____________.

4. 设两两独立的三个事件 A,B,C 满足 $P(A)=P(B)=P(C)<0.5$, $ABC=\varnothing$,且 $P(A\cup B\cup C)=\dfrac{9}{16}$,则 $P(A)=$ ________.

5. 甲、乙两人独立的对同一目标射击一次,其命中率分别为 0.6 和 0.5,现已知目标被命中,则它是甲射中的概率为________.

二、选择题

1. 设 A,B 为两随机事件,且 $B\subset A$,则下列式子正确的是________.

(A) $P(A+B)=P(A)$　　(B) $P(AB)=P(A)$

(C) $P(B\mid A)=P(B)$　　(D) $P(B-A)=P(B)-P(A)$

2. 以 A 表示事件“甲种产品畅销,乙种产品滞销”,则其对立事件 $\overline{A}$ 为____.

(A)“甲种产品滞销,乙种产品畅销”　　(B)“甲、乙两种产品均畅销”

(C)“甲种产品滞销”　　(D)“甲种产品滞销或乙种产品畅销”

3. 袋中有50个乒乓球,其中20个黄的,30个白的,现在两个人不放回地依次从袋中随机各取一球.则第二人取到黄球的概率是________.

(A) $\dfrac{1}{5}$　　(B) $\dfrac{2}{5}$　　(C) $\dfrac{3}{5}$　　(D) $\dfrac{4}{5}$

4. 对于事件 A,B,下列命题正确的是________.

(A) 若 A,B 互不相容,则 $\overline{A}$ 与 $\overline{B}$ 也互不相容

(B) 若 A,B 相容,那么 $\overline{A}$ 与 $\overline{B}$ 也相容

(C) 若 A,B 互不相容,且概率都大于零,则 A,B 也相互独立

(D) 若 A,B 相互独立,那么 $\overline{A}$ 与 $\overline{B}$ 也相互独立

5. 若 $P(B\mid A)=1$,那么下列命题中不正确的是________.

(A) $A\subset B$　　(B) $B\neq A$　　(C) $A-B=\varnothing$　　(D) $P(A-B)=0$

三、计算题

1. 甲、乙两射手各自向同一目标射击一次,已知甲击中目标的概率为 0.9,乙击中目标的概率为 0.8,试求目标被击中概率.

2. 某单位有 50% 的订户订日报,67% 的订户订晚报,85% 的订户至少订这两种报纸中的一种,求同时订这两种报纸的订户的概率.

3. 50件商品中有3件次品,其余都是正品,每次取一件,无放回地从中抽取3件,试求:

(1) 3 件商品都是正品的概率;

(2) 第 3 次才抽到次品的概率.

4. 某人有 5 把钥匙,但分不清哪一把能打开房间的门,逐把试开,试求:

(1) 第二次才打开房门的概率;

(2) 三次内打开房门的概率.

5. 加工某产品需经两道工序,如果这两道工序都合格的概率为 0.95,求至少有一道工序不合格的概率.

6. 甲、乙、丙三人独立地去破译一个密码，他们能破译出的概率分别为$\frac{1}{5},\frac{1}{3},\frac{1}{4}$，求此密码能被破译的概率.

7. 有三个形状相同的盒子，在第一个盒子中有2个白球和1个黑球，在第二个盒子中有3个白球和1个黑球，在第三个盒子中有2个白球和2个黑球，某人从这些盒子中任取一球，试求取得白球的概率.

8. 设某厂有甲、乙、丙三个车间，生产同一规格的产品，每个车间的产量依次占总量的20%，30% 和 50%，各车间的次品率依次为 8%，6% 和 4%，试求：

(1) 从成品中任取一件产品是合格品的概率；

(2) 抽到的合格品恰好由乙车间生产的概率.

9. 有三个盒子，里面装有红、蓝两色圆珠笔，在甲盒中装有 2 支红的，4 支蓝的，乙盒中装有 4 支红的，2 支蓝的，丙盒中装有 3 支红的，3 支蓝的. 今从中任取一支，设到三个盒中取笔的机会相同，它是红色圆珠笔的概率为多少？又若已知取得的笔是红色的，它是从甲盒中取得的概率是多少？

10. 设某人打靶，命中率为 0.7，现独立重复射击 5 次，求恰好命中两次的概率.

11. 投掷一枚均匀的硬币，独立重复地掷 5 次，求其中至少有 4 次出现正面向上的概率.

12. 某种灯泡耐用时间在 1 500 h 以上的概率为 0.2，求三个这样的灯泡在使用1 500 h 后最多只有一个损坏的概率.

13. 10 把钥匙中有 3 把能打开门，今任意取两把，求能打开门的概率.

14. 任意将 10 本书放在书架上，其中有两套书，一套 3 本，另一套 4 本. 求下列事件的概率：

(1) 3 本一套放在一起；

(2) 两套各自放在一起；

(3) 两套中至少有一套放在一起.

15. 调查某单位员工得知，购买空调的占 15%，购买电脑的占 12%，购买 DVD 的占 20%. 其中购买空调与电脑的占 6%，购买空调与 DVD 的占 10%，购买电脑和 DVD 的占 5%，三种电器都购买的占 2%. 求下列事件的概率：

(1) 至少购买一种电器的；

(2) 至多购买一种电器的；

(3) 三种电器都没购买的.

16. 仓库中有十箱同样规格的产品，已知其中有五箱、三箱、二箱依次为甲、乙、丙厂生产的，且甲、乙、丙厂生产的这种产品的次品率依次为$\frac{1}{10},\frac{1}{15},\frac{1}{20}$. 从这十箱产品中任取一件产品，求取得正品的概率.

17. 一箱产品，A，B 两厂生产分别各占 60%，40%，其次品率分别为 1%，2%. 现在从中任取一件为次品,问该产品是哪个厂生产的可能性最大?

18. 有标号 $1\sim n$ 的 n 个盒子,每个盒子中都有 m 个白球和 k 个黑球.从第一个盒子中取一个球放入第二个盒子,再从第二个盒子中任取一球放入第三个盒子,依次继续,求从最后一个盒子中取到的球是白球的概率.

四、证明题

设 A,B 是两个事件,满足 $P(B\mid A)=P(B\mid \overline{A})$,证明:事件 A,B 相互独立.

第 2 章 随机变量及其概率分布

在上一章里,我们研究了随机事件及其概率,使我们对随机现象的统计规律有了一些初步的认识.但要想进一步了解随机现象的统计规律性,还必须对随机现象进行全面、深入地研究.为此,本章引入随机变量这一概念,使随机试验的结果数量化,从而把对随机事件的研究转化为对随机变量的研究.

2.1 离散型随机变量及其分布

2.1.1 随机变量的概念

为了进一步研究随机现象的规律性,我们需要把随机试验的结果数量化,即用一个变量来描述随机现象,先看下面的例子.

例 2.1.1 抛掷一枚均匀的骰子一次,观察出现的点数,如果用 X 表示出现的点数,则 X 的取值为 1,2,3,4,5,6,即

$$X=\begin{cases}1 & \text{出现 1 点}\\ 2 & \text{出现 2 点}\\ 3 & \text{出现 3 点}\\ 4 & \text{出现 4 点}\\ 5 & \text{出现 5 点}\\ 6 & \text{出现 6 点}\end{cases}$$

显然,X 是一个变量,它取不同的数值表示试验中可能发生的不同的结果,并且 X 是按一定概率取值的,如$\{X=5\}$表示事件“出现 5 点”,且 $P(X=5)=\dfrac{1}{6}$.

例 2.1.2 100 件商品,其中有 3 件次品,任取 3 件,其中次品数 X 可以随机地取 0,1,2,3 这 4 个值,即

$$X=\begin{cases}0 & \text{没有次品}\\ 1 & \text{恰好有 1 件次品}\\ 2 & \text{恰好有 2 件次品}\\ 3 & \text{恰好有 3 件次品}\end{cases}$$

显然，X 是一个变量，$P(X=1)=\dfrac{C_3^1C_{97}^2}{C_{100}^3}\approx 0.086$.

例 2.1.3 某商店共有 100 kg 水果，在一天的销售量可以取 0 ~ 100 中的任一数值，即

$$0\leqslant X\leqslant 100$$

例 2.1.4 抛掷一枚硬币，观察它出现正面或反面，有两种结果，我们只要规定

$$X=\begin{cases}0 & \text{出现反面}\\ 1 & \text{出现正面}\end{cases}$$

即试验的每一结果与一个数值对应，且 $P(X=0)=P(X=1)=0.5$.

从以上例子可以看出 X 的取值都与随机试验的结果相对应，也就是说 X 的取值都随着试验的结果不同而取不同的值，且 X 是以一定概率取值的，通常称这样的变量为随机变量. 可以得到如下定义.

定义 2.1.1 设 E 为随机试验，其样本空间为 Ω，如果对于 Ω 中每个基本事件 e 都有唯一的实数值 $X(e)$ 与之对应，则称 $X(e)$ 为随机变量，通常用字母 X,Y,Z 或 ξ,η 等表示.

引入了随机变量后，随机试验中各种事件就可以用随机变量的取值来表示. 如例 2.1.1 中，"出现的点数大于 4" 可用"$X>4$"表示；如例 2.1.2 中，"至少抽到一件次品"可用"$X\geqslant 1$"表示.

通常我们经常遇到的有这样两类随机变量，即离散型随机变量和连续型随机变量. 如果随机变量所能取的值可以一一列举（有限或无限个），叫做离散型随机变量，如前面例 2.1.1，例 2.1.2，例 2.1.4 等. 如果随机变量可能取值连续地充满某一区间，称为连续型随机变量，如例 2.1.3 等.

2.1.2 离散型随机变量及其概率分布

对于离散型随机变量要掌握它的变化规律，我们不仅要了解随机变量所能取的值，更重要的是要了解取这些值的概率. 例如，用 X 表示某射手命中靶的环数，显然 X 是取值为 0,1,…,10 的随机变量. 任何一个射手都可能取得这些值，因此，仅仅知道 X 取值并不能反映出这个射手的射击水平，如果能知道该射手命中各环的概率，就可以全面地反映该射手射击的准确程度. 于是我们引进下面概念.

1. 事件的概率分布（分布律）

定义 2.1.2 设 $x_k(k=1,2,\cdots)$ 为离散型随机变量 X 的所有可能取值，而 $p_k(k=1,2,\cdots)$ 是 X 取值 x_k 时相应的概率，即

$$P(X=x_k)=p_k\quad(k=1,2,\cdots)\tag{2.1}$$

或写成表 2.1.

表 2.1

X	x_1	x_2	…	x_k	…
P	p_1	p_2	…	p_k	…

则称式(2.1)或表 2.1 为离散型随机变量 X 的概率分布或分布律，简称为分布.

式(2.1)或表 2.1 不仅告诉我们 X 取什么值，而且还指出它以多大的概率取这些值，

所以说它们把离散型随机变量完整地描述出来.

由定义,分布律具有下列两条基本性质:

(1) 非负性

$$p_k \geqslant 0 \quad (k = 1,2,\cdots) \tag{2.2}$$

(2) 正规性

$$\sum_{k=1}^{n} p_k = 1 \left(\text{或} \sum_{k=1}^{\infty} p_k = 1\right) \tag{2.3}$$

例2.1.5　设盒子中有5个球,其中2个白球,3个黑球,从中任取3个,求“抽得白球的个数”这一随机变量 X 的分布律.

解　设 $X = \{$抽得白球的个数$\}$,则 X 的可能取值为0,1,2,于是

$$P(X = 0) = \frac{C_2^0 C_3^3}{C_5^3} = \frac{1}{10} = 0.1$$

$$P(X = 1) = \frac{C_2^1 C_3^2}{C_5^3} = \frac{2 \times 3}{10} = 0.6$$

$$P(X = 2) = \frac{C_2^2 C_3^1}{C_5^3} = \frac{3}{10} = 0.3$$

如表2.2所示.

表2.2

X	0	1	2
P	0.1	0.6	0.3

从表2.2可以看出

$$p_1 + p_2 + p_3 = 0.1 + 0.6 + 0.3 = 1$$

例2.1.6　设离散型随机变量 X 的分布律为

$$P\{X = k\} = 5a\left(\frac{1}{2}\right)^k (k = 1,2,\cdots)$$ 求常数 a 的值.

解　由正规性,有

$$\sum_k P\{X = k\} = \sum_{k=1}^{\infty} 5a\left(\frac{1}{2}\right)^k = 5a \frac{\frac{1}{2}}{1 - \frac{1}{2}} = 5a = 1$$

所以

$$a = \frac{1}{5}$$

2. 常见离散型分布

(1) 两点分布

定义2.1.3　如果随机变量 X 的可能值只有0和1,它的分布律为

$$P\{X = 1\} = p, P\{X = 0\} = 1 - p = q \tag{2.4}$$

即(表2.3)

表 2.3

X	0	1
P	$1-p$	p

则称 X 服从参数为 p 的两点分布或(0 - 1) 分布.

两点分布可以作为伯努利试验的概率分布的数学模型,是经常遇到的一种分布.在实际中,服从两点分布的随机变量较多,如抽查产品的“合格”与“不合格”,试种一粒种子“发芽”与“不发芽”,射击一次的“中靶”与“不中靶”,抛掷一枚硬币出现“正面”与“反面”等.

例 2.1.7 一批种子的发芽率为 95%,现从中任取一颗种子做发芽试验,定义随机变量如下

$$X=\begin{cases}1 & \text{种子发芽}\\ 0 & \text{种子不发芽}\end{cases}$$

则
$$P(X=1)=0.95, P(X=0)=0.05$$
即 X 服从两点分布.

(2)* 超几何分布

定义 2.1.4 一般的,如果某产品总数为 N,其中次品个数为 M,从中任取 n 个产品,以 X 表示取出的 n 个产品中次品的个数,则 X 的分布律为

$$P\{X=k\}=\frac{C_M^k C_{N-M}^{n-k}}{C_N^n}\quad(k=1,2,\cdots,\tau)\tag{2.5}$$

其中,$\tau=\min\{n,M\}$,n,N,M 为整数,且 $M\leqslant N$,$n\leqslant N$,则称 X 服从参数为 n,N,M 的超几何分布.

(3) 二项分布

定义 2.1.5 如果随机变量 X 的概率分布为

$$P(X=k)=C_n^k p^k q^{n-k}\quad(k=0,1,2,\cdots,n)\tag{2.6}$$

其中 $q=1-p$,$0<p<1$,则称 X 服从参数为(n,p)的二项分布,记作 $X\sim B(n,p)$.

容易验证

(1) $P(X=k)=C_n^k p^k q^{n-k}\geqslant 0\ (k=0,1,2,\cdots,n)$;

(2) $\sum\limits_{k=0}^{n}P\{X=k\}=\sum\limits_{k=o}^{n}C_n^k p^k q^{n-k}=(p+q)^n=1$.

注意到 $C_n^k p^k q^{n-k}$ 正好是二项式$(p+q)^n$ 的展开式的通项,因此称该分布为二项分布.特别地,当 $n=1$ 时,二项分布为

$$P\{X=k\}=p^k(1-p)^{1-k}\quad(k=0,1)$$

这就是(0 - 1) 分布,故当 X 服从(0 - 1) 分布时,也记为 $X\sim B(1,p)$.

当二项分布 $B(n,p)$ 的两个参数 n,p 已知时,就可以计算出随机变量 X 取任何值的概率.二项分布可以运用于 n 次独立试验,特别在产品的抽样检验中有着广泛的应用.

例 2.1.8 某居民区每天用水量保持正常的概率为 0.75,求最近 6 天内用水量正常的天数的分布.

解 设最近6天内用水量正常的天数为 X,它服从二项分布,其中 $n = 6, p = 0.75$,计算其概率值,得到

$$P(X = k) = C_6^k (0.75)^k (0.25)^{6-k} \quad (k = 0,1,2,3,4,5,6)$$

故 X 的分布如表2.4所示.

表2.4

X	0	1	2	3	4	5	6
P	0.000 2	0.004 4	0.033 0	0.131 8	0.296 6	0.356 0	0.178 0

例2.1.9 设某工厂生产的灯泡的次品率为0.05,每个灯泡是否为次品是相互独立的,这个工厂将10个灯泡装成一盒出售,并保证若发现一盒内多于一个次品即可退货,求每盒灯泡次品个数 X 的分布律和售出灯泡的退货率.

解 由题意显然有 $X \sim B(10,0.05)$,即 X 的分布律为

$$P\{X = k\} = C_{10}^k(0.05)^k(0.95)^{10-k} \quad (k = 0,1,\cdots,10)$$

设 A 表示事件"该盒灯泡被退货",则

$$\begin{aligned} P(A) = P\{X > 1\} = 1 - P\{X \leqslant 1\} = \\ 1 - \sum_{k=0}^{1} C_{10}^k(0.05)^k(0.95)^{10-k} = \\ 1 - 0.913\,9 = \\ 0.086\,1 \approx 0.09 \end{aligned}$$

即退货率为9%.

结果表明,退货率是很小的,由小概率事件的实际不可能发生原理,可以认为这批灯泡是合格的.

(4) 泊松分布

由于实际中遇到的二项分布常常是 n 很大,这样用公式(2.6)来计算就很困难,因此有必要解决当 n 很大时二项分布的近似计算问题.下面先就 n 很大,而 p 很小的情况加以讨论.1873年法国数学家Poisson引入了下面的Poisson定理,从而解决了此问题.

泊松定理 对于二项分布 $B(n,p_n)$,若当 n 很大,p_n 很小时,$\lambda_n = np_n \to \lambda$(正常数),则

$$\lim_{n\to\infty} C_n^k p_n^k (1 - p_n)^{n-k} = \frac{\lambda^k}{k!}e^{-\lambda} \quad (k = 0,1,2\cdots)$$

证 由 $p_n = \dfrac{\lambda}{n}$ 得

$$\begin{aligned} C_n^k p_n^k (1 - p_n)^{n-k} &= \frac{n(n-1)\cdots(n-k+1)}{k!}\left(\frac{\lambda}{n}\right)^k \left(1 - \frac{\lambda}{n}\right)^{n-k} = \\ &\frac{\lambda^k}{k!}\cdot 1 \cdot \left(1 - \frac{1}{n}\right)\left(1 - \frac{2}{n}\right)\cdots\left(1 - \frac{k-1}{n}\right)\left(1 - \frac{\lambda}{n}\right)^n \left(1 - \frac{\lambda}{n}\right)^{-k} \end{aligned}$$

对任意固定的 k,有

$$\lim_{n\to\infty}\left(1 - \frac{\lambda}{n}\right)^{-k} = 1, \lim_{n\to\infty}\left(1 - \frac{\lambda}{n}\right)^n = e^{-\lambda}$$

$$\lim_{n\to\infty}\left(1-\frac{i}{n}\right)=1\quad(i=1,2,\cdots,k-1)$$

故有
$$\lim_{n\to\infty}C_n^k p_n^k(1-p_n)^{n-k}=\frac{\lambda^k}{k!}e^{-\lambda}$$

泊松分布是二项分布当 $n\to\infty$ 时的极限分布，因此，我们有一个近似公式

$$P_n(k)=C_n^k p^k(1-p)^{n-k}\approx\frac{\lambda^k}{k!}e^{-\lambda}\quad(\lambda=np>0)\tag{2.7}$$

称为泊松近似公式. 即当 n 充分大且 p 很小时，应用公式(2.7) 近似替代计算较简便.

定义 2.1.6 如果随机变量 X 的概率分布为

$$P(X=k)=\frac{\lambda^k}{k!}e^{-\lambda}\quad(k=0,1,2,\cdots)\tag{2.8}$$

其中 $\lambda>0$，则称 X 服从参数为 λ 的泊松分布，记作 $X\sim P(\lambda)$.

泊松分布是概率论中最重要的概率分布之一. 前面，我们是把它作为二项分布的极限分布导出的，因此，可近似地把它看作是一个概率很小的事件在大量试验中出现次数的概率分布. 但是，它的重要意义还不仅仅是能作为二项分布的近似计算，而在实际中有很多随机变量本身就是服从泊松分布的. 比如，在一段时间里，电话交换台接到的呼唤数；一只铸件上的疵点数；一匹布上的疵点数；玻璃上的气泡数；一块耕地上的杂草数；某段时间内，商店中顾客的流动数等等都服从泊松分布.

例 2.1.10 已知某本书每页中印刷错误的个数 X 服从 $\lambda=1$ 的泊松分布，求在该书中任意指定的一页中至少有 1 个错误的概率.

解 因为随机变量 X 服从参数 $\lambda=1$ 的泊松分布，所以根据公式(2.8)，一页中至少有 1 个错误的概率为

$$P(X\geqslant 1)=1-P(X=0)=1-\frac{1^0}{0!}e^{-1}=1-e^{-1}\approx 0.632\,1$$

或直接查泊松分布表得

$$P(X\geqslant 1)\approx 0.632\,1$$

例 2.1.11 设某人每次射击命中的概率为 0.001，如果射击次数是 5 000 次，试求命中两弹以上的概率.

解 设 X 为中弹次数，在此题中 $n=5\,000$，$p=0.001$，$\lambda=np=5$，根据二项分布公式

$$\begin{aligned}P(X\geqslant 2)={}&\sum_{k=2}^{5\,000}C_{5\,000}^k(0.001)^k(0.999)^{5\,000-k}=\\&1-C_{5\,000}^0(0.001)^0(0.999)^{5\,000}-C_{5\,000}^1(0.001)^1(0.999)^{4\,999}=\\&1-\frac{5^0}{0!}e^{-5}-\frac{5^1}{1!}e^{-5}\approx 0.959\,6\end{aligned}$$

或直接查泊松分布表

$$P(X\geqslant 2)\approx 0.959\,6$$

例 2.1.12 某市某种疾病的发病率为 0.001，某公司共有 4 000 人，问该公司该种病发病人数超过 10 人的概率为多少？

解 该公司有该种疾病的人数 X 服从二项分布，即

$$X \sim B(4\,000, 0.001)$$

这里
$$n = 4\,000, p = 0.001$$
所以
$$\lambda = 4\,000 \times 0.001 = 4$$

所求概率为
$$P(X > 10) = P(X \geqslant 11) = 0.002\,8 \approx 0.003 \text{(查泊松分布表)}$$
故该公司该种病发病人数超过 10 人的概率约为千分之三.

2.2　分布函数

2.2.1　分布函数的定义

我们知道,分布律刻画了离散型随机变量的概率规律性.但在实际中,有些随机变量的分布用分布律表示不出来,为此我们需要找到一个描述各类随机变量概率分布的统一工具,这就是随机变量的分布函数.

定义 2.2.1　设 X 是一个随机变量,x 是任意实数,则函数
$$F(x) = P\{X \leqslant x\}(-\infty < x < +\infty) \tag{2.9}$$
称为随机变量 X 的概率分布函数,简称为分布函数.

应注意,对任意确定的实数 x,$F(x)$ 的值不是随机变量 X 取值于 x 的概率,而是在 $(-\infty, x]$ 整个区间上 X 取值的"累积概率"的值 $P\{X \leqslant x\}$,其定义域为$(-\infty, +\infty)$,值域为区间$[0,1]$,它的引入使许多问题转化为函数问题而得到简化.为区别不同随机变量的分布函数,有时将随机变量 X 的分布函数记为 $F_X(x)$.

对于任意两个实数 a, b,且 $a < b$,有
$$\{X \leqslant b\} = \{X \leqslant a\} \cup \{a < X \leqslant b\}$$
由事件$\{X \leqslant a\}$和$\{a < X \leqslant b\}$互不相容和概率的有限可加性,有
$$P\{X \leqslant b\} = P\{X \leqslant a\} + P\{a < X \leqslant b\}$$
从而有
$$P\{a < X \leqslant b\} = P\{X \leqslant b\} - P\{X \leqslant a\} = F(b) - F(a) \tag{2.10}$$
特别
$$P\{X > a\} = 1 - P\{X \leqslant a\} = 1 - F(a) \tag{2.11}$$

由式(2.10)可知,随机变量 X 落在任一区间$(a, b]$上的概率等于分布函数 $F(x)$ 在该区间的改变值,所以分布函数能完整地描述随机变量的取值规律.

对于离散型随机变量 X,如果分布律如表 2.5 所示,其分布函数为小于 x 的一切 x_i 所对应的概率和
$$F(x) = P(X \leqslant x) = \sum_{x_i \leqslant x} p_i \tag{2.12}$$

表 2.5

X	x_1	x_2	…	x_n
P	p_1	p_2	…	p_n

例 2.2.1 设随机变量 X 的分布律如表 2.6 所示.

表 2.6

X	1	2	3	4
P	0.1	0.3	0.2	0.4

试写出 X 的分布函数,并作出其图象.

解 当 $x<1$ 时,因为 X 不取小于 1 的数,所以事件 $\{X\leqslant x\}$ 为不可能事件,于是有

$$F(x)=P(X\leqslant x)=\sum_{x_i<x}p_i=0$$

当 $1\leqslant x<2$ 时,事件 $\{X\leqslant x\}=\{X=1\}$,则

$$F(x)=P(X\leqslant x)=P(X=1)=0.1$$

当 $2\leqslant x<3$ 时

$$F(x)=P(X\leqslant x)=P(X=1)+P(X=2)=0.4$$

当 $3\leqslant x<4$ 时

$$F(x)=P(X\leqslant x)=P(X=1)+P(X=2)+P(X=3)=0.6$$

当 $x\geqslant 4$ 时

$$F(x)=P(X\leqslant x)=P(X=1)+P(X=2)+P(X=3)+P(X=4)=1$$

从而随机变量 X 的分布函数为

$$F(x)=\begin{cases}0 & x<1\\ 0.1 & 1\leqslant x<2\\ 0.4 & 2\leqslant x<3\\ 0.6 & 3\leqslant x<4\\ 1 & x\geqslant 4\end{cases}$$

其图象如图 2.1 所示.

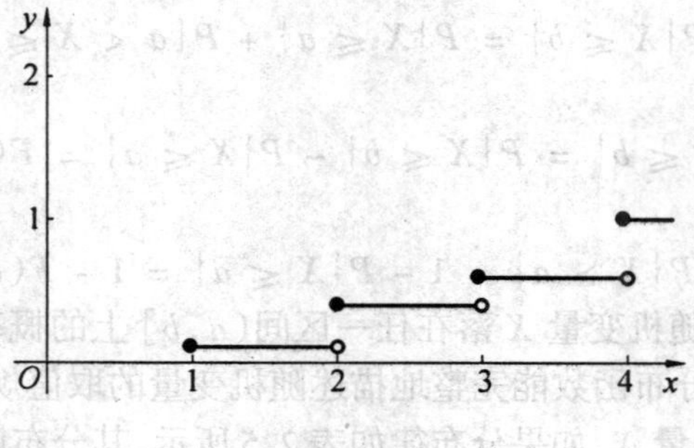

图 2.1

例 2.2.2 设随机变量 X 的分布律如表 2.7 所示.

表 2.7

X	0	1	2
p_k	$\frac{1}{3}$	$\frac{1}{6}$	$\frac{1}{2}$

求 X 的分布函数,并求 $P\left\{X \leqslant \frac{1}{2}\right\}, P\left\{\frac{1}{2} < X \leqslant \frac{3}{2}\right\}, P\{1 \leqslant X \leqslant 3\}$.

解　当 $x < 0$ 时

$$F(x) = 0$$

当 $0 \leqslant x < 1$ 时

$$F(x) = P\{X = 0\} = \frac{1}{3}$$

当 $1 \leqslant x < 2$ 时

$$F(x) = P\{X = 0\} + P\{X = 1\} = \frac{1}{3} + \frac{1}{6} = \frac{1}{2}$$

当 $x \geqslant 2$ 时

$$F(x) = P\{X = 0\} + P\{X = 1\} + P\{X = 2\} = \frac{1}{3} + \frac{1}{6} + \frac{1}{2} = 1$$

则

$$F(x) = \begin{cases} 0 & x < 0 \\ \frac{1}{3} & 0 \leqslant x < 1 \\ \frac{1}{2} & 1 \leqslant x < 2 \\ 1 & x \geqslant 2 \end{cases}$$

$$P\left\{X \leqslant \frac{1}{2}\right\} = F\left(\frac{1}{2}\right) = \frac{1}{3}$$

$$P\left\{\frac{1}{2} < X \leqslant \frac{3}{2}\right\} = F\left(\frac{3}{2}\right) - F\left(\frac{1}{2}\right) = \frac{1}{6}$$

$$P\{1 \leqslant X \leqslant 3\} = P\{X = 1\} + P\{1 < X \leqslant 3\} = \frac{1}{6} + F(3) - F(1) = \frac{2}{3}$$

2.2.2　分布函数的性质

分布函数具有如下性质:

性质1　有界性:$0 \leqslant F(x) \leqslant 1$;

性质2　单调不减性:$F(x)$ 是单调不减的函数,即对任意 $x_1 < x_2$ 有

$$F(x_1) \leqslant F(x_2)$$

性质3　$F(-\infty) = \lim\limits_{x \to -\infty} F(x) = 0, F(+\infty) = \lim\limits_{x \to +\infty} F(x) = 1$;

性质4　右连续性:即

$$F(x) = F(x + 0)$$

例2.2.3　已知离散型随机变量 X 的分布函数为

$$F(x) = \begin{cases} 0 & x < -1 \\ \frac{1}{4} & -1 \leqslant x < 2 \\ \frac{3}{4} & 2 \leqslant x < 3 \\ 1 & x \geqslant 3 \end{cases}$$

求 X 的分布律,并求 $P\left\{\frac{1}{2} \leqslant X \leqslant 3\right\}$.

解 由 $F(x)$ 的表达式可知它的间断点为 $-1,2,3$, X 的分布律如表 2.8 所示.

表 2.8

X	-1	2	3
p_k	$\frac{1}{4}$	$\frac{1}{2}$	$\frac{1}{4}$

$$P\left\{\frac{1}{2} \leqslant X \leqslant 3\right\} = P\left\{\frac{1}{2} < X \leqslant 3\right\} + P\left\{X = \frac{1}{2}\right\} =$$

$$F(3) - F\left(\frac{1}{2}\right) + P\left\{X = \frac{1}{2}\right\} = \frac{3}{4}$$

例 2.2.4 设随机变量 X 的分布函数为

$$F(x) = \begin{cases} c & x < -1 \\ \frac{1}{8} & x = -1 \\ ax + b & -1 < x < 1 \\ 1 & x \geqslant 1 \end{cases}$$

又已知 $P\{X = 1\} = \frac{1}{4}$,试求 a, b, c 的值.

解 由 $F(-\infty) = 0$,得

$$c = 0$$

由 $F(-1+0) = F(-1)$,得

$$b - a = \frac{1}{8}$$

由 $P\{X = 1\} = F(1) - F(1-0)$,得

$$1 - (b + a) = \frac{1}{4}$$

由以上两式可得

$$a = \frac{5}{16}, b = \frac{7}{16}$$

2.3 连续型随机变量及其分布

2.3.1 概率密度函数

前面讨论的离散型随机变量的取值只限于有限个或可列无穷多个值,具有很大的局限性.在许多随机试验中,如测量某零件的尺寸;记录某地区农作物的产量;水库的水位高度等,它们的可能取值充满某个区间,现在我们对于这一类可以在某一整个区间或在整个实数轴上取值的随机变量进行研究.

定义 2.3.1 设随机变量 X,若存在非负可积函数 $f(x)(-\infty < x < +\infty)$ 使得对于

任何实数 $a,b(a<b)$ 都有

$$P(a<X\leqslant b)=\int_a^b f(x)\mathrm{d}x \tag{2.13}$$

则称 X 为连续型随机变量，$f(x)$ 称为 X 的概率密度函数，简称为密度函数或分布密度.

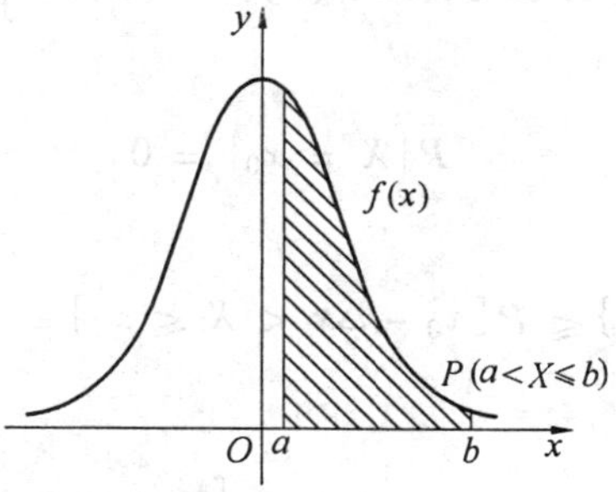

图 2.2

由定积分 $\int_a^b f(x)\mathrm{d}x$ 的几何意义可知，X 取值任一区间 $(a,b]$ 上的概率等于以 $(a,b]$ 为底，以曲线 $y=f(x)$ 为顶的曲边梯形的面积，如图 2.2 所示.

由定义，我们可以得到与离散型随机变量的分布律相似的性质，则密度函数具有如下基本性质：

(1) 非负性：即 $f(x)\geqslant 0(-\infty<x<+\infty)$；

(2) 正规性：$\int_{-\infty}^{+\infty}f(x)\mathrm{d}x=1$.

以上性质说明，曲线 $f(x)$ 在 x 轴的上方，且与 x 轴围成的面积等于 1，一个函数能否成为密度函数，必须检验是否满足上述两个条件.

对概率密度 $f(x)$ 的意义作以下说明：概率密度并不表示任何事件的概率，而是表示连续型随机变量概率分布的密集程度.

事实上，如果我们考虑 X 取值区间 $(x,x+\Delta x]$ 的概率，并由积分中值定理有

$$P\{x<X\leqslant x+\Delta x\}=\int_x^{x+\Delta x}f(t)\mathrm{d}t=f(X)\Delta x$$

其中

$$x<X<x+\Delta x$$

当 $\Delta x\to 0$ 时，它近似地等于 $f(x)\Delta x$，即

$$P\{x<X<x+\Delta x\}\approx f(x)\Delta x$$

有

$$\frac{P\{x<X<x+\Delta x\}}{\Delta x}\approx f(x)$$

取极限

$$\lim_{\Delta x\to 0}\frac{P\{x<X<x+\Delta x\}}{\Delta x}=f(x)$$

所以 $f(x)$ 实际表示随机变量 X 在点 x 的概率分布密集程度.

定义 2.3.2　对于连续型随机变量 X，如果它的密度函数为 $f(x)$，它的分布函数为

$$F(x)=P(X\leqslant x)=\int_{-\infty}^{x}f(t)\mathrm{d}t \tag{2.14}$$

因此连续型随机变量除具有分布函数性质外，还有如下性质：

(1) $F(x)$ 是 x 的连续函数;

(2) 对 $f(x)$ 的连续点 x,有 $F'(x) = f(x)$;

(3) 对任意实数 $a,b(a < b)$,有

$$P\{a < X \leqslant b\} = F(b) - F(a) = \int_a^b f(x)\mathrm{d}x \tag{2.15}$$

特别地,对任意点 x_0,有

$$P\{X = x_0\} = 0$$

事实上

$$P\{X = x_0\} \leqslant P\{x_0 - \Delta x < X \leqslant x_0\} = \int_{x_0-\Delta x}^{x_0} f(x)\mathrm{d}x$$

所以

$$0 \leqslant P\{X = x_0\} \leqslant \lim_{\Delta x\to 0}\int_{x_0-\Delta x}^{x_0} f(x)\mathrm{d}x = 0$$

因此,有

$$P(a \leqslant X < b) = P(a < X \leqslant b) = P(a \leqslant X \leqslant b) = P(a < X < b) \tag{2.16}$$

因此,对于连续型随机变量在某一区间上的概率,无需强调区间端点的开、闭性.

例 2.3.1 讨论函数

$$f(x) = \begin{cases} \sin x & 0 \leqslant x \leqslant \dfrac{\pi}{2} \\ 0 & \text{其他} \end{cases}$$

能否成为密度函数.

解 因为 $x \in [0,\frac{\pi}{2}]$ 时,$\sin x \geqslant 0$,又

$$\int_{-\infty}^{+\infty} f(x)\mathrm{d}x = \int_0^{\frac{\pi}{2}} \sin x\mathrm{d}x = \cos x\Big|_{\frac{\pi}{2}}^{0} = 1$$

因此,$f(x)$ 能成为密度函数.

例 2.3.2 若连续随机变量 X 的密度函数为

$$f(x) = \begin{cases} A\mathrm{e}^{-6x} & x > 0 \\ 0 & x \leqslant 0 \end{cases}$$

(1) 确定常数 A;

(2) 求概率 $P\left\{X > \dfrac{1}{6}\right\}$;

(3) 求 X 的分布函数.

解 (1) 由密度函数的性质(2)有

$$\int_{-\infty}^{+\infty} f(x)\mathrm{d}x = \int_{-\infty}^{0} f(x)\mathrm{d}x + \int_0^{+\infty} f(x)\mathrm{d}x = \int_0^{+\infty} A\mathrm{e}^{-6x}\mathrm{d}x = 1$$

有$\frac{1}{6}A=1$,即$A=6$,于是X的密度函数为

$$f(x)=\begin{cases}6\mathrm{e}^{-6x} & x>0\\0 & x\leqslant 0\end{cases}$$

(2)
$$P\left\{X>\frac{1}{6}\right\}=\int_{\frac{1}{6}}^{+\infty}f(x)\mathrm{d}x=\int_{\frac{1}{6}}^{+\infty}6\mathrm{e}^{-6x}\mathrm{d}x=\mathrm{e}^{-1}\approx 0.367\,9$$

(3) 当$x<0$时

$$F(x)=\int_{-\infty}^{x}f(t)\mathrm{d}t=0$$

当$x\geqslant 0$时

$$F(x)=\int_{-\infty}^{x}f(t)\mathrm{d}t=\int_{-\infty}^{0}f(t)\mathrm{d}t+\int_{0}^{x}f(t)\mathrm{d}t=1-\mathrm{e}^{-6x}$$

故得X的分布函数为

$$F(x)=\begin{cases}1-\mathrm{e}^{-6x} & x\geqslant 0\\0 & x<0\end{cases}$$

例 2.3.3　设随机变量X的分布函数为

$$F(x)=\begin{cases}A+B\mathrm{e}^{-\frac{x^2}{2}} & x>0\\0 & x\leqslant 0\end{cases}$$

求:(1) A,B的值;(2) $P(1<X<2)$;(3)X的密度函数.

解　(1) 因为

$$\lim_{x\to+\infty}F(x)=\lim_{x\to+\infty}(A+B\mathrm{e}^{-\frac{x^2}{2}})=1$$

所以$A=1$,又由于$F(x)$在点$x=0$处连续,所以

$$\lim_{x\to 0}F(x)=\lim_{x\to 0}(1+B\mathrm{e}^{-\frac{x^2}{2}})=1+B=0$$

所以$B=-1$,从而

$$F(x)=\begin{cases}1-\mathrm{e}^{-\frac{x^2}{2}} & x>0\\0 & x\leqslant 0\end{cases}$$

(2)
$$P(1<X<2)=F(2)-F(1)=(1-\mathrm{e}^{-2})-(1-\mathrm{e}^{-\frac{1}{2}})=\mathrm{e}^{-\frac{1}{2}}-\mathrm{e}^{-2}\approx 0.471\,2$$

(3)X的密度函数

$$f(x)=F'(x)=\begin{cases}x\mathrm{e}^{-\frac{x^2}{2}} & x>0\\0 & x\leqslant 0\end{cases}$$

2.3.2　常见的几种分布

下面我们给出几种常见的连续型随机变量的分布.

1. 均匀分布

定义 2.3.3 若随机变量 X 的概率密度为

$$f(x)=\begin{cases}\dfrac{1}{b-a} & a\leqslant x\leqslant b\\ 0 & \text{其他}\end{cases}\tag{2.17}$$

则称 X 在区间 $[a,b]$ 上服从均匀分布,记为 $X\sim U[a,b]$,如图 2.3 所示.

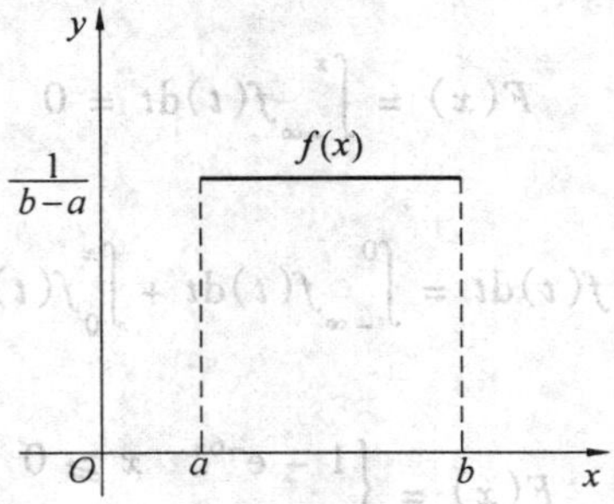

图 2.3

显然有

$$f(x)\geqslant 0$$
$$\int_{-\infty}^{+\infty}f(x)\mathrm{d}x=\int_a^b\frac{\mathrm{d}x}{b-a}=1$$

在区间 $[a,b]$ 上服从均匀分布的随机变量 X,具有下述等可能性:即它落在区间 $[a,b]$ 中任意长度相同的子区间里的概率是相同的,或者说 X 落在子区间里的概率只依赖于子区间长度,而与子区间的位置无关.对于任一长度为 l 的子区间 $[c,c+l]\subset[a,b]$,有

$$P\{c<x\leqslant c+l\}=\int_c^{c+1}f(x)\mathrm{d}x=\int_c^{c+1}\frac{1}{b-a}\mathrm{d}x=\frac{l}{b-a}$$

在 $[a,b]$ 上服从均匀分布的随机变量 X 的分布函数为

$$F(x)=\begin{cases}0 & x<a\\ \dfrac{x-a}{b-a} & a\leqslant x<b\\ 1 & x\geqslant b\end{cases}$$

在估计误差时,常用到均匀分布,均匀分布是常见到的一种分布.例如,我们每次从手表上看时间时,时针所处的位置 X 显然是在 $[0,12]$ 上的均匀分布的随机变量.

例 2.3.4 设某线路公共汽车每隔 8 min 一班,乘客到站时间是随机的,等车时间服从 $[0,8]$ 上的均匀分布.求乘客候车时间不超过 5 min 的概率.

解 由均匀分布的密度函数

$$f(x)=\begin{cases}\dfrac{1}{8} & 0\leqslant x\leqslant 8\\ 0 & \text{其他}\end{cases}$$

所以,候车时间不超过 5 min 的概率为

$$P(0 \leqslant X \leqslant 5) = \int_0^5 f(x)\mathrm{d}x = \frac{1}{8} \times (5 - 0) = \frac{5}{8}$$

例 2.3.5　设随机变量 X 服从 $[1,6]$ 上的均匀分布，求一元二次方程 $t^2 + Xt + 1 = 0$ 有实根的概率．

解　因为当 $\Delta = X^2 - 4 \geqslant 0$ 时，$t^2 + Xt + 1 = 0$ 有实根，故所求的概率为

$$P\{X^2 - 4 \geqslant 0\} = P\{(X \geqslant 2) \cup (X \leqslant -2)\} = P\{X \geqslant 2\} + P\{X \leqslant -2\}$$

而 X 的概率密度

$$f(x) = \begin{cases} \dfrac{1}{5} & 1 \leqslant x \leqslant 6 \\ 0 & \text{其他} \end{cases}$$

从而

$$P\{X \geqslant 2\} = \int_2^{+\infty} f(x)\mathrm{d}x = \int_2^6 \frac{1}{5}\mathrm{d}x = \frac{4}{5}$$

$$P\{X \leqslant -2\} = \int_{-\infty}^{-2} f(x)\mathrm{d}x = 0$$

因此，所求概率为

$$P\{X^2 - 4 \geqslant 0\} = \frac{4}{5}$$

2. 指数分布

定义 2.3.4　若随机变量 X 的概率密度为

$$f(x) = \begin{cases} \lambda \mathrm{e}^{-\lambda x} & x > 0 \\ 0 & x \leqslant 0 \end{cases} \tag{2.18}$$

其中 $\lambda > 0$ 是常数，则称 X 服从参数为 λ 的指数分布．

显然有

$$f(x) \geqslant 0$$

$$\int_{-\infty}^{+\infty} f(x)\mathrm{d}x = \int_0^{+\infty} \lambda \mathrm{e}^{-\lambda x}\mathrm{d}x = 1$$

X 的分布函数为

$$F(x) = \begin{cases} 1 - \mathrm{e}^{-\lambda x} & x > 0 \\ 0 & x \leqslant 0 \end{cases}$$

指数分布常见于下列情形：电子元件的使用寿命，各随机服务系统的服务时间，机器正常工作的时间等．指数分布在可靠性理论与排队论中有广泛的应用．

例 2.3.6　设顾客在某银行窗口等待服务的时间（单位：min）X 服从参数为 $\lambda = \dfrac{1}{5}$ 的指数分布．若等待时间超过 10 min，则他就离开，假设他一个月内要来银行 5 次．以 Y 表示一个月内他没有等到服务而离开窗口的次数，求 Y 的分布律及至少有一次没有等到服务的概率 $P\{Y \geqslant 1\}$．

解　由题意知 $Y \sim B(5, p)$，其中 $P = P\{X > 10\}$，现在 X 的概率密度为

$$f(x) = \begin{cases} \dfrac{1}{5}\mathrm{e}^{-\frac{x}{5}} & x > 0 \\ 0 & x \leqslant 0 \end{cases}$$

因此
$$P = P\{X > 10\} = \int_{10}^{+\infty} \frac{1}{5} e^{-\frac{x}{5}} dx = e^{-2}$$
所以 Y 的分布律为
$$P\{Y = k\} = C_5^k (e^{-2})^k (1 - e^{-2})^{5-k} \quad (k = 0,1,2,\cdots,5)$$
于是
$$P\{Y \geqslant 1\} = 1 - P\{Y = 0\} = 1 - (1 - e^{-2})^5 = 0.516\,7$$

2.4 正态分布

2.4.1 正态分布的定义

正态分布是连续型随机变量中一种重要分布,也是概率统计中最重要的分布,在自然界和社会现象中,大量的随机现象都服从正态分布,如测量误差;各种产品的质量指标;人的身高和体重;某城市一天的用电量等.历史上,高斯(Gauss)曾对正态分布的研究作出了贡献,因此,正态分布也称高斯分布.

定义 2.4.1 若随机变量 X 的概率密度为
$$f(x) = \frac{1}{\sqrt{2\pi}\sigma} e^{-\frac{(x-\mu)^2}{2\sigma^2}} \quad (-\infty < x < +\infty) \tag{2.19}$$
其中 μ 和 σ 均为常数,且 $\sigma > 0$,则称随机变量 X 服从参数为 μ 和 σ 的正态分布或高斯分布,记为 $X \sim N(\mu,\sigma^2)$.

显然有
$$f(x) \geqslant 0$$
$$\int_{-\infty}^{+\infty} f(x)dx = \int_{-\infty}^{+\infty} \frac{1}{\sqrt{2\pi}\sigma} e^{-\frac{(x-\mu)^2}{2\sigma^2}} dx = 1$$
由变量代换 $t = \dfrac{x-\mu}{\sigma}$ 可知上式为
$$\int_{-\infty}^{+\infty} f(x)dx = \frac{1}{\sqrt{2\pi}} \int_{-\infty}^{+\infty} e^{-\frac{t^2}{2}} dt = \frac{1}{\sqrt{2\pi}} \sqrt{2\pi} = 1$$
正态分布的分布函数为
$$F(x) = \frac{1}{\sqrt{2\pi}\sigma} \int_{-\infty}^{x} e^{-\frac{(t-\mu)^2}{2\sigma^2}} dt \quad (-\infty < x < +\infty) \tag{2.20}$$

2.4.2 正态分布的性质

正态分布的概率密度函数 $f(x)$ 是包含两个参数 μ,σ 的指数函数,它的图象称为正态曲线.如图2.4,正态曲线呈钟形,中间高两边低.

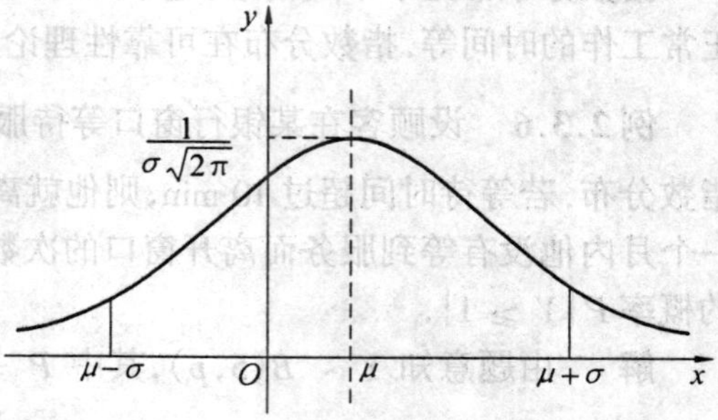

图 2.4

不难看出正态曲线有如下性质:

(1) $f(x) > 0$,曲线位于 x 轴上方;

(2) 曲线 $f(x)$ 关于直线 $x = \mu$ 对称;

(3)$f(x)$ 在区间$(-\infty,\mu)$上是增函数,在$(\mu,+\infty)$上是减函数,当 $x=\mu$ 时有极大值 $f(\mu)=\frac{1}{\sigma\sqrt{2\pi}}$;

(4) 以 x 轴为水平渐近线,因为

$$\lim_{x\to\infty}f(x)=\lim_{x\to\infty}\frac{1}{\sigma\sqrt{2\pi}}e^{-\frac{(x-\mu)^2}{2\sigma^2}}=0$$

(5) 在 $x=\mu\pm\sigma$ 处曲线有拐点.

由于曲线关于直线 $x=\mu$ 对称,常把常数 μ 叫做正态分布的分布中心. μ 变化,则分布中心发生变化,因此参数 μ 决定曲线的位置;参数 σ 的大小决定曲线的形状,σ 越大曲线越扁平,σ 越小曲线越陡峭,如图 2.5 所示.

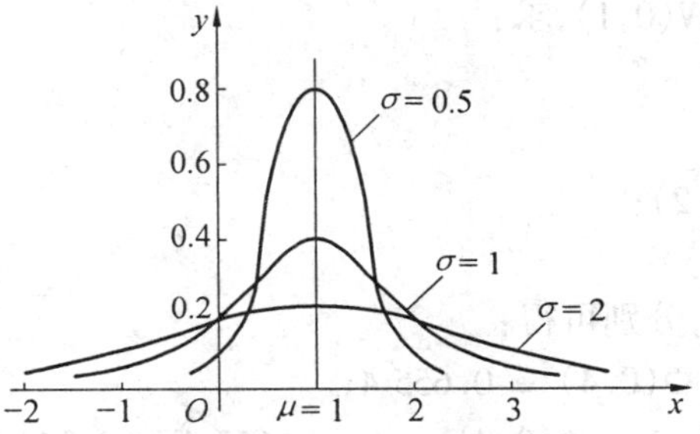

图 2.5

2.4.3 正态分布的概率计算

定义 2.4.2 当 $\mu=0,\sigma=1$ 时的正态分布 $N(0,1)$ 称为标准正态分布,记作 $X\sim N(0,1)$.如图 2.6,曲线称为标准正态曲线.

标准正态分布的密度函数为

$$f(x)=\frac{1}{\sqrt{2\pi}}e^{-\frac{x^2}{2}}\quad(-\infty<x<+\infty)\tag{2.21}$$

标准正态分布的分布函数

$$\Phi(x)=\frac{1}{\sqrt{2\pi}}\int_{-\infty}^{x}e^{-\frac{t^2}{2}}dt\tag{2.22}$$

$\Phi(x)$ 的几何意义是如图 2.7 中阴影部分的面积.

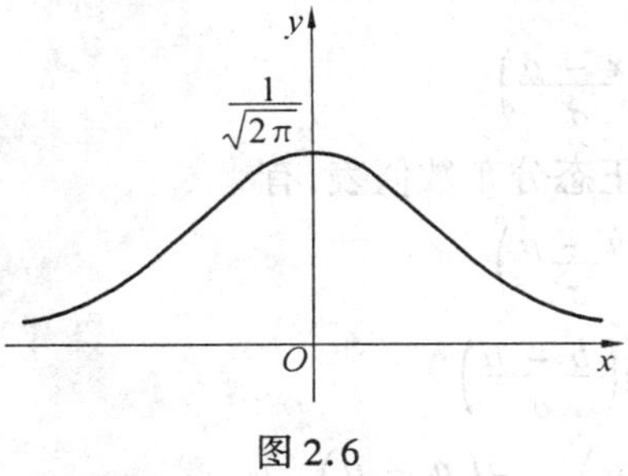

图 2.6

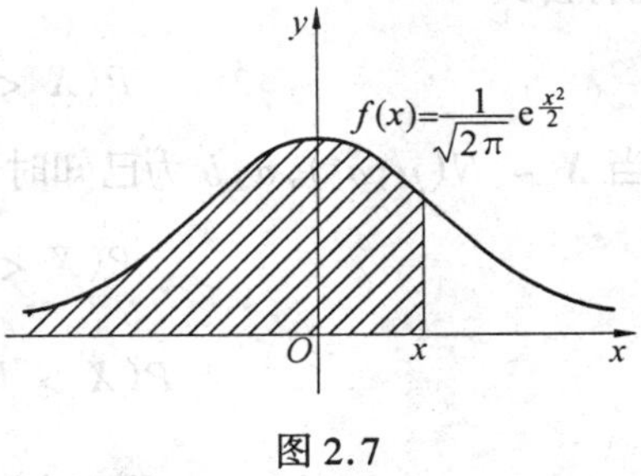

图 2.7

利用密度函数 $f(x)$ 的对称性和分布函数 $\Phi(x)$ 的概率意义,从图 2.6 可以直接得出,

也容易推之

$$\Phi(-x) = 1 - \Phi(x) \tag{2.23}$$

由于正态分布的分布函数为非初等函数，为了便于计算，我们在附表 3 中给出了 $\Phi(x)$ 的数值表. 当 $x \geqslant 0$ 时，$\Phi(x)$ 的值可以由附表3直接查得；当 $x < 0$ 时，可使用公式 (2.23) 后再查表. 这样，若 $X \sim N(0,1)$，a, b 为已知时，有

$$P(X < a) = \Phi(a)$$

$$P(X > b) = 1 - \Phi(b)$$

$$P(a < X < b) = \Phi(b) - \Phi(a) \quad (a < b)$$

$$P(-a < X < a) = 2\Phi(a) - 1$$

上式 a, b 可以是无穷大，不过 $\Phi(-\infty) = 0, \Phi(+\infty) = 1$.

例 2.4.1 设 $X \sim N(0,1)$，求：

(1) $P(X < 0.4)$；

(2) $P(X < -0.4)$；

(3) $P(0.4 < X < 1.2)$；

(4) $P(X > 1.2)$

解 查正态分布表，分别可得：

(1) $P(X < 0.4) = \Phi(0.4) = 0.655\,4$；

(2) $P(X < -0.4) = 1 - \Phi(0.4) = 1 - 0.655\,4 = 0.344\,6$；

(3) $P(0.4 < X < 1.2) = \Phi(1.2) - \Phi(0.4) = 0.884\,9 - 0.655\,4 = 0.229\,5$；

(4) $P(X > 1.2) = 1 - P(X < 1.2) = 1 - \Phi(1.2) = 1 - 0.884\,9 = 0.115\,1$.

如果 X 服从非标准正态分布，即 $X \sim N(\mu, \sigma^2)$，我们可通过变换将其化为标准正态分布. 因为

$$P(X < b) = \int_{-\infty}^{b} \frac{1}{\sigma\sqrt{2\pi}} e^{-\frac{(x-\mu)^2}{2\sigma^2}} dx \xrightarrow[x = \mu + \sigma t]{t = \frac{x-\mu}{\sigma}}$$

$$\int_{-\infty}^{\frac{b-\mu}{\sigma}} \frac{1}{\sqrt{2\pi}} e^{-\frac{t^2}{2}} dt = P\left(Y < \frac{b-\mu}{\sigma}\right)$$

即当 $X \sim N(\mu, \sigma^2)$ 时

$$Y = \frac{X - \mu}{\sigma} \sim N(0,1)$$

就是说有公式

$$P(X < x) = \Phi\left(\frac{x-\mu}{\sigma}\right) \tag{2.24}$$

从而，当 $X \sim N(\mu, \sigma^2)$，a, b 为已知时，利用标准正态分布数值表，有

$$P(X < a) = \Phi\left(\frac{a-\mu}{\sigma}\right)$$

$$P(X > b) = 1 - \Phi\left(\frac{b-\mu}{\sigma}\right)$$

$$P(a < X < b) = \Phi\left(\frac{b-\mu}{\sigma}\right) - \Phi\left(\frac{a-\mu}{\sigma}\right)$$

例 2.4.2　若 $X \sim N(1,4)$,求:

(1)$P(X < 2)$;　(2)$P(5 < X \leqslant 7)$;　(3)$P(-2 \leqslant X \leqslant 2)$.

解

$$\mu = 1,\sigma^2 = 4$$

(1)
$$P(X < 2) = \Phi\left(\frac{2-1}{2}\right) = \Phi(0.5) = 0.691\,5$$

(2)
$$P(5 < X \leqslant 7) = \Phi\left(\frac{7-1}{2}\right) - \Phi\left(\frac{5-1}{2}\right) = \Phi(3) - \Phi(2) = 0.998\,7 - 0.977\,2 = 0.021\,5$$

(3)
$$P(-2 \leqslant X \leqslant 2) = \Phi\left(\frac{2-1}{2}\right) - \Phi\left(\frac{-2-1}{2}\right) = \Phi(0.5) - \Phi(-1.5) = \Phi(0.5) - 1 + \Phi(1.5) = 0.691\,5 + 0.933\,2 - 1 = 0.624\,7$$

例 2.4.3　设 $X \sim N(\mu,\sigma^2)$,求 $P(|X-\mu| < k\sigma)$,其中 $k = 1,2,3$.

解
$$P(|X-\mu| < k\sigma) = P(\mu - k\sigma < X < \mu + k\sigma) = \Phi\left(\frac{\mu + k\sigma - \mu}{\sigma}\right) - \Phi\left(\frac{\mu - k\sigma - \mu}{\sigma}\right) = \Phi(k) - \Phi(-k) = 2\Phi(k) - 1$$

当 $k = 1,2,3$ 时,分别查表得

$$P(\mu - \sigma < X < \mu + \sigma) = 2\Phi(1) - 1 = 0.682\,6$$
$$P(\mu - 2\sigma < X < \mu + 2\sigma) = 2\Phi(2) - 1 = 0.954\,4$$
$$P(\mu - 3\sigma < X < \mu + 3\sigma) = 2\Phi(3) - 1 = 0.997\,4$$

如图 2.8,当 $X \sim N(\mu,\sigma^2)$,X 落在区间 $(\mu - 3\sigma,\mu + 3\sigma)$ 之外的概率小于 0.003,通常认为这一概率是很小的,X 几乎不可能落在区间 $(\mu - 3\sigma,\mu + 3\sigma)$ 之外,因此我们把区间 $(\mu - 3\sigma,\mu + 3\sigma)$ 看作随机变量 X 的实际可能取值的区间,这就是正态分布的 3σ 规则,这一规则在质量管理中有着重要的作用.例如,在一次检查中发现质量指标超出了区间 $(\mu - 3\sigma,\mu + 3\sigma)$,我们便可判定生产中可能出现了不正常现象,应采取必要的措施.

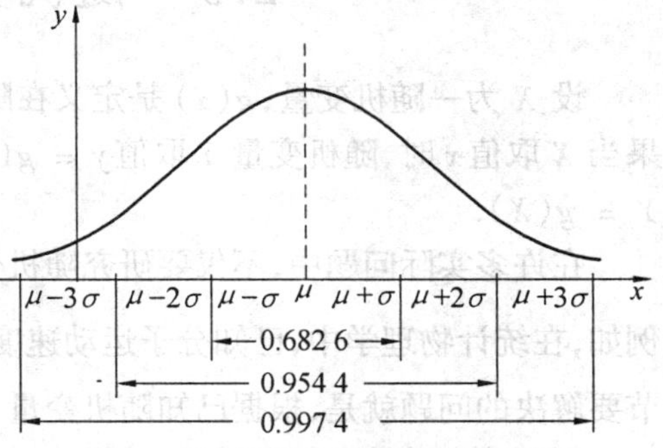

图 2.8

例 2.4.4　某学校学生的身高近似地服从 μ 的值为 1.72 m,σ 的值为 0.06 m 的正态分布,试估算该校学生中身高在 1.75 m 以上的学生是学校总人数的百分之几?

解　设该校学生身高在 1.75 m 以上的人数为 X,则

$$X \sim N(1.72,0.06^2)$$
$$P(X > 1.75) = 1 - \Phi\left(\frac{1.75 - 1.72}{0.06}\right) = 1 - \Phi(0.5) = 1 - 0.691\,5 = 0.308\,5$$

故该校学生身高在 1.75 m 以上的人数为总人数的 30.85%.

例 2.4.5 某商店购进一批灯泡,其寿命的分布近似服从 μ 为 1 000 h,σ 为 50 h 的正态分布,试求任取一灯泡,其使用寿命在 950 ~ 1 050 h 和 850 ~ 1 150 h 之间的概率.

解 设 X 为该种灯泡的使用寿命数,则

$$X \sim N(1\,000, 50^2)$$

$$P(950 < X < 1\,050) = \Phi\left(\frac{1\,050 - 1\,000}{50}\right) - \Phi\left(\frac{950 - 1\,000}{50}\right) =$$
$$\Phi(1) - \Phi(-1) = 2\Phi(1) - 1 =$$
$$2 \times 0.841\,3 - 1 = 0.682\,6$$

$$P(850 < X < 1\,150) = \Phi\left(\frac{1\,150 - 1\,000}{50}\right) - \Phi\left(\frac{850 - 1\,000}{50}\right) =$$
$$\Phi(3) - \Phi(-3) = 0.997\,4$$

故任取一灯泡使用寿命在 950 ~ 1 050 h之间的概率为 68.26%,在 850 ~ 1 150 h之间的概率为 99.73%.由此可以看出该种灯泡的寿命几乎全部在 850 ~ 1 150 h之间.

为了便于今后应用,对于标准正态随机变量,我们引入上 α 分位点的定义.

定义 2.4.3 设 $X \sim N(0,1)$,若 z_α 满足条件

$$P\{X > z_\alpha\} = \alpha(0 < \alpha < 1)$$

则称点 z_α 为标准正态分布的上 α 分位点.

由定义 2.4.2 知,$\Phi(z_\alpha) = 1 - \alpha$,所以给定 $\alpha(0 < \alpha < 1)$,要求 α 分位点上的 z_α,则先要计算 $1 - \alpha$ 的值,再查标准正态分布表,即得 z_α.

2.5 随机变量函数的分布

设 X 为一随机变量,$g(x)$ 是定义在随机变量 X 的一切可能取值的集合上的函数,如果当 X 取值 x 时,随机变量 Y 取值 $y = g(x)$,则称随机变量 Y 为随机变量 X 的函数,记为 $Y = g(X)$.

在许多实际问题中,不仅要研究随机变量的分布,还需要研究随机变量函数的分布.例如,在统计物理学中,已知分子运动速度 X 的分布,要求其动能 $Y = \frac{1}{2}mX^2$ 的分布.本节要解决的问题就是,根据已知随机变量 X 的分布,求随机变量函数 $Y = g(X)$ 的分布.

下面分两种情况加以讨论.

2.5.1 离散型随机变量函数的分布

设离散型随机变量 X 的分布律为

$$P(X = x_k) = p_k \quad (k = 1,2,\cdots)$$

X 的函数 $Y = g(X)$ 也是离散型随机变量,当 $X = x_k$ 时,$Y = g(x_k)$,此时应有

$$P\{Y = g(x_k)\} = p_k \quad (k = 1,2,\cdots)$$

如果 Y 的取值互不相同,则上式即为随机变量 $Y = g(X)$ 的分布律;如果 Y 的取值中有相同的值,只要将 Y 取相同值对应的概率求和整理即得 $Y = g(X)$ 的分布律

$$P\{Y = y_j\} = q_j \quad (j = 1,2,\cdots)$$

其中 q_j 是所有满足 $g(x_i) = y_j$ 的 x_i 对应的概率 $P\{X = x_i\} = p_i$ 的和,即

$$P\{Y = y_j\} = \sum_{g(x_i) = y_j} P\{X = x_i\}$$

例2.5.1　设随机变量 X 的分布律如表2.9所示,试分别求随机变量 $Y = (X - 1)^2$ 和 $Z = 3X + 1$ 的分布律.

表 2.9

X	-1	0	1	2
p_k	0.1	0.4	0.2	0.3

解　$Y = (X - 1)^2$ 的可能取值为 0,1,4,因此

$$P\{Y = 0\} = P\{(X - 1)^2 = 0\} = P\{X = 1\} = 0.2$$

$$P\{Y = 1\} = P\{(X - 1)^2 = 1\} = P\{X = 0\} + P\{X = 2\} = 0.7$$

$$P\{Y = 4\} = P\{(X - 1)^2 = 4\} = P\{X = -1\} = 0.1$$

Y 的分布律如表 2.10 所示.

表 2.10

Y	0	1	4
p_k	0.2	0.7	0.1

同理可得,$Z = 3X + 1$ 的分布律如表 2.11 所示.

表 2.11

Z	-2	1	4	7
p_k	0.1	0.4	0.2	0.3

2.5.2　连续型随机变量函数的分布

设 X 为连续型随机变量,函数 $y = g(x)$ 是定义在 X 的一切可能取值的集合上的连续函数,这时 $Y = g(X)$ 也是一个连续型随机变量,问题是当给定了 $g(x)$ 的解析表达式后,如何根据 X 的分布,求出 $Y = g(X)$ 的分布.

设随机变量 X 的概率密度为 $f_X(x)$,则 X 的函数 $Y = g(X)$ 的分布函数为

$$F_Y(y) = P\{Y \leqslant y\} = P\{g(X) \leqslant y\} = \int_{g(x) \leqslant y} f_X(x)\mathrm{d}x$$

从而 Y 的概率密度 $f_Y(y)$ 可由 $f_Y(y) = F'_Y(y)$ 求得.

例 2.5.2　设随机变量 X 的概率密度为

$$f_X(x) = \begin{cases} \dfrac{x}{8} & 0 < x < 4 \\ 0 & \text{其他} \end{cases}$$

求随机变量 $Y = \mathrm{e}^X$ 的概率密度.

解　由题意知,X 在 $(0,4)$ 内取值,故 $Y = \mathrm{e}^X$ 在 $(1,\mathrm{e}^4)$ 内取值.

当 $y \leqslant 1$ 时

$$F_Y(y) = P\{Y \leqslant y\} = 0$$

当 $y \geqslant e^4$ 时

$$F_Y(y) = P\{Y \leqslant y\} = 1$$

当 $1 < y < e^4$ 时

$$F_Y(y) = P\{Y \leqslant y\} = P\{e^X \leqslant y\} = P\{X \leqslant \ln y\} = \int_{-\infty}^{\ln y} f_X(x)\mathrm{d}x$$

于是 Y 的概率密度为

$$f_Y(y) = F'_Y(y) = \begin{cases} \dfrac{\ln y}{8y} & 1 < y < e^4 \\ 0 & \text{其他} \end{cases}$$

定理 2.5.1 设随机变量 X 具有概率密度 $f_X(x)(-\infty < x + \infty)$，又设函数 $g(x)$ 处处可导，且有 $g'(x) > 0$(或 $g' < 0$)，则 $Y = g(X)$ 是连续型随机变量，其概率密度为

$$f_Y(y) = \begin{cases} f_X[h(y)]\,|h'(y)| & \alpha < y < \beta \\ 0 & \text{其他} \end{cases}$$

其中 $\alpha = \min\{g(-\infty), g(+\infty)\}$，$\beta = \max\{g(-\infty), g(+\infty)\}$，$h(y)$ 是函数 $g(x)$ 的反函数.

证 我们只证 $g'(x) > 0$ 的情况，此时 $g(x)$ 在 $(-\infty, +\infty)$ 严格单调增加，它的反函数 $h(y)$ 存在，且在 (α, β) 严格单调增加、可导，现先求 Y 的分布函数 $F_Y(y)$. 因为 $Y = g(X)$ 在 (α, β) 取值，故

当 $y \leqslant \alpha$ 时

$$F_Y(y) = P\{Y \leqslant y\} = 0$$

当 $y \geqslant \beta$ 时

$$F_Y(y) = P\{Y \leqslant y\} = 1$$

当 $\alpha < y < \beta$ 时

$$F_Y(y) = P\{Y \leqslant y\} = P\{g(X) \leqslant y\} = P\{X \leqslant h(y)\} = \int_{-\infty}^{h(y)} f_X(x)\mathrm{d}x$$

于是 Y 的概率密度为

$$f_Y(y) = F'_Y(y) = \begin{cases} f_X[h(y)]h'(y) & \alpha < x < \beta \\ 0 & \text{其他} \end{cases}$$

对于 $g'(x) < 0$ 的情况可以同样地证明，此时有

$$f_Y(y) = \begin{cases} f_X[h(y)][-h'(y)] & \alpha < x < \beta \\ 0 & \text{其他} \end{cases}$$

将以上两种情况合并即得

$$f_Y(y) = \begin{cases} f_X[h(y)]\,|h'(y)| & \alpha < x < \beta \\ 0 & \text{其他} \end{cases}$$

若 X 的概率密度 $f_X(x)$ 在有限区间 $[a, b]$ 以外等于零，则只需要假设在 $[a, b]$ 上有 $g'(x) > 0$(或 $g'(x) < 0$)，此时

$$\alpha = \min\{g(a), g(b)\}, \beta = \max\{g(a), g(b)\}$$

如果函数 $y=g(x)$ 不单调变化，则先将 $y=g(x)$ 的单调区间求出，在每个单调区间上都使用这个公式，然后再将各单调区间的结果相加可得 $f_Y(y)$.

例 2.5.3　设随机变量 $X\sim N(\mu,\sigma^2)$，试证明 X 的线性函数

$$Y=aX+b\quad(a\neq 0)$$

也服从正态分布.

证　X 的概率密度为

$$f_X(x)=\frac{1}{\sqrt{2\pi}\sigma}\mathrm{e}^{-\frac{(x-\mu)^2}{2\sigma^2}}\quad(-\infty<x<+\infty)$$

在 $y=g(x)=ax+b$，由此可得 $x=h(y)=\dfrac{y-b}{a}$，且有 $h'(y)=\dfrac{1}{a}$，于是 $Y=aX+b$ 的概率密度为

$$f_Y(y)=\frac{1}{|a|}f_X\left(\frac{y-b}{a}\right)=\frac{1}{|a|}\frac{1}{\sqrt{2\pi}\sigma}\mathrm{e}^{-\frac{\left(\frac{y-b}{a}-\mu\right)^2}{2\sigma^2}}=$$

$$\frac{1}{|a|\sigma\sqrt{2\pi}}\mathrm{e}^{-\frac{[y-(b+a\mu)]^2}{2(a\sigma)^2}}$$

$$Y=aX+b\sim N(a\mu+b,a^2\sigma^2)$$

若取 $a=\dfrac{1}{\sigma},b=-\dfrac{\mu}{\sigma}$，则 $Y=\dfrac{X-\mu}{\sigma}\sim N(0,1)$.

习题二

一、填空题

1. 设离散型随机变量 X 的分布律为 $P(X=k)=5B\left(\frac{1}{2}\right)^k(k=1,2,\cdots)$，则 $B=$________.

2. 已知随机变量 X 的概率密度为 $f(x)=\begin{cases}ax+b & 0<x<1\\ 0 & \text{其他}\end{cases}$，且 $P\{x>\frac{1}{2}\}=\frac{5}{8}$，则 $a=$________，$b=$________.

3. 设 $X\sim N(2,\sigma^2)$，且 $P\{2<x<4\}=0.3$，则 $P\{x<0\}=$________.

4. 一射手对同一目标独立地进行4次射击，若至少命中一次的概率为 $\frac{80}{81}$，则该射手的命中率为________.

5. 若随机变量 X 在 $(1,6)$ 上服从均匀分布，则方程 $x^2+Xx+1=0$ 有实根的概率是________.

二、选择题

1. 设 $X\sim N(\mu,\sigma^2)$，那么当 σ 增大时，$P\{|X-\mu|<\sigma\}=$________.

(A) 增大　　(B) 减少　　(C) 不变　　(D) 增减不定

2. 设 X 的密度函数为 $f(x)$，分布函数为 $F(x)$，且 $f(x)=f(-x)$. 那么对任意给定的 a 都有________.

(A) $f(-a) = 1 - \int_0^a f(x)\mathrm{d}x$　　(B) $F(-a) = \frac{1}{2} - \int_0^a f(x)\mathrm{d}x$

(C) $F(a) = F(-a)$　　(D) $F(-a) = 2F(a) - 1$

3. 下列函数中,可作为某一随机变量的分布函数是________.

(A) $F(x) = 1 + \frac{1}{x^2}$　　(B) $F(x) = \frac{1}{2} + \frac{1}{\pi}\arctan x$

(C) $F(x) = \begin{cases} \frac{1}{2}(1 - \mathrm{e}^{-x}) & x > 0 \\ 0 & x \leqslant 0 \end{cases}$　　(D) $F(x) = \int_{-\infty}^{x} f(t)\mathrm{d}t$,其中$\int_{-\infty}^{+\infty} f(t)\mathrm{d}t = 1$

4. 假设随机变量 X 的分布函数为 $F(x)$,密度函数为 $f(x)$.若 X 与 $-X$ 有相同的分布函数,则下列各式中正确的是________.

(A) $F(x) = F(-x)$　　(B) $F(x) = -F(-x)$

(C) $f(x) = f(-x)$　　(D) $f(x) = -f(-x)$

5. 已知随机变量 X 的密度函数 $f(x) = \begin{cases} A\mathrm{e}^{-x} & x \geqslant \lambda \\ 0 & x < \lambda \end{cases}$ ($\lambda > 0, A$ 为常数),则概率 $P\{\lambda < X < \lambda + a\}(a > 0)$ 的值________.

(A) 与 a 无关,随 λ 的增大而增大

(B) 与 a 无关,随 λ 的增大而减小

(C) 与 λ 无关,随 a 的增大而增大

(D) 与 λ 无关,随 a 的增大而减小

三、计算题

1. 表 2.12 与表 2.13 是否是某个随机变量的分布律?

(1)

表 2.12

X	1	2	3	4
P	0.2	0.3	0.4	0.2

(2)

表 2.13

Y	0	1	2	3	…	n	…
P	$\frac{1}{2}$	$\frac{1}{4}$	$\frac{1}{8}$	$\frac{1}{16}$	…	$\frac{1}{2^{n+1}}$	…

2. 为了支持社会福利事业,某机构发行面额为 2 元的福利彩票 2 000 万元,其中头奖 10 个,二等奖 100 个,三等奖 1 000 个,试求一张彩票中奖级别的概率分布.

3. 设某篮球运动员每次投篮命中的概率为 0.6,写出他在 3 次投篮中命中次数 X 的概率分布律.

4. 设有一批产品 10 件,其中 3 件次品,从中任意抽取 2 件,求抽得的次品数 X 的概率分布律.

5.已知随机变量 X 的分布律,如表2.14所示.

表2.14

X	0	2	4	6	8
P	0.1	0.3	0.2	0.3	0.1

求:(1) $P(X=4)$;(2) $P(X\geqslant 2)$;(3) $P(X<3)$;(4) $P(2\leqslant X\leqslant 8)$.

6.讨论函数 $f(x)$ 在区间 $[0,\pi]$ 上能否成为随机变量的密度函数?

$$f(x)=\begin{cases}\sin x & 0\leqslant x\leqslant \pi\\ 0 & \text{其他}\end{cases}$$

7.设随机变量 X 的密度函数为

$$f(x)=\begin{cases}\dfrac{A}{\sqrt{1-x^2}} & -1<x<1\\ 0 & \text{其他}\end{cases}$$

(1) 求常数 A;

(2) 求 $P\left(-\dfrac{1}{2}<X<\dfrac{1}{2}\right)$.

8.设随机变量 X 的密度函数为

$$f(x)=\begin{cases}Ae^x & x<0\\ 0 & x\geqslant 0\end{cases}$$

求:(1) 常数 A;

(2) $P(-2<X<-1)$.

9.若随机变量 X 的分布律如表2.15所示.

表2.15

X	1	2	3
P	$\frac{1}{6}$	$\frac{1}{2}$	$\frac{1}{3}$

试求分布函数 $F(x)$,并作出其图象.

10.设随机变量 X 的密度函数为

$$f(x)=\begin{cases}\dfrac{x}{2} & 0\leqslant x\leqslant 2\\ 0 & \text{其他}\end{cases}$$

求它的分布函数,并作出分布函数的图象.

11.设随机变量 X 的分布函数为

$$F(x)=\begin{cases}0 & x<0\\ Ax^2 & 0\leqslant x\leqslant 1\\ 1 & x>1\end{cases}$$

求:(1) 系数 A;

(2) X 落在 $(0.2,0.5)$ 内的概率;

(3) X 的密度函数.

12. 已知某车间生产的螺帽废品率为 1%，400 只螺帽中废品 5 只以上的概率是多少？

13. 已知一本书每页印刷错误的个数 X 服从泊松分布 $\lambda(0.5)$，试求：

(1) X 的概率分布；

(2) 一页上印刷错误不多于 1 个的概率？

14. 某交通台每隔 10 min 播报路况一次，如果某司机在任一时刻收听到该台的可能性相等，试求他等候播报路况时间小于 3 min 的概率.

15. 设 $X \sim N(0,1)$，查表求：

(1) $P(X < 0.3)$；

(2) $P(X \geqslant 1.2)$；

(3) $P(X < -0.5)$；

(4) $P(1.1 < X < 1.2)$.

16. 设 $X \sim N(2,3^2)$，求：

(1) $P(X < 2.5)$；

(2) $P(X < -2.5)$；

(3) $P(X > 3.4)$；

(4) $P(-2.1 \leqslant X \leqslant 2.4)$

17. 某机器生产的螺栓长度(单位：mm)服从参数 $\mu = 100.5, \sigma^2 = 0.6^2$ 的正态分布，规定长度范围在 100.5 ± 1.2 内为合格品，求该机器生产的螺栓的合格率.

18. 某产品的质量指标 $X \sim N(160, \sigma^2)$，若要求 $P(120 < X < 200) \geqslant 0.80$，问允许 σ 最大为多少？

19. 某校学生的体重近似服从正态分布 $N(53,7^2)$，试估算该校学生体重在 50 ~ 63 kg 重之间的学生占学校总人数的百分之几？

20. 测量某一目标的距离时，测量误差 X(cm) 服从正态分布 $N(50,100^2)$，求：

(1) 测量误差的绝对值不超过 150 cm 的概率；

(2) 在三次测量中，至少有一次误差的绝对值不超过 150 cm 的概率.

21. 从一批有 10 个合格品与 3 个次品的产品中一件一件地抽取产品，各种产品被抽到的可能性相同，求在两种情况下，直到取出合格品为止，所求抽取次数的分布率.

(1) 放回；　(2) 不放回.

22. 设随机变量 X 的密度函数为

$$f(x) = Ae^{-|x|} \quad (-\infty < x < +\infty)$$

求：(1) 系数 A；

(2) $P\{0 \leqslant x \leqslant 1\}$；

(3) 分布函数 $F(x)$.

23. 对球的直径作测量，设其值均匀地分布在 $[a,b]$ 内. 求体积的密度函数.

24. 设在独立重复实验中，每次实验成功概率为 0.5，问需要进行多少次实验，才能使至少成功一次的概率不小于 0.9.

25. 公共汽车车门的高度是按男子与车门碰头的机会在 0.01 以下来设计的，设男子的身高 $X \sim N(168,7^2)$，问车门的高度应如何确定？

26.设随机变量 X 的分布函数为：$F(x) = A + B\arctan x(-\infty < x < \infty)$.求：

(1) 系数 A 与 B；

(2) X 落在 $(-1,1)$ 内的概率；

(3) X 的分布密度.

四、证明题

设随机变量 X 服从参数为 2 的指数分布，密度函数为

$$f(x) = \begin{cases} 2e^{-2x} & x > 0 \\ 0 & x \leqslant 0 \end{cases}$$

证明：$Y = 1 - e^{-2X}$ 在区间 $(0,1)$ 上服从均匀分布.

第 3 章 二维随机变量及其分布

在实际问题中,随机试验的结果往往需要同时用两个或两个以上的随机变量来描述.例如,打靶时弹着点就由两个随机变量,弹着点的横坐标 X 和纵坐标 Y 来描述.又如,正弦交流电压需由振幅、频率和初相三个随机变量来描述.这里,我们在一个问题中遇到了两个或两个以上的随机变量,并且需要把这些随机变量看作一个整体来研究.这就产生了 n 维随机变量.

设 $X_1(e),X_2(e),\cdots,X_n(e)$ 是定义在同一样本空间 Ω 上的 n 个随机变量,$e\in\Omega$,则由它们构成一个 n 维向量 $(X_1(e),X_2(e),\cdots,X_n(e))$ 称为 n 维随机变量.记为 $(X_1,X_2,\cdots,X_n)$,显然一维随机变量就是第2章讲的随机变量.本章仅讨论二维随机变量,至于二维以上的随机变量不难类推.

若 X 和 Y 都是随机变量,(X,Y) 称为二维随机变量.二维随机变量中 X,Y 称为它的分量.在讨论二维随机变量时,可以把 (X,Y) 看作平面上具有随机坐标 (X,Y) 的点.二维随机变量分为连续型和离散型等几类,本章仅讨论连续型、离散型这两类.

3.1 二维随机变量及其联合分布

3.1.1 二维随机变量的分布函数

定义 3.1.1 设 (X,Y) 为二维随机变量,x,y 为任意实数,则二元函数

$$F(x,y)=P\ (X\leqslant x,Y\leqslant y) \tag{3.1}$$

称为 (X,Y) 的分布函数,或称为 X 和 Y 的联合分布函数.

如果将二维随机变量 (X,Y) 看成是平面上随机点的坐标,那么 $F(x,y)$ 就是二维随机点 (X,Y) 落在以点 (x,y) 为顶点的左下方的无穷矩形域内的概率.

利用分布函数,对任意四个实数 $x_1<x_2,y_1<y_2$,可以求得事件"$x_1<X\leqslant x_2,y_1<Y\leqslant y_2$"的概率.

$$P(x_1<X\leqslant x_2,y_1<Y\leqslant y_2)=F(x_2,y_2)-F(x_2,y_1)-F(x_1,y_2)+F(x_1,y_1) \tag{3.2}$$

这个结果可以从图 3.1 直接看出.

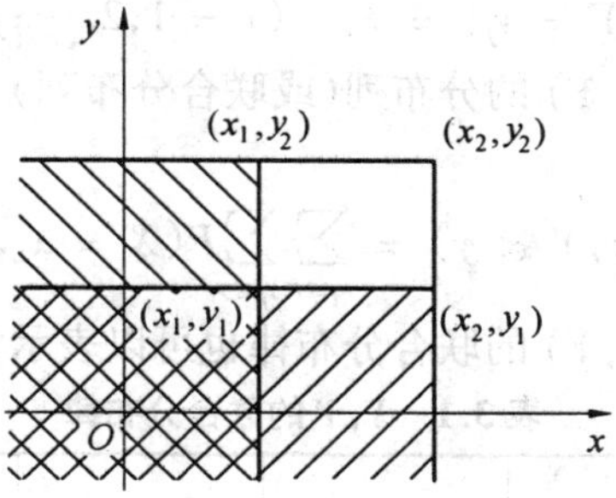

图 3.1

分布函数具有如下基本性质:

(1) 对于任意实数 x,y 有

$$0 \leqslant F(x,y) \leqslant 1$$

(2) $F(x_1,y) \leqslant F(x_2,y), x_1 < x_2, y$ 任意, $F(x,y_1) \leqslant F(x,y_2), y_1 < y_2, x$ 任意,即 $F(x,y)$ 对每个自变量都是单调不减的;

(3) 对于任意的 x,y 有

$$F(x,-\infty) = 0, F(-\infty,y) = 0$$

$$F(-\infty,-\infty) = 0, F(+\infty,+\infty) = 1$$

(4) $F(x,y)$ 对每个自变量都是右连续的,即

$$F(x,y) = F(x^+,y), F(x,y) = F(x,y^+)$$

(5) 对任意 $x_1 < x_2, y_1 < y_2$,有

$$F(x_2,y_2) - F(x_2,y_1) - F(x_1,y_2) + F(x_1,y_1) \geqslant 0$$

性质(1)(2) 的证明是显然的,性质(5) 可由式(3.2) 推出,性质(3)(4) 证明略.

可以证明,若某二元函数 $F(x,y)$ 满足上述 5 个性质,则必存在二维随机变量 (X,Y) 以 $F(x,y)$ 为分布函数.

如果二维随机变量 (X,Y) 的分布函数 $F(x,y)$ 为已知,那么随机变量 X 和 Y 的分布函数 $F_X(x)$ 和 $F_Y(y)$ 分别可由 $F(x,y)$ 求得.事实上,直接地看(不严格证明)

$$F_X(x) = P(X \leqslant x) = P(X \leqslant x, Y < +\infty) = F(x,+\infty)$$

其中

$$F(x,+\infty) = \lim_{y\to+\infty} F(x,y)$$

同理可得

$$F_Y(Y) = F(+\infty,y)$$

其中

$$F(+\infty,y) = \lim_{x\to+\infty} F(x,y)$$

3.1.2　二维离散型随机变量

定义 3.1.2　若二维随机变量 (X,Y) 的所有可能取值是有限多或可列无限多对,则称 (X,Y) 为二维离散型随机变量.

设 (X,Y) 为二维离散型随机变量,其所有可能的值为 (x_i,y_j) $(i,j = 1,2,\cdots)$,则事件 $\{X = x_i, Y = y_j\}$ 的概率

$$P\{X = x_i, Y = y_j\} = P_{ij} \quad (i = 1,2,\cdots; j = 1,2,\cdots) \tag{3.3}$$

称为二维离散型随机变量(X,Y)的分布列(或联合分布列).

其分布函数可表示如下

$$F(x,y) = P(X \leqslant x, Y \leqslant y) = \sum_{x_i \leqslant x}\sum_{y_j \leqslant y} P(X = x_i, Y = y_j) = \sum_{x_i \leqslant x}\sum_{y_j \leqslant y} P_{ij}$$

二维离散型随机变量(X,Y)的联合分布律也可以表示为表格形式,如表 3.1 所示.

表 3.1　X,Y 的联合分布律

$X \backslash Y$	y_1	y_2	…	y_j	…
x_1	p_{11}	p_{12}	…	p_{1j}	…
x_2	p_{21}	p_{22}	…	p_{2j}	…
⋮	⋮	⋮		⋮	⋮
x_i	p_{i1}	p_{i2}	…	p_{ij}	…
⋮	⋮	⋮			

显然,随机变量 X 和 Y 的联合分布律满足:

(1) $p_{ij} \geqslant 0 \quad (i = 1,2,\cdots; j = 1,2,\cdots)$;

(2) $\sum\limits_i \sum\limits_j p_{ij} = 1$.

例 3.1.1　袋中有 3 个球,分别标有号码 1,2,3.不放回的从这袋中任取一球,再任取一个球.用 X,Y 分别表示第一次和第二次取得的球上的号码,求(X,Y)的联合分布律.

解　X,Y 的可能取值均为 1,2,3,由乘法公式得

$$P_{12} = \{X = 1, Y = 2\} = P\{X = 1\}P\{Y = 2 \mid X = 1\} = \frac{1}{3} \times \frac{1}{2} = \frac{1}{6}$$

$$P_{13} = \{X = 1, Y = 3\} = P\{X = 1\}P\{Y = 3 \mid X = 1\} = \frac{1}{3} \times \frac{1}{2} = \frac{1}{6}$$

同理可得

$$P_{11} = 0, P_{21} = \frac{1}{6}, P_{22} = 0, P_{23} = \frac{1}{6}$$

$$P_{31} = \frac{1}{6}, P_{32} = \frac{1}{6}, P_{33} = 0$$

(X,Y)的分布律如表 3.2 所示.

表 3.2

$X \backslash Y$	1	2	3
1	0	$\frac{1}{6}$	$\frac{1}{6}$
2	$\frac{1}{6}$	0	$\frac{1}{6}$
3	$\frac{1}{6}$	$\frac{1}{6}$	0

3.1.3　二维连续型随机变量

定义3.1.2　设二维随机变量(X,Y)，若存在非负函数$f(x,y)$，使得对任意实数x,y总有

$$P(X \leqslant x, Y \leqslant y) = \int_{-\infty}^{x}\int_{-\infty}^{y} f(x,y)\mathrm{d}x\mathrm{d}y \tag{3.4}$$

则称(X,Y)为二维连续型随机变量，函数$f(x,y)$称为二维随机变量(X,Y)的联合分布密度，简称为(X,Y)的联合密度.

二维联合密度$f(x,y)$具有以下性质：

(1)$f(x,y) \geqslant 0$；

(2)$\int_{-\infty}^{+\infty}\int_{-\infty}^{+\infty} f(x,y)\mathrm{d}x\mathrm{d}y = 1$.

可以证明，凡满足这两个性质的二元函数$f(x,y)$，必可作为某个二维随机变量(X,Y)的概率密度；

(3) 设G是xOy平面上的任意一个区域，则有

$$P\{(X,Y) \in G\} = \iint_{G} f(x,y)\mathrm{d}x\mathrm{d}y \tag{3.5}$$

在几何上，$Z = f(x,y)$表示空间中的一张曲面，由概率密度的性质可知，该曲面在xOy平面上方，且与xOy平面之间的空间区域的体积为1，由性质(3)可知，$P\{(X,Y) \in G\}$的值等于以G为底，以曲面$Z = f(x,y)$为顶的曲顶柱体的体积.因此若知道其联合概率密度$f(x,y)$，求落入区域G内的概率，只需计算一个二重积分即可.

例3.1.2　已知二维随机变量(X,Y)的概率密度为

$$f(x,y) = \begin{cases} k\mathrm{e}^{-2x-3y} & x > 0, y > 0 \\ 0 & \text{其他} \end{cases}$$

(1) 求常数k的值；

(2) 求$P\{X + 2Y \leqslant 1\}$.

解　(1) 利用概率密度的性质

$$1 = \int_{-\infty}^{+\infty}\int_{-\infty}^{+\infty} f(x,y)\mathrm{d}x\mathrm{d}y = \int_{0}^{\infty}\int_{0}^{\infty} k\mathrm{e}^{-2x-3y}\mathrm{d}x\mathrm{d}y = \frac{k}{6}$$

得$k = 6$，从而

$$f(x,y) = \begin{cases} 6\mathrm{e}^{-2x-3y} & x > 0, y > 0 \\ 0 & \text{其他} \end{cases}$$

(2)(X,Y)的取值区域如图3.2所示，故

$$P\{X + 2Y \leqslant 1\} = \iint_{x+2y \leqslant 1} f(x,y)\mathrm{d}x\mathrm{d}y = \int_{0}^{1}\mathrm{d}x\int_{0}^{\frac{1-x}{2}} 6\mathrm{e}^{-2x-3y}\mathrm{d}y =$$

$$1 + 3\mathrm{e}^{-2} - 4\mathrm{e}^{-\frac{3}{2}} \approx 0.513\,5$$

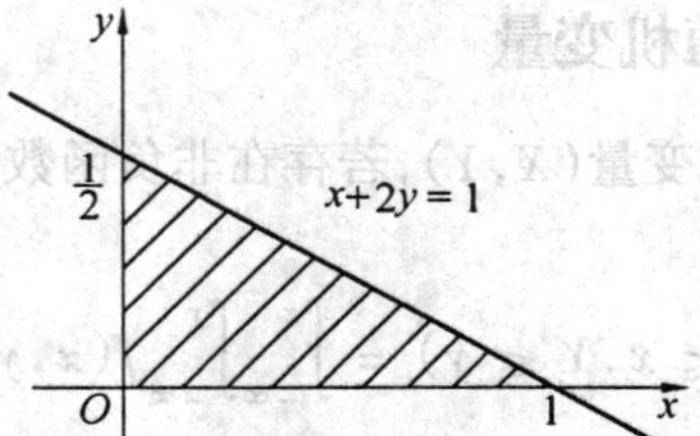

图 3.2

3.1.4　二维均匀分布与正态分布

1. 二维均匀分布

设 G 是平面上的有界区域,其面积为 $S(G)$,若二维随机变量 (X,Y) 具有概率密度

$$f(x,y)=\begin{cases}\dfrac{1}{S(G)} & (x,y)\in G\\ 0 & \text{其他}\end{cases}\tag{3.6}$$

则称 (X,Y) 在 G 上服从均匀分布.

由于 $f(x,y)\geqslant 0$,且

$$\int_{-\infty}^{+\infty}\int_{-\infty}^{+\infty}f(x,y)\mathrm{d}x\mathrm{d}y=\iint\limits_{G}\frac{1}{S(G)}\mathrm{d}x\mathrm{d}y=1$$

故 $f(x,y)$ 满足概率密度的两个基本性质.

设 (X,Y) 在有界区域 G 上服从均匀分布,概率密度如式(3.6)所示,又设 D 为 G 的任意一个子区域,面积为 $S(D)$,则可得到

$$P((X,Y)\in D)=\iint\limits_{D}f(x,y)\mathrm{d}x\mathrm{d}y=\iint\limits_{D}\frac{1}{S(G)}\mathrm{d}x\mathrm{d}y=\frac{S(D)}{S(G)}$$

此式表明 (X,Y) 落到子区域 D 中的概率与 D 的面积成正比,而与 D 在 G 中的位置和形状无关,故 (X,Y) 落到面积相等的各个子区域中的可能性是相等的.这也说明“均匀分布”中的“均匀”,就是“等可能”的意思.

2. 二维正态分布

定义 3.1.3　如果二维随机变量 (X,Y) 的联合密度为

$$f(x,y)=\frac{1}{2\pi\sigma_1\sigma_2\sqrt{1-\rho^2}}\mathrm{e}^{-\frac{1}{2(1-\rho^2)}\left[\left(\frac{x-\mu_1}{\sigma_1}\right)^2-\frac{2\rho(x-\mu_1)(y-\mu_2)}{\sigma_1\sigma_2}+\left(\frac{y-\mu_2}{\sigma_2}\right)^2\right]}\quad(-\infty<x,y<+\infty)$$

其中 $\mu_1,\mu_2,\sigma_1>0,\sigma_2>0,|\rho|<1$ 是5个参数,则称 (X,Y) 服从二维正态分布,或 (X,Y) 是二维正态变量,$f(x,y)$ 称为二维正态联合密度.

这里,$f(x,y)>0$ 是显然的,$\int_{-\infty}^{+\infty}\int_{-\infty}^{+\infty}f(x,y)\mathrm{d}x\mathrm{d}y=1$ 的验证在后面进行.

二维正态变量是最重要的二维随机变量,它与一维正态变量的关系以及参数的具体意义将在以后讨论.

二维正态分布密度函数的图形如图3.3所示,它是一个以 (μ_1,μ_2) 为极大值的单峰曲面.

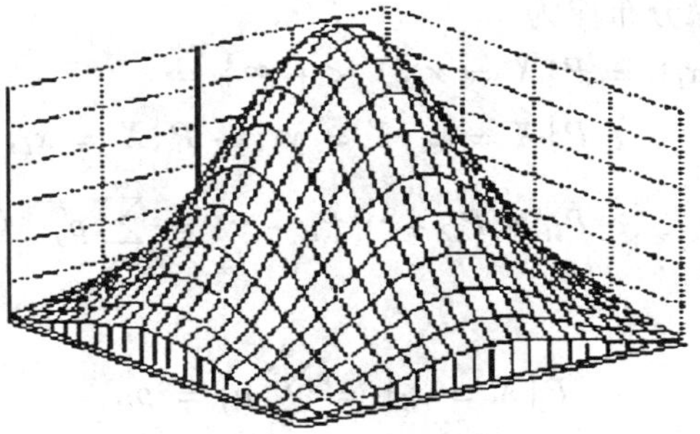

图 3.3

3.2　边缘分布　独立性　条件分布

3.2.1　边缘分布

因为二维随机变量 (X,Y) 的每一个分量 X,Y 都是一维随机变量，它们各自都有自己的概率分布. 因此，对二维随机变量的研究可通过各分量的分布与联合分布之间的关系来研究.

定义 3.2.1　设 (X,Y) 是二维随机变量，则称分量 X 的概率分布为 (X,Y) 关于 X 的边缘分布，记 $F_X(x)$. 称分量 Y 的概率分布为 (X,Y) 关于 Y 的边缘分布，记 $F_Y(y)$.

边缘分布函数可由联合分布函数所确定，随机变量 (X,Y) 关于 X 的分布函数为

$$F_X(x) = P\{X \leqslant x\} = P\{X \leqslant x, Y < +\infty\} =$$

$$\lim_{y \to +\infty} F(x,y) = F(x,+\infty)$$

就是说，只要在函数 $F(x,y)$ 中令 $y \to +\infty$，就可得到 $F_X(x)$. 同理可得

$$F_Y(y) = \lim_{x \to +\infty} F(x,y) = F(+\infty,y)$$

例 3.2.1　已知随机变量 (X,Y) 的分布函数

$$F(x,y) = \begin{cases} (1-\mathrm{e}^{-2x})(1-\mathrm{e}^{-3y}) & x > 0, y > 0 \\ 0 & \text{其他} \end{cases}$$

(X,Y) 关于 X 和 Y 的边缘分布函数为 $F_X(x)$ 和 $F_Y(y)$，问 X 和 Y 各服从什么分布？

解　(X,Y) 关于 X 的边缘分布函数为

$$F_X(x) = \lim_{y \to +\infty} F(x,y) = \begin{cases} 1-\mathrm{e}^{-2x} & x > 0 \\ 0 & x \leqslant 0 \end{cases}$$

(X,Y) 关于 Y 的边缘分布函数为

$$F_Y(y) = \lim_{x \to +\infty} F(x,y) = \begin{cases} 1-\mathrm{e}^{-3y} & y > 0 \\ 0 & y \leqslant 0 \end{cases}$$

所以 X 服从参数 $\lambda = 2$ 的指数分布，Y 服从参数 $\lambda = 3$ 的指数分布.

对于离散型随机变量 (X,Y) 的分布律为

$$P\{X = x_i, Y = y_j\} = P_{ij} \quad (i = 1,2,\cdots; j = 1,2,\cdots)$$

则(X,Y)关于 X 的边缘分布律为

$$P\{X=x_i\}=P\{X=x_i,Y<+\infty\}=$$
$$P\{X=x_i,Y=y_1\}+P\{X=x_i,Y=y_2\}+\cdots=$$
$$P_{i1}+P_{i2}+\cdots P_{ij}+\cdots=\sum_{j=1}^{\infty}p_{ij}\quad(i=1,2,\cdots)$$

记

$$P\{X=x_i\}=\sum_{j=1}^{\infty}p_{ij}=p_{i\cdot}\tag{3.7}$$

同理,(X,Y)关于 Y 的边缘分布律为

$$P\{Y=y_j\}=\sum_{i=1}^{\infty}p_{ij}=p_{\cdot j}\tag{3.8}$$

其中 $p_{i\cdot}$ 恰好是表 3.3 中第 $i(i=1,2,\cdots)$ 行的概率之和,$p_{\cdot j}$ 是表 3.3 中第 j 列的概率之和.

表 3.3

X \ Y	y_1	y_2	$\cdots$	y_j	$\cdots$	$p_{i\cdot}$
x_1	p_{11}	p_{12}	$\cdots$	p_{1j}	$\cdots$	$p_{1\cdot}$
x_2	p_{21}	p_{22}	$\cdots$	p_{2j}	$\cdots$	$p_{2\cdot}$
$\vdots$	$\vdots$	$\vdots$		$\vdots$		$\vdots$
x_i	p_{i1}	p_{i2}	$\cdots$	p_{ij}	$\cdots$	$p_{i\cdot}$
$\vdots$	$\vdots$	$\vdots$		$\vdots$		$\vdots$
$p_{\cdot j}$	$p_{\cdot 1}$	$p_{\cdot 2}$	$\cdots$	$p_{\cdot j}$	$\cdots$	1

例 3.2.2 求例 3.1.1 中(X,Y)关于 X 和关于 Y 的边缘分布律.

解 (X,Y)的分布律如表 3.4 所示.

表 3.4

X \ Y	1	2	3	$p_{i\cdot}$
1	0	$\frac{1}{6}$	$\frac{1}{6}$	$\frac{1}{3}$
2	$\frac{1}{6}$	0	$\frac{1}{6}$	$\frac{1}{3}$
2	$\frac{1}{6}$	$\frac{1}{6}$	0	$\frac{1}{3}$
$p_{\cdot j}$	$\frac{1}{3}$	$\frac{1}{3}$	$\frac{1}{3}$	1

所以(X,Y)关于 X 的边缘分布律如表 3.5 所示.

表 3.5

X	1	2	3
$p_{i\cdot}$	$\frac{1}{3}$	$\frac{1}{3}$	$\frac{1}{3}$

(X,Y) 关于 Y 的边缘分布律如表 3.6 所示.

表 3.6

Y	1	2	3
$p_{\cdot j}$	$\frac{1}{3}$	$\frac{1}{3}$	$\frac{1}{3}$

对于(X,Y) 是二维连续型随机变量,其概率密度为 $f(x,y)$,分别记 $f_X(x)$ 和 $f_Y(y)$ 为(X,Y) 关于 X 和 Y 的边缘概率密度.由

$$F_X(x)=P(X\leqslant x)=P(X\leqslant x,Y<+\infty)=\int_{-\infty}^{x}\left[\int_{-\infty}^{+\infty}f(t,y)\mathrm{d}y\right]\mathrm{d}x$$

$$f_X(x)=\frac{\mathrm{d}}{\mathrm{d}x}F_X(x)=\frac{\mathrm{d}}{\mathrm{d}x}F(x,+\infty)=\frac{\mathrm{d}}{\mathrm{d}x}\left\{\int_{-\infty}^{x}\left[\int_{-\infty}^{+\infty}f(t,y)\mathrm{d}y\right]\mathrm{d}t\right\}=\int_{-\infty}^{+\infty}f(x,y)\mathrm{d}y$$

即得(X,Y) 关于 X 的边缘概率密度为

$$f_X(x)=\int_{-\infty}^{+\infty}f(x,y)\mathrm{d}y$$

同理,(X,Y) 关于 Y 的边缘概率密度为

$$f_Y(y)=\int_{-\infty}^{+\infty}f(x,y)\mathrm{d}x$$

例 3.2.3　已知随机变量(X,Y) 的概率密度为

$$f(x,y)=\begin{cases}6\mathrm{e}^{-2x-3y} & x>0,y>0\\0 & \text{其他}\end{cases}$$

分别求(X,Y) 关于 X 和关于 Y 的边缘概率密度 $f_X(x)$,$f_Y(y)$.

解　(X,Y) 关于 X 的边缘概率密度为

$$f_X(x)=\int_{-\infty}^{+\infty}f(x,y)\mathrm{d}y=\begin{cases}\int_0^{+\infty}6\mathrm{e}^{-2x-3y}\mathrm{d}y & x>0\\0 & x\leqslant 0\end{cases}=\begin{cases}2\mathrm{e}^{-2x} & x>0\\0 & x\leqslant 0\end{cases}$$

(X,Y) 关于 Y 的边缘概率密度为

$$f_Y(y)=\int_{-\infty}^{+\infty}f(x,y)\mathrm{d}x=\begin{cases}\int_0^{+\infty}6\mathrm{e}^{-2x-3y}\mathrm{d}x & y>0\\0 & y\leqslant 0\end{cases}=\begin{cases}3\mathrm{e}^{-3y} & y>0\\0 & y\leqslant 0\end{cases}$$

例 3.2.4　设区域 $G=\{(x,y)\mid 0<x\leqslant 1,0<y\leqslant x\}$,随机变量$(X,Y)$ 在 G 上服从均匀分布,求(X,Y) 关于 X 和关于 Y 的边缘概率密度 $f_X(x)$,$f_Y(y)$.

解 (X,Y) 的概率密度为

$$f(x,y)=\begin{cases}2 & (x,y)\in G\\ 0 & 其他\end{cases}$$

于是(X,Y) 关于 X 和关于 Y 的边缘概率密度分别为

$$f_X(x)=\int_{-\infty}^{+\infty}f(x,y)\mathrm{d}y=\begin{cases}\int_0^x 2\mathrm{d}y & 0<x\leqslant 1\\ 0 & 其他\end{cases}=\begin{cases}2x & 0<x\leqslant 1\\ 0 & 其他\end{cases}$$

$$f_Y(y)=\int_{-\infty}^{+\infty}f(x,y)\mathrm{d}x=\begin{cases}\int_y^1 2\mathrm{d}x & 0<y\leqslant 1\\ 0 & 其他\end{cases}=\begin{cases}2(1-y) & 0<y\leqslant 1\\ 0 & 其他\end{cases}$$

例 3.2.5 设二维随机变量(X,Y) 的概率密度为

$$f(x,y)=\frac{1}{2\pi}\mathrm{e}^{-\frac{x^2+y^2}{2}}(1+\sin x\sin y)\quad(-\infty<x,y<+\infty)$$

试求(X,Y) 关于 X 和关于 Y 的边缘概率密度$f_X(x),f_Y(y)$.

解 (X,Y) 关于 X 的边缘概率密度为

$$f_X(x)=\int_{-\infty}^{+\infty}f(x,y)\mathrm{d}y=\frac{1}{2\pi}\int_{-\infty}^{+\infty}\mathrm{e}^{-\frac{x^2+y^2}{2}}(1+\sin x\sin y)\mathrm{d}y=$$

$$\frac{1}{2\pi}\mathrm{e}^{-\frac{x^2}{2}}\int_{-\infty}^{+\infty}(\mathrm{e}^{-\frac{y^2}{2}}+\mathrm{e}^{-\frac{y^2}{2}}\sin x\sin y)\mathrm{d}y=$$

$$\frac{1}{\sqrt{2\pi}}\mathrm{e}^{-\frac{x^2}{2}}\quad(-\infty<x<+\infty)$$

同理可得 Y 的边缘概率密度

$$f_Y(y)=\frac{1}{\sqrt{2\pi}}\mathrm{e}^{-\frac{y^2}{2}}\quad(-\infty<y<+\infty)$$

所以 $X\sim N(0,1),Y\sim N(0,1)$,但$(X,Y)$ 却不服从二维正态分布.

3.2.2 随机变量的独立性

定义 3.2.2 若二维随机变量(X,Y) 对任意的实数 x,y 均有

$$P\{X\leqslant x,Y\leqslant y\}=P\{X\leqslant x\}P\{Y\leqslant y\}$$

成立,称 X 与 Y 是相互独立的.

设随机变量(X,Y) 的分布函数和边缘分布函数分别为 $F(x,y)$ 和 $F_X(x),F_Y(y)$,则 X 与 Y 相互独立等价于对任意实数 x,y 有

$$F(x,y)=F_X(x)F_Y(y)\tag{3.9}$$

若(X,Y) 是离散型随机变量,则 X 与 Y 相互独立的充分必要条件是

$$P\{X=x_i,Y=y_j\}=P\{X=x_i\}P\{Y=y_j\}\quad(i,j=1,2,\cdots)\tag{3.10}$$

即

$$P_{ij}=P_{i\cdot}P_{\cdot j}\quad(i,i=1,2,\cdots)$$

若(X,Y) 是连续型随机变量,则 X 与 Y 相互独立的充分必要条件是

$$f(x,y)=f_X(x)f_Y(y)\tag{3.11}$$

几乎处处成立,即在平面上除去“面积” 为零的集合之外处处成立.

随机变量 X,Y 相互独立的直观含义是 X 的取值与 Y 的取值概率互不影响.因此,实际中判断 X 与 Y 是否独立,更多的是看 X 的取值与 Y 的取值是否有影响.

例 3.2.6　一口袋中装有2只白球、3只黑球,摸球两次,每次摸一个,且设随机变量

$$X=\begin{cases}1 & \text{第一次摸出的是白球}\\0 & \text{第一次摸出的是黑球}\end{cases},\quad Y=\begin{cases}1 & \text{第二次摸出的是白球}\\0 & \text{第二次摸出的是黑球}\end{cases}$$

就下面两种情况判断 X 与 Y 是否相互独立:(1) 放回抽样;(2) 不放回抽样.

解　(1) 放回抽样,X 与 Y 的联合分布律和边缘分布律如表3.7所示.

$$P\{X=0,Y=0\}=\frac{9}{25}=\frac{3}{5}\times\frac{3}{5}=P\{X=0\}\cdot P\{Y=0\}$$

$$P\{X=0,Y=1\}=\frac{6}{25}=\frac{3}{5}\times\frac{2}{5}=P\{X=0\}\cdot P\{Y=1\}$$

$$P\{X=1,Y=0\}=\frac{6}{25}=\frac{2}{5}\times\frac{3}{5}=P\{X=1\}\cdot P\{Y=0\}$$

$$P\{X=1,Y=1\}=\frac{4}{25}=\frac{2}{5}\times\frac{2}{5}=P\{X=1\}\cdot P\{Y=1\}$$

因此 X 与 Y 相互独立.

表 3.7

X \ Y	0	1	$p_{i\cdot}$
0	$\frac{9}{25}$	$\frac{6}{25}$	$\frac{3}{5}$
1	$\frac{6}{25}$	$\frac{4}{25}$	$\frac{2}{5}$
$p_{\cdot j}$	$\frac{3}{5}$	$\frac{2}{5}$	1

(2) 不放回抽样,因为

$$P\{X=0,Y=0\}=\frac{3}{5}\times\frac{2}{4}=\frac{3}{10}$$

$$P\{X=1,Y=0\}=\frac{2}{5}\times\frac{3}{4}=\frac{3}{10}$$

$$P\{X=0,Y=1\}=\frac{3}{5}\times\frac{2}{4}=\frac{3}{10}$$

$$P\{X=1,Y=1\}=\frac{2}{5}\times\frac{1}{4}=\frac{1}{10}$$

所以 X 和 Y 的联合分布律和边缘分布律如表3.8所示.

表 3.8

X \ Y	0	1	$p_{i\cdot}$
0	$\frac{3}{10}$	$\frac{3}{10}$	$\frac{3}{5}$
1	$\frac{3}{10}$	$\frac{1}{10}$	$\frac{2}{5}$
$p_{\cdot j}$	$\frac{3}{5}$	$\frac{2}{5}$	1

由于

$$P\{X=1,Y=1\}=\frac{2}{5}\times\frac{1}{4}=\frac{1}{10}\neq\frac{2}{5}\times\frac{2}{5}=P\{X=1\}\cdot P\{Y=1\}$$

因此 X 与 Y 不相互独立.

例 3.2.7 设(X,Y)分布密度为

$$f(x,y)=\begin{cases}e^{-(x+y)} & x\geqslant 0,y\geqslant 0\\ 0 & 其他\end{cases}$$

试问 X 与 Y 是否相互独立?

解 先求出两个边缘密度.

当 $x\geqslant 0$ 时

$$f_X(x)=\int_{-\infty}^{+\infty}f(x,y)\mathrm{d}y=\int_0^{+\infty}e^{-(x+y)}\mathrm{d}y=e^{-x}\int_0^{+\infty}e^{-y}\mathrm{d}y=e^{-x}$$

当 $x<0$ 时

$$f_X(x)=0$$

所以

$$f_X(x)=\begin{cases}e^{-x} & x\geqslant 0\\ 0 & x<0\end{cases}$$

同样可得

$$f_Y(y)=\begin{cases}e^{-y} & y\geqslant 0\\ 0 & y<0\end{cases}$$

由于当 $x\geqslant 0,y\geqslant 0$ 时

$$f_X(x)f_Y(y)=e^{-x}e^{-y}=e^{-(x+y)}$$

而当 $x<0$ 或 $y<0$ 时,都有

$$f_X(x)f_Y(y)=0$$

故对任意的实数 x,y,都有 $f(x,y)=f_X(x)f_Y(y)$,由定义 3.2.4 知,X 与 Y 相互独立.

随机变量的独立性定义可推广到 n 个随机变量 $X_1,X_2,\cdots,X_n$ 上去.

设有 n 个随机变量 $X_1,\cdots,X_n$,如将 $X_1,\cdots,X_n$ 构成向量形式$(X_1,\cdots,X_n)$,则称$(X_1,\cdots,X_n)$为 n 维随机向量或简称随机向量,称函数

$$F(x_1,\cdots,x_n) = P(X_1 \leqslant x_1,\cdots,X_n \leqslant x_n) \quad (-\infty < x_1,\cdots,x_n < +\infty)$$

为随机向量$(X_1,\cdots,X_n)$的联合分布函数.记$F_{X_i}(x_i)$为X_i的边缘分布函数$(i = 1,\cdots,n)$,如果

$$F(x_1,\cdots,x_n) = \prod_{i=1}^{n} F_{X_i}(x_i) \quad (-\infty < x_1,\cdots,x_n < +\infty)$$

则称n个随机变量$X_1,\cdots,X_n$相互独立.

当$X_1,\cdots,X_n$为n个离散型随机变量时,可以证明$X_1,\cdots,X_n$相互独立等价于

$$P(X_1 = x_1,\cdots,X_n = x_n) = P(X_1 = x_1)\cdots P(X_n = x_n)$$

这里的x_i可以取遍X_i的所有可能值$(i = 1,\cdots,n)$.

当$X_1,\cdots,X_n$为n个连续型随机变量时,$X_1,\cdots,X_n$相互独立等价于$f(x_1,\cdots,x_n) = f_{X_1}(x_1)\cdots f_{X_n}(x_n)$在$f(x_1,\cdots,x_n),f_{X_1}(x_1),\cdots,f_{X_n}(x_n)$的一切公共连续点上成立.其中$f(x_1,\cdots,x_n)$是随机向量$(X_1,\cdots,X_n)$的联合密度函数,$f_{X_i}(i = 1,\cdots,n)$是$X_i$的边缘密度函数.

3.2.3 条件分布

1.二维离散型随机变量的条件分布

我们考虑在事件$\{Y = y_j\}$发生的条件下事件$\{X = x_i\}$发生的概率,由条件概率公式可得

$$P\{X = x_i \mid Y = y_j\} = \frac{P\{X = x_i, Y = y_j\}}{P\{Y = y_j\}} = \frac{p_{ij}}{p_{\cdot j}} \quad (i = 1,2,\cdots) \tag{3.10}$$

定义 3.2.3 式(3.10)称为随机变量X在条件$Y = y_j$下的条件分布.同样称

$$P\{Y = y_j \mid X = x_i\} = \frac{p_{ij}}{p_{i\cdot}} \quad (j = 1,2,\cdots) \tag{3.11}$$

为随机变量Y在条件$X = x_i$下的条件分布.

显然,条件概率满足分布函数的两个性质

$$P\{X = x_i \mid Y = y_j\} \geqslant 0 \quad (i = 1,2,\cdots)$$

$$\sum_{i=1}^{\infty} P\{X = x_i \mid Y = y_j\} = \frac{\sum_{i=1}^{\infty} P_{ij}}{P_{\cdot j}} = \frac{P_{\cdot j}}{P_{\cdot j}} = 1$$

例 3.2.8 袋里有2个白球,3个黑球,从袋里任取2个球,用$X = 1$表示第一次取到的是白球,$Y = 0$表示第二次取到的是黑球.如果是放回抽样,试求在$X = 0$的条件下Y的条件分布律,以及在$Y = 1$的条件下X的条件分布律.

解 因为是放回抽样,所以

$$P\{X = 0, Y = 0\} = \frac{3}{5} \times \frac{3}{5} = \frac{9}{25}, P\{X = 0, Y = 1\} = \frac{3}{5} \times \frac{2}{5} = \frac{6}{25}$$

$$P\{X = 1, Y = 0\} = \frac{2}{5} \times \frac{3}{5} = \frac{6}{25}, P\{X = 1, Y = 1\} = \frac{2}{5} \times \frac{2}{5} = \frac{4}{25}$$

所以(X,Y)的分布律和边缘分布律如表3.9所示.

表 3.9

Y \ X	0	1	$p_{i\cdot}$
0	$\frac{9}{25}$	$\frac{6}{25}$	$\frac{3}{5}$
1	$\frac{6}{25}$	$\frac{4}{25}$	$\frac{2}{5}$
$p_{\cdot j}$	$\frac{3}{5}$	$\frac{2}{5}$	1

由
$$P\{Y=0 \mid X=0\}=\frac{P\{X=0,Y=0\}}{P\{X=0\}}=\frac{\frac{9}{25}}{\frac{15}{25}}=\frac{3}{5}$$
$$P\{Y=1 \mid X=0\}=\frac{P\{X=0,Y=1\}}{P\{X=0\}}=\frac{\frac{6}{25}}{\frac{15}{25}}=\frac{2}{5}$$
得,在 $X=0$ 的条件下 Y 的条件分布律如表 3.10 所示.

表 3.10

$Y \mid X=0$	0	1
P	$\frac{3}{5}$	$\frac{2}{5}$

同理,在 $Y=1$ 的条件下 X 的条件分布律如表 3.11 所示.

表 3.11

$X \mid Y=1$	0	1
P	$\frac{3}{5}$	$\frac{2}{5}$

在 $Y=y_j$ 的条件下 X 的条件分布函数可由条件分布律得出,即
$$F_{X|Y}(x \mid y_j)=P\{X\leqslant x \mid Y=y_j\}=$$
$$\sum_{x_i\leqslant x}P\{X=x_i \mid Y=y_j\}=\frac{1}{p_{\cdot j}}\sum_{x_i\leqslant x}p_{ij}$$

同样,在 $X=x_i$ 的条件下 Y 的条件分布函数为
$$F_{Y|X}(y \mid x_i)=P\{Y\leqslant y \mid X=x_i\}=\frac{1}{p_{i\cdot}}\sum_{y_j\leqslant y}p_{ij}$$

2. 二维连续型随机变量的条件分布

设(X,Y)是二维连续型随机变量,因为对任意的 x,y,有 $P\{X=x\}=0$, $P\{Y=y\}=0$,所以不能直接用条件概率公式得到条件分布函数.下面用极限的方法导出条件分布函数,进而获得条件概率密度函数.

定义 3.2.4 给定 y,设对任意 $\Delta y>0$,有
$$P\{y-\Delta y<Y\leqslant y+\Delta y\}>0$$

如果对任意实数 x,极限

$$\lim_{\Delta y\to 0^+} P\{X \leqslant x \mid y-\Delta y < Y \leqslant y+\Delta y\} = \lim_{\Delta y\to 0^+} \frac{P\{X\leqslant x, y-\Delta y < Y \leqslant y+\Delta y\}}{P\{y-\Delta y < Y\leqslant y+\Delta y\}}$$

存在,则称此极限为在条件 $Y=y$ 下 X 的条件分布函数,记为 $F_{X|Y}(x \mid y)$.

$$F_{X|Y}(x\mid y) = \lim_{\Delta y\to 0^+} \frac{P\{X\leqslant x, y-\Delta y < Y \leqslant y+\Delta y\}}{P\{y-\Delta y < Y\leqslant y+\Delta y\}} = \lim_{\Delta y\to 0^+}\frac{F(x,y+\Delta y)-F(x,y-\Delta y)}{F_Y(y+\Delta y)-F_Y(y-\Delta y)} = \lim_{\Delta y\to 0^+}\frac{[F(x,y+\Delta y)-F(x,y-\Delta y)]/2\Delta y}{[F_Y(y+\Delta y)-F_Y(y-\Delta y)]/2\Delta y} = \frac{\dfrac{\partial F(x,y)}{\partial y}}{\dfrac{\mathrm{d}}{\mathrm{d}y}F_Y(y)} = \int_{-\infty}^{x}\frac{f(u,y)}{f_Y(y)}\mathrm{d}u$$

若记 $f_{X|Y}(x\mid y)$ 为在条件 $Y=y$ 下 X 的条件概率密度,则由上式可得

$$f_{X|Y}(x\mid y) = \frac{f(x,y)}{f_Y(y)} \tag{3.12}$$

类似地

$$f_{Y|X}(y\mid x) = \int_{-\infty}^{y}\frac{f(x,v)}{f_X(x)}\mathrm{d}v, f_{Y|X}(y\mid x) = \frac{f(x,y)}{f_X(x)} \tag{3.13}$$

由此可得关系式

$$f(x,y) = f_X(x)\cdot f_{Y|X}(y\mid x) = f_Y(y)\cdot f_{X|Y}(x\mid y) \tag{3.14}$$

例 3.2.9　设随机变量 (X,Y) 的概率密度为

$$f(x,y) = \begin{cases} Axy & (x,y)\in G \\ 0 & \text{其他}\end{cases}$$

其中 G 是由 $0\leqslant x\leqslant 2$ 和 $0\leqslant y\leqslant x^2$ 围成的区域,求条件概率密度

$$f_{X|Y}(x\mid y), f_{Y|X}(y\mid x)$$

解　求条件概率密度,须先求出常数 A 的值和边缘密度 $f_X(x)$ 和 $f_Y(y)$.

由 $1 = \iint\limits_G f(x,y)\mathrm{d}x\mathrm{d}y = A\int_0^2\mathrm{d}x\int_0^{x^2}xy\mathrm{d}y = \dfrac{16A}{3}$,得 $A=\dfrac{3}{16}$.从而

$$f_X(x) = \int_{-\infty}^{+\infty} f(x,y)\mathrm{d}y = \begin{cases}\dfrac{3}{16}\displaystyle\int_0^{x^2}xy\mathrm{d}y = \dfrac{3x^5}{32} & 0\leqslant x\leqslant 2\\ 0 & \text{其他}\end{cases}$$

$$f_Y(y) = \int_{-\infty}^{+\infty} f(x,y)\mathrm{d}x = \begin{cases}\dfrac{3}{16}\displaystyle\int_{\sqrt{y}}^{2}xy\mathrm{d}x = \dfrac{3y(4-y)}{32} & 0\leqslant y\leqslant 4\\ 0 & \text{其他}\end{cases}$$

因为仅当 y 在(0,4) 内取值时,$f_Y(y)\neq 0$,故条件概率密度

$$f_{X|Y}(x \mid y) = \frac{f(x,y)}{f_Y(y)} = \begin{cases} \dfrac{2x}{4-y} & \sqrt{y} \leqslant x \leqslant 2, 0 < y < 4 \\ 0 & \text{其他} \end{cases}$$

同理可得

$$f_{Y|X}(y \mid x) = \frac{f(x,y)}{f_X(x)} = \begin{cases} \dfrac{2y}{x^4} & 0 \leqslant y \leqslant x^2, 0 < x \leqslant 2 \\ 0 & \text{其他} \end{cases}$$

例 3.2.10 设随机变量(X,Y)的概率密度为

$$f(x,y) = \begin{cases} 3x & 0 \leqslant x \leqslant 1, 0 < y < x \\ 0 & \text{其他} \end{cases}$$

求 $P\{Y \leqslant \frac{1}{8} \mid X = \frac{1}{4}\}$.

解 (X,Y)关于 X 的边缘密度为

$$f_X(x) = \int_{-\infty}^{+\infty} f(x,y)\mathrm{d}y = \begin{cases} \int_0^x 3x\mathrm{d}y & 0 \leqslant x \leqslant 1 \\ 0 & \text{其他} \end{cases} = \begin{cases} 3x^2 & 0 \leqslant x \leqslant 1 \\ 0 & \text{其他} \end{cases}$$

故

$$f_{Y|X}(y \mid x) = \frac{f(x,y)}{f_X(x)} = \begin{cases} \dfrac{3x}{3x^2} = \dfrac{1}{x} & 0 < y < x \leqslant 1 \\ 0 & \text{其他} \end{cases}$$

于是

$$P\{Y \leqslant \frac{1}{8} \mid X = \frac{1}{4}\} = \int_{-\infty}^{\frac{1}{8}} f_{Y|X}\left(y \mid x = \frac{1}{4}\right)\mathrm{d}y = \int_0^{\frac{1}{8}} 4\mathrm{d}y = \frac{1}{2}$$

3.3 二维随机变量函数的分布

在实际应用中，有些随机变量往往是两个或两个以上随机变量的函数. 例如，考虑全国年龄在40岁以上的人群，用 X 和 Y 分别表示一个人的年龄和体重，Z 表示该人的血压，并且已知 Z 与 X,Y 的函数关系式

$$Z = g(X,Y)$$

现希望通过(X,Y)的分布来确定 Z 的分布. 此类问题就是我们将要讨论的两个随机向量函数的分布问题.

在本节中，我们重点讨论两种特殊的函数关系：

(1) $Z = X + Y$;

(2) $Z = X^2 + Y^2$.

3.3.1　和的分布

1. 二维离散型随机变量函数的分布

定义 3.3.1　设离散型随机变量(X,Y)的分布为

$$P\{X = x_i, Y = y_j\} = p_{ij} \quad (i,j = 1,2,\cdots)$$

设$Z = g(x,y)$为二元函数,因为(X,Y)是离散型的,故$Z = g(X,Y)$也是离散型随机变量,现在求$Z = g(X,Y)$的分布律.当$X = x_i, Y = y_j$时,Z相应的值为$Z = g(x_i, y_j)$,且有

$$P\{Z = z_{ij}\} = g(X = x_i, Y = y_j) = p_{ij} \quad (i,j = 1,2,\cdots)$$

如果Z的取值互不相同,则上式即为$Z = g(X,Y)$的分布律;如果Z的取值有些是相同的值,这时须将取相同Z值对应的概率求和,即得Z的分布律.

例 3.3.1　已知随机变量X和Y的联合分布律如表 3.12 所示.

表 3.12

$X \backslash Y$	−1	0	1
1	0.07	0.28	0.15
2	0.09	0.22	0.19

求$U = X + Y$的分布律.

解　$U = X + Y$的可能取值为 0,1,2,3,且

$$P\{U = 0\} = P\{X + Y = 0\} = P\{X = 1, Y = -1\} = 0.07$$

$$P\{U = 1\} = P\{X = 1, Y = 0\} + P\{X = 2, Y = -1\} = 0.28 + 0.09 = 0.37$$

$$P\{U = 2\} = P\{X = 1, Y = 1\} + P\{X = 2, Y = 0\} = 0.15 + 0.22 = 0.37$$

$$P\{U = 3\} = P\{X + Y = 3\} = P\{X = 2, Y = 1\} = 0.19$$

所以$U = X + Y$的分布律如表 3.13 所示.

表 3.13

$U = X + Y$	0	1	2	3
p_k	0.07	0.37	0.37	0.19

例 3.3.2　设随机变量X与Y相互独立,它们分别服从参数为λ_1和λ_2的泊松分布.证明随机变量$Z = X + Y$服从参数为$\lambda_1 + \lambda_2$的泊松分布.

证　由题意知

$$P\{X = k\} = \frac{\lambda_1{}^k}{k!}e^{-\lambda_1} \quad (k = 0,1,2,\cdots)$$

$$P\{Y = l\} = \frac{\lambda_2{}^l}{l!}e^{-\lambda_2} \quad (l = 0,1,2,\cdots)$$

Z的所有可能取值为 0,1,2,…,而

$$P\{Z=i\}=P\{X+Y=i\}=\sum_{k=0}^{i}P\{X=k,Y=i-k\}=$$
$$\sum_{k=0}^{i}P\{X=k\}P\{Y=i-k\}=\sum_{k=0}^{i}\left\{\frac{\lambda_1^k}{k!}e^{-\lambda_1}\cdot\frac{\lambda_2^{i-k}}{(i-k)!}e^{-\lambda_2}\right\}=$$
$$e^{-(\lambda_1+\lambda_2)}\frac{1}{i!}\sum C_i^k\lambda_1^k\lambda_2^{i-k}=\frac{(\lambda_1+\lambda_2)^i}{i!}e^{-(\lambda_1+\lambda_2)}\quad(i=0,1,2,3,\cdots)$$

故

$$Z=X+Y\sim\pi(\lambda_1+\lambda_2)$$

2. 二维连续型随机变量函数的分布

下面求连续型随机变量(X,Y)的函数$Z=g(X,Y)$的分布，其中$g(x,y)$为连续函数.

(1) $Z=X+Y$的分布

设随机变量(X,Y)的概率密度为$f(x,y)$，则$Z=X+Y$的分布函数为

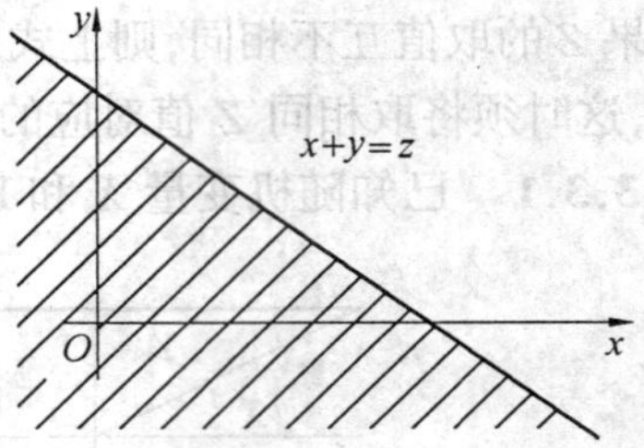

图 3.4

$$F_z(z)=P\{Z\leqslant z\}=P\{X+Y\leqslant z\}=$$
$$\iint_{x+y\leqslant z}f(x,y)\mathrm{d}x\mathrm{d}y=$$
$$\int_{-\infty}^{+\infty}\left[\int_{-\infty}^{z-y}f(x,y)\mathrm{d}x\right]\mathrm{d}y$$

其中积分区域$x+y\leqslant z$，如图 3.4 所示. 则Z的概率密度为

$$f_Z(z)=\frac{\mathrm{d}}{\mathrm{d}z}F_Z(z)=\int_{-\infty}^{+\infty}f(z-y,y)\mathrm{d}y$$

由X与Y的对称性，又可得

$$f_Z(z)=\int_{-\infty}^{+\infty}f(x,z-x)\mathrm{d}x$$

特别地，当X与Y相互独立时，有

$$f_Z(z)=\int_{-\infty}^{+\infty}f_X(z-y)f_Y(y)\mathrm{d}y=\int_{-\infty}^{+\infty}f_X(x)f_Y(z-x)\mathrm{d}x$$

上式称为f_X与f_Y的卷积公式，记为f_X*f_Y.

例 3.3.3 设随机变量X和Y相互独立，且都服从正态分布$N(\mu,\sigma^2)$，求随机变量$Z=X+Y$的概率密度$f_Z(z)$.

解 由题意知X和Y的概率密度分别为

$$f_X(x)=\frac{1}{\sqrt{2\pi}\sigma}e^{-\frac{(x-\mu)^2}{2\sigma^2}},f_Y(y)=\frac{1}{\sqrt{2\pi}\sigma}e^{-\frac{(y-\mu)^2}{2\sigma^2}}$$

因此，Z的概率密度

$$f_Z(z)=\int_{-\infty}^{+\infty}f_X(x)f_Y(z-x)\mathrm{d}x=\int_{-\infty}^{+\infty}\frac{1}{2\pi\sigma^2}e^{-\frac{1}{2\sigma^2}[(x-\mu)^2+(z-x-\mu)^2]}\mathrm{d}x\overset{t=x-\mu}{=\!=\!=}$$

$$\int_{-\infty}^{+\infty}\frac{1}{2\pi\sigma^2}e^{-\frac{1}{2\sigma^2}[t^2+(z-2\mu-t)^2]}dt =$$

$$\int_{-\infty}^{+\infty}\frac{1}{2\pi\sigma^2}e^{-\frac{1}{\sigma^2}[(t-\frac{z-2\mu}{2})^2+(\frac{z-2\mu}{2})^2]}dt =$$

$$\frac{1}{\sqrt{2\pi}(\sqrt{2}\sigma)}e^{-\frac{(z-2\mu)^2}{2(\sqrt{2}\sigma)^2}}\int_{-\infty}^{+\infty}\frac{1}{\sqrt{2\pi}(\frac{\sigma}{\sqrt{2}})}e^{-\frac{(t-\frac{z-2\mu}{2})^2}{2(\frac{\sigma}{\sqrt{2}})^2}}dt =$$

$$\frac{1}{\sqrt{2\pi}(\sqrt{2}\sigma)}e^{-\frac{(z-2\mu)^2}{2(\sqrt{2}\sigma)^2}}$$

故

$$Z = X + Y \sim N(2\mu, 2\sigma^2)$$

以上结果可推广到一般情况:若随机变量 $X_1, X_2, \cdots, X_n$ 相互独立,并且 $X_k \sim N(\mu_k, \sigma_k^2)(k = 1,2,\cdots n)$,$\alpha_1, \alpha_2, \cdots, \alpha_n$ 为常数,则

$$Z = \sum_{k=1}^{n}\alpha_k X_k \sim N(\sum_{k=1}^{n}\alpha_k\mu_k, \sum_{k=1}^{n}\alpha_k^2\sigma_k^2)$$

若 $X_1, X_2, \cdots, X_n$ 为 n 个相互独立的随机变量,且 $X_i \sim N(\mu, \sigma^2)$,则有

$$Z = \sum_{i=1}^{n} X_i \sim N(n\mu, n\sigma^2)$$

更一般的,可以证明:有限个正态随机变量的线性组合依然服从正态分布.

例 3.3.4　设随机变量 X 和 Y 相互独立,其概率密度分别为

$$f_X(x) = \begin{cases}1 & 0 \leqslant x \leqslant 1 \\ 0 & 其他\end{cases}, f_Y(y) = \begin{cases}e^{-y} & y > 0 \\ 0 & 其他\end{cases}$$

求随机变量 $Z = X + Y$ 的概率密度.

解　$Z = X + Y$ 的概率密度为

$$f_Z(z) = \int_{-\infty}^{+\infty} f_X(z-y)f_Y(y)dy$$

被积函数不为零的区域为图 3.5 中的阴影部分

$$\begin{cases}y > 0 \\ 0 \leqslant z - y \leqslant 1\end{cases}$$

即

$$\begin{cases}y > 0 \\ z - 1 \leqslant y \leqslant z\end{cases}$$

$$f_Z(z) = \begin{cases}0 & z < 0 \\ \int_0^z e^{-y}dy & 0 \leqslant z < 1 \\ \int_{z-1}^{z} e^{-y}dy & z \geqslant 1\end{cases} = \begin{cases}0 & z < 0 \\ 1 - e^{-z} & 0 \leqslant z < 1 \\ e^{-z}(e-1) & z \geqslant 1\end{cases}$$

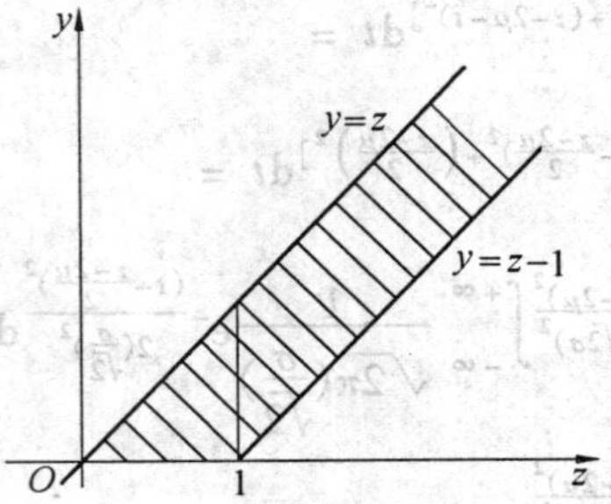

图 3.5

3.3.2　平方和的分布

定义 3.3.2　设随机变量(X,Y)的概率密度为$f(x,y)$，随机变量$Z = X^2 + Y^2$的分布函数为

$$F_Z(z) = P\{X^2 + Y^2 \leqslant z\}$$

当$z \leqslant 0$时，$F_Z(z) = 0$；当$z > 0$时

$$F_Z(z) = P\{X^2 + Y^2 \leqslant z\} = \iint_{x^2+y^2 \leqslant z} f(x,y)\,\mathrm{d}x\mathrm{d}y$$

令

$$x = r\cos\theta, y = r\sin\theta$$

则

$$F_Z(z) = \int_0^{2\pi}\left[\int_0^{\sqrt{z}} f(r\cos\theta, r\sin\theta)\,r\mathrm{d}r\right]\mathrm{d}\theta$$

于是，当$z > 0$时，Z的概率密度为

$$f_Z(z) = F'_Z(z) = \frac{1}{2}\int_0^{2\pi} f(\sqrt{z}\cos\theta, \sqrt{z}\sin\theta)\,\mathrm{d}\theta$$

故

$$f_Z(z) = \begin{cases} \dfrac{1}{2}\displaystyle\int_0^{2\pi} f(\sqrt{z}\cos\theta, \sqrt{z}\sin\theta)\,\mathrm{d}\theta & z > 0 \\ 0 & z \leqslant 0 \end{cases} \tag{3.15}$$

若X和Y相互独立，则

$$f_Z(z) = \begin{cases} \dfrac{1}{2}\displaystyle\int_0^{2\pi} f_X(\sqrt{z}\cos\theta) f_Y(\sqrt{z}\sin\theta)\,\mathrm{d}\theta & z > 0 \\ 0 & z \leqslant 0 \end{cases} \tag{3.16}$$

其中$f_X(x)$和$f_Y(y)$分别是随机变量X和Y的概率密度函数.

例 3.3.5　设$X \sim N(0,1)$，$Y \sim N(0,1)$且X和Y相互独立，求$Z = X^2 + Y^2$的概率密度.

解　X和Y的概率密度分别为

$$f_X(x) = \frac{1}{\sqrt{2\pi}}\mathrm{e}^{-\frac{x^2}{2}}, f_Y(y) = \frac{1}{\sqrt{2\pi}}\mathrm{e}^{-\frac{y^2}{2}}$$

当 $z>0$ 时，$Z=X^2+Y^2$ 的概率密度函数为

$$f_Z(z)=\frac{1}{4\pi}\int_0^{2\pi}\mathrm{e}^{-\frac{z\cos^2\theta}{2}}\mathrm{e}^{\frac{-z\sin^2\theta}{2}}\mathrm{d}\theta=\frac{1}{4\pi}\mathrm{e}^{-\frac{z}{2}}\int_0^{2\pi}\mathrm{d}\theta=\frac{1}{2}\mathrm{e}^{-\frac{z}{2}}$$

故

$$f_Z(z)=\begin{cases}\frac{1}{2}\mathrm{e}^{-\frac{z}{2}} & z>0\\ 0 & z\leqslant 0\end{cases}$$

注　此时称 Z 服从自由度2的 χ^2 分布，记为 $Z\sim\chi^2(2)$.

一般的，当 $X_1,X_2,\cdots,X_n$ 相互独立且都服从标准正态分布时，则随机变量 $Z=X_1^2+X_2^2+\cdots+X_n^2$ 服从自由度为 n 的 χ^2 分布，记为 $Z\sim\chi^2(n)$.这是数理统计中的一个常用分布，其概率密度为

$$f_Z(z)=\begin{cases}\dfrac{1}{2^{\frac{n}{2}}\Gamma\left(\frac{n}{2}\right)}z^{\frac{n}{2}-1}\mathrm{e}^{-\frac{z}{2}} & z>0\\ 0 & \text{其他}\end{cases}$$

习题三

一、填空题

1. 设 $P\{X\geqslant 0,Y\geqslant 0\}=\frac{3}{7}$，$P\{X\geqslant 0\}=P\{Y\geqslant 0\}=\frac{4}{7}$，则 $P\{\max\{X,Y\}\geqslant 0\}=$ ________.

2. 已知 X,Y 得分布率如表3.14所示.

表3.14

Y \ X	0	1
0	$\frac{1}{3}$	b
1	a	$\frac{1}{6}$

且 $\{X=0\}$ 与 $\{X+Y=1\}$ 独立，则 $a=$ ________，$b=$ ________.

3. 用 (X,Y) 的联合分布函数 $F(x,y)$ 表示 $P\{a<X\leqslant b,Y\leqslant c\}=$ ________.

4. 用 (X,Y) 的联合分布函数 $F(x,y)$ 表示 $P\{X\leqslant a,Y\leqslant b\}=$ ________.

5. 设平面区域 D 由 $y=x$，$y=0$ 和 $x=2$ 所围成，二维随机变量 (x,y) 在区域 D 上服从均匀分布，则 (x,y) 关于 X 的边缘概率密度在 $x=1$ 处的值为________.

二、选择题

1. X_1,X_2 独立，且分布律如表3.15所示.

表3.15

X_i	0	1
P	$\frac{1}{2}$	$\frac{1}{2}$

$(i=1,2)$，那么下列结论正确的是________.

(A) $X_1 = X_2$ (B) $P\{X_1 = X_2\} = 1$

(C) $P\{X_1 = X_2\} = \frac{1}{2}$ (D) 以上都不正确

2. 设离散型随机变量 (X,Y) 的联合分布律如表 3.16 所示.

表 3.16

(X,Y)	(1,1)	(1,2)	(1,3)	(2,1)	(2,2)	(2,3)
P	$\frac{1}{6}$	$\frac{1}{9}$	$\frac{1}{18}$	$\frac{1}{3}$	α	β

且 X,Y 相互独立,则________.

(A) $\alpha = \frac{2}{9}, \beta = \frac{1}{9}$ (B) $\alpha = \frac{1}{9}, \beta = \frac{2}{9}$

(C) $\alpha = \frac{1}{6}, \beta = \frac{1}{6}$ (D) $\alpha = \frac{8}{15}, \beta = \frac{1}{18}$

3. 若 $X \sim (\mu_1, \sigma_1^2), Y \sim (\mu_2, \sigma_2^2)$,那么 (X,Y) 的联合分布为________.

(A) 二维正态分布,且 $\rho = 0$ (B) 二维正态分布,且 ρ 不定

(C) 未必是二维正态分布 (D) 以上都不对

4. 设 X,Y 是相互独立的两个随机变量,它们的分布函数分别为 $F_X(x), F_Y(y)$,则 $Z = \max\{X,Y\}$ 的分布函数是________.

(A) $F_Z(z) = \max\{F_X(x), F_Y(y)\}$

(B) $F_Z(z) = \max\{|F_X(x)|, |F_Y(y)|\}$

(C) $F_Z(z) = F_X(x)F_Y(y)$

(D) 都不是

5. 下列二元函数中,________可以作为连续型随机变量的联合概率密度.

(A) $f(x,y) = \begin{cases} \cos x & -\frac{\pi}{2} \leqslant x \leqslant \frac{\pi}{2}, 0 \leqslant y \leqslant 1 \\ 0 & \text{其他} \end{cases}$

(B) $g(x,y) = \begin{cases} \cos x & -\frac{\pi}{2} \leqslant x \leqslant \frac{\pi}{2}, 0 \leqslant y \leqslant \frac{1}{2} \\ 0 & \text{其他} \end{cases}$

(C) $\varphi(x,y) = \begin{cases} \cos x & 0 \leqslant x \leqslant \pi, 0 \leqslant y \leqslant 1 \\ 0 & \text{其他} \end{cases}$

(D) $h(x,y) = \begin{cases} \cos x & 0 \leqslant x \leqslant \pi, 0 \leqslant y \leqslant \frac{1}{2} \\ 0 & \text{其他} \end{cases}$

三、计算题

1. 把一枚均匀的硬币连抛三次,以 X 表示出现正面的次数,Y 表示正、反两面次数差的绝对值,求 (X,Y) 的联合分布律与边缘分布.

2. 设二维连续型随机变量 (X,Y) 的联合分布函数为

$$F(x,y) = A\left(B + \arctan\frac{x}{2}\right)\left(C + \arctan\frac{y}{3}\right)$$

求(1) A, B, C 的值;(2) (X, Y) 的联合密度;(3) 判断 X, Y 的独立性.

3. 设连续型随机变量 (X, Y) 的密度函数为

$$f(x, y) = \begin{cases} Ae^{-(3x+4y)} & x > 0, y > 0 \\ 0 & 其他 \end{cases}$$

求(1) 系数 A;(2) 落在区域 $D: \{0 < x \leqslant 1, 0 < y \leqslant 2\}$ 的概率.

4. 设 (X, Y) 的联合密度为 $f(x, y) = Ay(1 - x)(0 \leqslant x \leqslant 1, 0 \leqslant y \leqslant x)$.

(1) 求系数 A;

5. 在上题条件下:(1) 求关于 X 及 Y 的边缘密度;(2) X 与 Y 是否相互独立?

6. 在第4题条件下,求 $f(y \mid x)$ 和 $f(x \mid y)$.

四、证明题

在区间[0,1]上随机地投掷两点,试证这两点间距离的密度函数为

$$f(z) = \begin{cases} 2(1 - z) & 0 \leqslant z < 1 \\ 0 & 其他 \end{cases}$$

第 4 章 随机变量的数字特征与极限定理

随机变量的分布律或概率密度完整地描述了随机变量的统计规律,但是许多实际问题并不需要了解这个规律的全貌,只需知道足以表明分布性质的重要特性就够了.例如,在检查产品或其他电子元件的质量时,所关心的是它们的平均寿命及它们的寿命与平均寿命的偏离程度等一些数量指标,像这样表示它们主要特征的一些数量指标(平均值、偏离程度)称之为随机变量的数字特征.本章主要介绍常用的数学期望、方差等数字特征.另外概率论中最重要的理论结果是极限定理,在这些定理中尤为重要的是大数定理和中心极限定理,本章也给予简要介绍.

4.1 数学期望

4.1.1 离散型随机变量的数学期望

例 4.1.1 某班 10 名同学期中考试的成绩

$$60,75,60,85,75,85,90,85,95,100$$

则他们的平均考分为

$$\frac{60+75+60+85+75+85+90+85+95+100}{10}=$$

$$\frac{1}{10}(60\times 2+75\times 2+85\times 3+90+95+100)=$$

$$60\times\frac{2}{10}+75\times\frac{2}{10}+85\times\frac{3}{10}+90\times\frac{1}{10}+95\times\frac{1}{10}+100\times\frac{1}{10}=81$$

上式表明,可以按频率的加权平均数来求这 10 位同学的平均考分.由此,我们有

定义 4.1.1 设离散型随机变量 X 的分布律如表 4.1 所示.

表 4.1

X	x_1	x_2	…	x_n
P	p_1	p_2	…	p_n

如果级数 $\sum\limits_{k=1}^{\infty} x_k\cdot p_k$ 绝对收敛,则称 $\sum\limits_{k=1}^{\infty} x_k p_k$ 为随机变量 X 的数学期望或均值,记为 $E(X)$,

即

$$E(X) = \sum_{k=1}^{\infty} x_k p_k \tag{4.1}$$

如果级数 $\sum_{k=1}^{\infty} x_k p_k$ 不绝对收敛,则称随机变量 X 的数学期望不存在.

随机变量的数学期望反映了随机变量取值的平均状况,由于随机变量取什么值试验前是不确定的,所以数学期望也只是一种“期望”而已,它可以作为试验之前的一个估算值,它与通常所说的“平均数”是有区别的.

例 4.1.2　甲、乙两车工生产同一种零件,在他们所生产的同样多的产品中次品数分别为 X 和 Y,其概率分布律如表 4.2 所示.

表 4.2

X	0	1	2	3
P_X	0.7	0.1	0.1	0.1
Y	0	1	2	3
P_Y	0.5	0.3	0.2	0

问哪位工人的技术水平较高?

解　因为

$$E(X) = 0 \times 0.7 + 1 \times 0.1 + 2 \times 0.1 + 3 \times 0.1 = 0.6$$

$$E(Y) = 0 \times 0.5 + 1 \times 0.3 + 2 \times 0.2 + 3 \times 0 = 0.7$$

即甲出次品平均数较低,于是甲的技术水平较高.

例 4.1.3　求服从两点分布的随机变量的数学期望.

解　设 X 的分布律如表 4.3 所示.

表 4.3

X	1	0
P	p	$q = 1 - p$

则 X 的数学期望

$$E(X) = 1 \times p + 0 \times q = p$$

例 4.1.4　求服从二项分布的随机变量的数学期望.

解　设 $X \sim B(n,p)$,则

$$E(X) = \sum_{k=0}^{n} kP_n(k) = \sum_{k=0}^{n} k C_n^k p^k q^{n-k} = \sum_{k=0}^{n} k \frac{n!}{(n-k)!\,k!} p^k q^{n-k} =$$

$$\sum_{k=1}^{n} \frac{np(n-1)!}{(n-k)!(k-1)!} p^{k-1} q^{n-k} =$$

$$np \sum_{k=1}^{n} \frac{(n-1)!}{(n-k)!(k-1)!} p^{k-1} q^{n-k} =$$

$$np \sum_{k=1}^{n} C_{n-1}^{k-1} p^{k-1} q^{n-k} = np\,(p+q)^{n-1} = np \qquad (p+q=1)$$

故 $$E(X) = np$$

例 4.1.5 若随机变量 X 的分布列为泊松分布,求其数学期望.

解 设 $X \sim P(\lambda)$,其分布律为

$$P(X = k) = \frac{\lambda^k}{k!}e^{-\lambda} \quad (\lambda > 0, k = 0,1,2,\cdots)$$

则其数学期望为

$$E(X) = \sum_{k=0}^{\infty} k\frac{\lambda^k e^{-\lambda}}{k!} = \lambda e^{-\lambda}\sum_{k=1}^{\infty}\frac{\lambda^{k-1}}{(k-1)!} \underline{m = k - 1}$$

$$\lambda e^{-\lambda}\sum_{m=0}^{\infty}\frac{\lambda^m}{m!} = \lambda e^{-\lambda}e^{\lambda} = \lambda$$

例 4.1.6 在一部篇幅较大的书籍中,发现只有 13.5% 的页数没有错字,如果我们假定每页的错字个数是服从泊松分布的随机变量,求每页书的平均错字个数.

解 设 X 为每页书的错字个数,则 $X \sim \pi(\lambda)$ 依题意有

$$P(X = 0) = \frac{\lambda^0}{0!}e^{-\lambda} = 0.135$$

所以 $$\lambda = -\ln 0.135 \approx 2$$

从而 $$E(X) = \lambda = 2$$

故每页书的平均错字个数约为 2 个.

4.1.2 连续型随机变量的数学期望

定义 4.1.2 如果连续型随机变量 X 具有密度函数 $f(x)$,且 $\int_{-\infty}^{+\infty} |x| f(x)dx$ 存在,则 $\int_{-\infty}^{+\infty} xf(x)dx$ 称为随机变量 X 的数学期望,记作 $E(X)$,即

$$E(X) = \int_{-\infty}^{+\infty} xf(x)dx \tag{4.2}$$

反之,如果积分 $\int_{-\infty}^{+\infty} |x| \cdot f(x)dx$ 发散,则称随机变量 X 的数学期望不存在.

例 4.1.7 已知随机变量 X 的密度函数为

$$f(x) = \begin{cases} \dfrac{1}{\pi\sqrt{1 - x^2}} & |x| < 1 \\ 0 & |x| \geqslant 1 \end{cases}$$

求 $E(X)$.

解 $E(X) = \int_{-\infty}^{+\infty} xf(x)dx =$

$$\int_{-\infty}^{-1} x \cdot 0 \cdot dx + \int_{-1}^{1} x\frac{1}{\pi\sqrt{1 - x^2}}dx + \int_{1}^{+\infty} x \cdot 0 \cdot dx = 0$$

例 4.1.8 求均匀分布数学期望.

解 设 $X \sim U(a,b)$,其分布密度为

$$f(x)=\begin{cases}\dfrac{1}{b-a} & a\leqslant x\leqslant b\\ 0 & \text{其他}\end{cases}$$

则

$$E(X)=\int_{-\infty}^{+\infty}xf(x)\mathrm{d}x=\int_a^b x\frac{1}{b-a}\mathrm{d}x=\frac{a+b}{2}$$

即数学期望位于区间$[a,b]$的中点.

例 4.1.9　求指数分布数学期望.

解　设 X 服从指数分布,其分布密度为

$$f(x)=\begin{cases}\lambda\mathrm{e}^{-\lambda x} & x\geqslant 0\\ 0 & x<0\end{cases}$$

则

$$E(X)=\int_{-\infty}^{+\infty}xf(x)\mathrm{d}x=$$

$$\int_{-\infty}^{0}x\cdot 0\mathrm{d}x+\int_0^{+\infty}x\cdot\lambda\mathrm{e}^{-\lambda x}\mathrm{d}x=\frac{1}{\lambda}$$

例 4.1.10　求正态分布的数学期望.

解　设 $X\sim N(\mu,\sigma^2)$,则

$$E(X)=\int_{-\infty}^{+\infty}xf(x)\mathrm{d}x=\int_{-\infty}^{+\infty}x\frac{1}{\sigma\sqrt{2\pi}}\mathrm{e}^{-\frac{(x-\mu)^2}{2\sigma^2}}\mathrm{d}x\xlongequal[x=\mu+\sigma t]{t=\frac{x-\mu}{\sigma}}\int_{-\infty}^{+\infty}\frac{(\mu+\sigma t)}{\sqrt{2\pi}}\mathrm{e}^{-\frac{t^2}{2}}\mathrm{d}t=$$

$$\frac{\mu}{\sqrt{2\pi}}\int_{-\infty}^{+\infty}\mathrm{e}^{-\frac{t^2}{2}}\mathrm{d}t+\frac{\sigma}{\sqrt{2\pi}}\int_{-\infty}^{+\infty}t\mathrm{e}^{-\frac{t^2}{2}}\mathrm{d}t=$$

$$\frac{\mu}{\sqrt{2\pi}}\int_{-\infty}^{+\infty}\mathrm{e}^{-\frac{t^2}{2}}\mathrm{d}t+0=\mu$$

故

$$E(X)=\mu$$

结果表明,正态分布的参数 μ 就是随机变量 X 的数学期望.

4.1.3　随机变量函数的数学期望

定理 4.1.1　随机变量 Y 是随机变量 X 的函数,$Y=g(X)$(g 为连续函数).

(1) 设离散型随机变量 X 的分布列为

$$P(X=x_k)=p_k\quad(k=1,2,\cdots)$$

如果级数 $\sum\limits_{k=1}^{\infty}|g(x_k)|\cdot p_k$ 收敛,则

$$E(Y)=E[g(X)]=\sum_{k=1}^{\infty}g(x_k)\cdot p_k\tag{4.3}$$

(2) 设连续型随机变量 X 的概率密度为$f(x)$,若$\int_{-\infty}^{+\infty}|g(x)|\cdot f(x)\mathrm{d}x$ 收敛,则

$$E(Y)=E[g(X)]=\int_{-\infty}^{+\infty}g(x)f(x)\mathrm{d}x\tag{4.4}$$

例 4.1.11　设离散型随机变量 X 的分布列如表 4.4 所示.

表 4.4

X	-1	0	2	3
p_k	$\frac{1}{8}$	$\frac{1}{4}$	$\frac{3}{8}$	$\frac{1}{4}$

试计算 $E(X),E(X^2),E(-2X+1)$.

解 由数学期望的定义可得

$$E(X)=(-1)\times\frac{1}{8}+0\times\frac{1}{4}+2\times\frac{3}{8}+3\times\frac{1}{4}=\frac{11}{8}$$

$$E(X^2)=(-1)^2\times\frac{1}{8}+0^2\times\frac{1}{4}+2^2\times\frac{3}{8}+3^2\times\frac{1}{4}=\frac{31}{8}$$

$$E(-2X+1)=3\times\frac{1}{8}+1\times\frac{1}{4}+(-3)\times\frac{3}{8}+(-5)\times\frac{1}{4}=-\frac{7}{4}$$

例 4.1.12 设 X 服从参数为 λ 的泊松分布,试计算 $Y=X^2$ 的数学期望.

解 已知 X 的分布列为

$$P(X=k)=\frac{\lambda^k}{k!}e^{-\lambda}\quad(k=0,1,2,\cdots,\lambda>0)$$

从而

$$E(Y)=E(X^2)=\sum_{k=0}^{\infty}k^2\cdot\frac{\lambda^k}{k!}e^{-\lambda}=\sum_{k=1}^{\infty}k\cdot\frac{\lambda^k}{(k-1)!}e^{-\lambda}=$$

$$\lambda e^{-\lambda}\cdot\sum_{k=1}^{\infty}\left\{[(k-1)+1]\cdot\frac{\lambda^{k-1}}{(k-1)!}\right\}=$$

$$\lambda e^{-\lambda}\cdot\left[\sum_{k=1}^{\infty}(k-1)\cdot\frac{\lambda^{k-1}}{(k-1)!}+\sum_{k=1}^{\infty}\frac{\lambda^{k-1}}{(k-1)!}\right]=$$

$$\lambda e^{-\lambda}\cdot\left[\lambda\cdot\sum_{k=2}^{\infty}\frac{\lambda^{k-2}}{(k-2)!}+\sum_{k=1}^{\infty}\frac{\lambda^{k-1}}{(k-1)!}\right]=$$

$$\lambda e^{-\lambda}[\lambda e^{\lambda}+e^{\lambda}]=\lambda^2+\lambda$$

例 4.1.13 已知 X 服从$[0,2\pi]$上的均匀分布,计算 $Y=\sin X$ 的数学期望.

解 已知 X 的概率密度为

$$f(x)=\begin{cases}\frac{1}{2\pi} & 0\leqslant x\leqslant 2\pi\\ 0 & 其他\end{cases}$$

则所求 $Y=\sin X$ 的数学期望为

$$E(Y)=E(\sin X)=\int_{-\infty}^{+\infty}\sin x\cdot f(x)dx=$$

$$\int_0^{2\pi}\sin x\cdot\frac{1}{2\pi}dx=0$$

定理 4.1.2 如果(X,Y)是二维随机变量,$Z=g(X,Y)$是关于 X 和 Y 的二元函数,则同样可定义随机变量 Z 的数学期望如下:

如果(X,Y)是二维离散型随机变量,联合分布列为

$$P(X=x_i,Y=y_i)=p_{ij}\quad(i,j=1,2,\cdots)$$

则 $Z = g(X,Y)$ 的数学期望为

$$E(Z) = E[g(X,Y)] = \sum_{i,j=1}^{\infty} g(x_i, y_j) \cdot p_{ij} \tag{4.5}$$

如果 (X,Y) 是二维连续型变量,联合概率密度为 $f(x,y)$,则 $Z = g(X,Y)$ 的数学期望为

$$E(Z) = E[g(X,Y)] = \int_{-\infty}^{+\infty}\int_{-\infty}^{+\infty} g(x,y)f(x,y)\mathrm{d}x\mathrm{d}y \tag{4.6}$$

4.1.4　数学期望的性质

随机变量的数学期望有以下性质:

(1) 设 C 为常数,则 $E(C) = C$;

(2) 设 k,b 为常数,则 $E(kX + b) = kE(X) + b$;

(3) 设 X,Y 为任意两个随机变量,则

$$E(X + Y) = E(X) + E(Y)$$

这一性质可以推广到有限个随机变量和的情况,即

$$E(X_1 + X_2 \cdots + X_n) = E(X_1) + E(X_2) + \cdots + E(X_n)$$

(4) 如果 X 与 Y 相互独立,则 $E(XY) = E(X) \cdot E(Y)$.

这一性质也可以推广到有限个相互独立的随机变量积的情形.若 $X_1, X_2, \cdots, X_n$ 相互独立,则

$$E(X_1 X_2 \cdots X_n) = E(X_1) \cdot E(X_2) \cdots E(X_n)$$

例 4.1.14　已知 $X \sim N(2,4)$, $Y \sim B(10,0.1)$,求 $E(3X + 2Y)$.

解　$X \sim N(2,4)$ 时

$$E(X) = \mu = 2$$

$Y \sim B(10,0.1)$ 时

$$E(Y) = np = 10 \times 0.1 = 1$$

$$E(3X + 2Y) = E(3X) + E(2Y) = 3E(X) + 2E(Y) = 3 \times 2 + 2 \times 1 = 8$$

例 4.1.15　将 n 只球随机放入 m 只盒子中,设每只球落入各个盒子是等可能的,求有球的盒子数 X 的均值 $E(X)$.

解　引入随机变量

$$X_i = \begin{cases} 1 & \text{第 } i \text{ 只盒子中有球} \\ 0 & \text{第 } i \text{ 只盒子中无球} \end{cases} \quad (i = 1,2,\cdots,m)$$

显然有 $X = \sum_{i=1}^{m} X_i$, n 个球中每一个不落入第 i 只盒子的概率为 $1 - \frac{1}{m}$,所以 n 个球都不落入第 i 只盒子的概率为

$$P\{X_i = 0\} = \left(1 - \frac{1}{m}\right)^n$$

从而

$$P\{X_i = 1\} = 1 - P\{X_i = 0\} = 1 - \left(1 - \frac{1}{m}\right)^n$$

于是 $$E(X_i) = 1 - \left(1 - \frac{1}{m}\right)^n \quad (i = 1,2,\cdots,m)$$

于是 $$E(X) = E\left(\sum_{i=1}^{m} X_i\right) = \sum_{i=1}^{m} E(X_i) = m\left[1 - \left(1 - \frac{1}{m}\right)^n\right]$$

4.2 方　差

为了表现随机变量的分布特征，单凭随机变量的数学期望是不够的．例如，甲、乙两厂生产同种产品，现从甲、乙厂生产的产品中各随机抽出 5 件，称其重量(单位:kg)，测得的结果如下：

甲厂	1.60	1.62	1.59	1.60	1.59
乙厂	1.80	1.60	1.50	1.50	1.60

甲、乙两厂生产产品的平均重量都是 1.60 kg．但是，甲厂生产的产品重量与平均值的偏离程度小，比较稳定；乙厂偏离程度大，不稳定．因此，有必要研究随机变量的取值与平均值的偏离程度，我们引入下面的方差的定义．

4.2.1　方差的定义

定义 4.2.1　对随机变量 X，若 $E[X - E(X)]^2$ 存在，则称 $E[X - E(X)]^2$ 为随机变量 X 的方差，记为 $D(X)$．即

$$D(X) = E[X - E(X)]^2 \tag{4.7}$$

我们称方差的平方根 $\sqrt{D(X)}$ 为随机变量 X 的标准差或均方差，记为 $\sigma(X)$，即

$$\sigma(X) = \sqrt{D(X)} \tag{4.8}$$

定义 4.2.2　如果离散型随机变量 X 的分布列为

$$P(X = x_k) = p_k \quad (k = 1,2,\cdots,n)$$

则 $E[X - E(X)]^2$ 叫做随机变量 X 的方差，记作 $D(X)$，即

$$D(X) = \sum_{k=1}^{n} [x_k - E(X)]^2 \cdot p_k$$

定义 4.2.3　对连续型随机变量有

$$D(X) = \int_{-\infty}^{+\infty} [x - E(X)]^2 f(x)\mathrm{d}x \tag{4.9}$$

其中 $f(x)$ 为 X 的概率密度函数．

为了简化方差的计算，我们有以下关系式

$$D(X) = E(X^2) - E^2(X) \tag{4.10}$$

证明　$D(X) = E[X - E(X)]^2 =$

$E[X^2 - 2XE(X) + E^2(X)] =$

$E(X^2) - 2E(X)E(X) + E^2(X) =$

$E(X^2) - E^2(X)$

方差是描述随机变量取值分散程度的一个数字特征，方差小，取值集中，方差大，取值

分散.

例 4.2.1　在本章例 4.1.2 中,问哪位工人的技术水平稳定?

解　由例 4.1.2 知

$$E(X) = 0.6, E(Y) = 0.7$$

得

$$D(X) = (0-0.6)^2 \times 0.7 + (1-0.6)^2 \times 0.1 + (2-0.6)^2 \times 0.1 + (3-0.6)^2 \times 0.1 = 1.04$$

$$D(Y) = (0-0.7)^2 \times 0.5 + (1-0.7)^2 \times 0.3 + (2-0.7)^2 \times 0.2 + (3-0.7)^2 \times 0 = 0.61$$

由于 $D(X) > D(Y)$,故乙工人比甲工人的技术稳定.

例 4.2.2　求两点分布的方差.

解　由上节中的例 4.1.3 知,X 的数学期望

$$E(X) = 1 \times p + 0 \times q = p$$

$$E(X^2) = 1^2 \times p + 0^2 \times q = p$$

故 X 的方差

$$D(X) = E(X^2) - [E(X)]^2 = p - p^2 = p(1-p) = pq$$

例 4.2.3　求二项分布的方差.

解　由上节中的例 4.1.4 知

$$X = \sum_{i=1}^{n} X_i$$

其中 X_i 服从同一(0 - 1)分布

$$P(X_i = 0) = 1 - p, P(X_i = 1) = p \quad (i = 1,2,\cdots,n)$$

且 $X_1, X_2, \cdots, X_n$ 相互独立.有

$$D(X_i) = p(1-p) \quad (i = 1,2,\cdots,n)$$

于是可得

$$D(X) = D\left(\sum_{i=1}^{n} X_i\right) = \sum_{i=1}^{n} D(X_i) = np(1-p)$$

例 4.2.4　求泊松分布的方差.

解　由上节中的例 4.1.5 知,X 的数学期望 $E(X) = \lambda$,而

$$E(X^2) = E[X(X-1) + X] = E[X(X-1)] + E(X) = \sum_{K=0}^{\infty} k(k-1)\frac{\lambda^k e^{-\lambda}}{k!} + \lambda = \lambda^2 e^{-\lambda} \sum_{k=2}^{\infty} \frac{\lambda^{k-2}}{(k-2)!} + \lambda = \lambda^2 e^{-\lambda} e^{\lambda} + \lambda = \lambda^2 + \lambda$$

所以方差

$$D(X) = E(X^2) - [E(X)]^2 = \lambda$$

例 4.2.5　求均匀分布的方差.

解　由上节中的例 4.1.8 知,X 的数学期望

$$E(X) = \frac{a+b}{2}$$

故 X 的方差

$$D(X)=E(X^2)-[E(X)]^2=\int_{-\infty}^{+\infty}x^2f(x)\mathrm{d}x-[E(X)]^2=$$

$$\int_a^b x^2\frac{1}{b-a}\mathrm{d}x-\left(\frac{a+b}{2}\right)^2=$$

$$\frac{(b-a)^2}{12}$$

例 4.2.6 求指数分布的方差.

解 由上节中的例 4.1.9 知,X 的数学期望

$$E(X)=\frac{1}{\lambda}$$

$$E(X^2)=\int_{-\infty}^{+\infty}x^2f(x)\mathrm{d}x=\int_0^{+\infty}\lambda x^2\mathrm{e}^{-\lambda x}\mathrm{d}x=\frac{2}{\lambda^2}$$

故 X 的方差

$$D(X)=E(X^2)-[E(X)]^2=\frac{2}{\lambda^2}-\left(\frac{1}{\lambda}\right)^2=\frac{1}{\lambda^2}$$

例 4.2.7 若随机变量 X 服从正态分布,求 $D(X)$.

解 因为 $X\sim N(\mu,\sigma^2)$,则 X 的密度函数为

$$f(x)=\frac{1}{\sigma\sqrt{2\pi}}\mathrm{e}^{-\frac{(x-\mu)^2}{2\sigma^2}}$$

又

$$E(X)=\mu$$

$$D(X)=\int_{-\infty}^{+\infty}(x-\mu)^2f(x)\mathrm{d}x=$$

$$\int_{-\infty}^{+\infty}(x-\mu)^2\frac{1}{\sigma\sqrt{2\pi}}\mathrm{e}^{-\frac{(x-\mu)^2}{2\sigma^2}}\mathrm{d}x\xlongequal[x=\mu+\sigma t]{t=\frac{x-\mu}{\sigma}}$$

$$\int_{-\infty}^{+\infty}\frac{(\sigma t)^2}{\sqrt{2\pi}}\mathrm{e}^{-\frac{t^2}{2}}\mathrm{d}t=\frac{\sigma^2}{\sqrt{2\pi}}\int_{-\infty}^{+\infty}t^2\mathrm{e}^{-\frac{t^2}{2}}\mathrm{d}t=$$

$$\frac{\sigma^2}{\sqrt{2\pi}}\cdot\sqrt{2\pi}=\sigma^2$$

故

$$D(X)=\sigma^2$$

可见正态分布密度函数中的参数 σ 就是随机变量的标准差,而 μ 就是随机变量的均值,这样正态分布的密度函数就是由数学期望和方差唯一确定的.

4.2.2 方差的性质

方差具有如下性质:

(1)$D(C)=0$(C 为常数);

(2)$D(CX)=C^2\cdot D(X)$;

(3) 若 X 与 Y 相互独立,则

$$D(X+Y)=D(X)+D(Y)$$

推论　若随机变量 $X_1,X_2,\cdots,X_n$ 相互独立时，有

$$D(\sum_{i=1}^{n} X_i) = \sum_{i=1}^{n} D(X_i)$$

(4) $D(X)=0$ 的充分必要条件是 X 以概率 1 取常数 C，即

$$P(X=C)=1$$

这里，只给出性质(3)的证明，其余留给读者自己证明.

证

$$\begin{aligned} D(X+Y) &= E\{[X+Y-E(X+Y)]^2\} = \\ &E\{[(X-E(X))+(Y-E(Y))]^2\} = \\ &E\{[X-E(X)]^2 + E[Y-E(Y)]^2\} + \\ &2E\{[X-E(X)][Y-E(Y)]\} \end{aligned}$$

而

$$\begin{aligned} &E\{[X-E(X)][Y-E(Y)]\} = \\ &E\{XY - XE(Y) - YE(X) + E(X)E(Y)\} = \\ &E(XY) - E(X)E(Y) - E(Y)E(X) + E(X)E(Y) = \\ &E(XY) - E(X)E(Y) = \\ &E(X)E(Y) - E(X)E(Y) = 0 \end{aligned}$$

所以有

$$D(X+Y) = D(X) + D(Y)$$

例 4.2.8　已知随机变量 X,Y 的分布如表 4.5 与表 4.6 所示.

表 4.5

X	0	1	2	3
P	0.3	0.1	0.2	0.4

表 4.6

Y	0	1	2	3
P	0.6	0.1	0.2	0.1

其中 X,Y 相互独立，求 $E(3X-5Y),D(3X-5Y)$.

解

$$E(X) = 1\times 0.1 + 2\times 0.2 + 3\times 0.4 = 1.7$$

$$E(Y) = 1\times 0.1 + 2\times 0.2 + 3\times 0.1 = 0.8$$

$$E(3X-5Y) = 3\,E(X) - 5E(Y) = 3\times 1.7 - 5\times 0.8 = 1.1$$

又因为

$$E(X^2) = 1^2 0.1 + 2^2\times 0.2 + 3^2\times 0.4 = 4.5$$

$$E(Y^2) = 1^2\times 0.1 + 2^2\times 0.2 + 3^2\times 0.1 = 1.8$$

所以

$$D(X) = 4.5 - 1.7^2 = 1.61$$

$$D(Y) = 1.8 - 0.8^2 = 1.8 - 0.64 = 1.16$$

于是

$$D(3X-5Y) = 9D(X) + 25D(Y) =$$

$$9\times 1.61 + 25\times 1.16 = 14.49 + 29 = 43.49$$

例 4.2.9　设随机变量 X 的期望 $E(X)$ 和方差 $D(X)$ 都存在，则称

$$X^* = \frac{X - E(X)}{\sqrt{D(X)}}$$

为 X 的标准化随机变量,试求 $E(X^*)$ 和 $D(X^*)$.

解 注意到 $E(X),\sqrt{D(X)}$ 均为常数,再由期望及方差的性质可得

$$E(X^*) = E\left[\frac{X - E(X)}{\sqrt{D(X)}}\right] = \frac{1}{\sqrt{D(X)}}[E(X) - E(X)] = 0$$

$$D(X^*) = D\left[\frac{X - E(X)}{\sqrt{D(X)}}\right] = \frac{1}{D(X)}D[X - E(X)] = \frac{1}{D(X)} \cdot D(X) = 1$$

可见,标准化随机变量的期望是0,方差是1.因此,把随机变量标准化,可以使所讨论的问题变得较简单,这种处理问题的方法在概率与数理统计中时有应用.例如,随机变量 X 服从正态分布 $N(\mu,\sigma^2)$,把 X 标准化 $X^* = \frac{X-\mu}{\sigma}$,则 X^* 服从标准正态分布 $N(0,1)$,于是要求 X 落入某一区间的概率,只需由标准正态分布表查出 X^* 落入相应区间的概率即可.

为了便于查阅,现将常用的分布及其数字特征如表4.7所示.

表4.7

分布名称	分布列或密度函数	数学期望	方差
两点分布 $X \sim (0-1)$	$p(x=1)=p,p(x=0)=1-p$ $0<p<1,p+q=1$	p	$p(1-p)$
二项分布 $X \sim B(n,p)$	$P(X=k)=C_n^k p^k q^{n-k}$ $(k=0,1,\cdots,n,q=1-p)$	np	npq
泊松分布 $X \sim \pi(\lambda)$	$P(X=k)=\frac{\lambda^k}{k!}e^{-\lambda}$ $(k=0,1,\cdots,n,\lambda>0)$	λ	λ
均匀分布 $X \sim U[a,b]$	$f(x)=\begin{cases}\frac{1}{b-a} & a\leqslant x\leqslant b\\0 & 其他\end{cases}$	$\frac{a+b}{2}$	$\frac{(b-a)^2}{12}$
指数分布	$f(x)=\begin{cases}\lambda e^{-\lambda x} & x\geqslant 0\\0 & x<0\end{cases}$	$\frac{1}{\lambda}$	$\frac{1}{\lambda^2}$
正态分布 $X \sim N(\mu,\sigma^2)$	$f(x)=\frac{1}{\sigma\sqrt{2\pi}}e^{-\frac{(x-\mu)^2}{2\sigma^2}}$	μ	σ^2

4.3 矩　协方差　相关系数

为了更好地描述随机变量分布的特征,除了数学期望和方差外,下面再介绍几个数字特征.

4.3.1 矩

定义 4.3.1

(1) 若 $E(X^k)(k=1,2,\cdots)$ 存在，称其为 X 的 k 阶原点矩，简称 k 阶矩，记作 a_k，即 $a_k=E(X^k)$.

对于离散型随机变量有

$$a_k=\sum_i x_i^k p_i$$

对于连续型随机变量有

$$a_k=\int_{-\infty}^{+\infty}x^k f(x)\mathrm{d}x$$

(2) 若 $E[X-E(X)]^k(k=1,2,\cdots)$ 存在，称其为 X 的 k 阶中心矩，记作 μ_k，即

$$\mu_k=E[X-E(X)]^k$$

对于离散型随机变量有

$$\mu_k=\sum_i[x_i-E(X)]^k p_i$$

对于连续型随机变量有

$$\mu_k=\int_{-\infty}^{+\infty}[x-E(X)]^k f(x)\mathrm{d}x$$

显然，$a_1=E(X)$，$\mu_2=D(X)$.

(3) 若 $E(X^kY^l)(k,l=1,2,\cdots)$ 存在，称其为 X 和 Y 的 $k+l$ 阶混原点合矩.

(4) 若 $E([X-E(X)]^k\cdot[Y-E(Y)]^l)(k,l=1,2,\cdots)$ 存在，称其为 X 和 Y 的 $k+l$ 阶混合中心矩.

4.3.2 协方差及相关系数

对于二维随机变量 (X,Y)，除了讨论随机变量 X 和 Y 的数学期望和方差之外，还要了解 X 与 Y 之间相互关系的数字特征．若 X 与 Y 相互独立，则必有

$$E\{[X-E(X)][Y-E(Y)]\}=0$$

否则，X 与 Y 之间将有一定的关系.

定义 4.3.2　设 (X,Y) 为二维随机变量，若

$$E\{[X-E(X)][Y-E(Y)]\}$$

存在，则称它为随机变量 X 与 Y 的协方差，记为 $Cov(X,Y)$，即

$$Cov(X,Y)=E\{[X-E(X)][Y-E(Y)]\}$$

定义 4.3.3　当 $D(X)>0$，$D(Y)>0$ 时，称

$$\rho_{XY}=\frac{Cov(X,Y)}{\sqrt{D(X)}\sqrt{D(Y)}}$$

为随机变量 X 与 Y 的相关系数.

由定义可见，相关系数 ρ_{XY} 是一个无量纲的数，而协方差 $Cov(X,Y)$ 可以看做是随机变量函数 $Z=[X-E(X)][Y-E(Y)]$ 的数学期望，可得协方差的计算公式如下：

(1) 若(X,Y)是离散型随机变量，且具有联合分布律

$$p\{X = x_i, Y = y_j\} = p_{ij} \quad (i,j = 1,2,\cdots)$$

则

$$Cov(X,Y) = \sum_{i=1}^{\infty}\sum_{j=1}^{\infty}[x_i - E(X)][y_j - E(Y)]p_{ij}$$

(2) 若(X,Y)是连续型随机变量，且联合概率密度函数为$f(x,y)$，则

$$Cov(X,Y) = \int_{-\infty}^{+\infty}\int_{-\infty}^{+\infty}[x - E(X)][y - E(Y)]f(x,y)\mathrm{d}x\mathrm{d}y$$

性质 4.3.1 (1) $Cov(X,Y) = E(XY) - E(X)E(Y)$;

(2) $D(X \pm Y) = D(X) + D(Y) \pm 2Cov(X,Y)$;

(3) 当 X 与 Y 相互独立时，有 $D(X \pm Y) = D(X) + D(Y)$;

(4) 一般情况下，对于 n 个随机变量 $X_1, X_2, \cdots, X_n$，有

$$D(X_1 + X_2 + \cdots + X_n) = \sum_{i=1}^{n} D(X_i) + 2\sum_{1 \leqslant i < j \leqslant n} Cov(X_i, X_j)$$

例 4.3.1 已知二维随机变量(X,Y)的分布律如表 4.8 所示.

表 4.8

X \ Y	−2	0	1
−1	0.30	0.12	0.18
1	0.10	0.18	0.12

试求 X 与 Y 的协方差 $Cov(X,Y)$ 和相关系数 ρ_{XY}.

解 X 与 Y 的边缘分布律分别如表 4.9 与表 4.10 所示.

表 4.9

Y	−2	0	1
p_k	0.4	0.3	0.3

表 4.10

X	−1	1
p_k	0.6	0.4

所以

$$E(X) = -1 \times 0.6 + 1 \times 0.4 = -0.2$$

$$E(Y) = -2 \times 0.4 + 0 \times 0.3 + 1 \times 0.3 = -0.5$$

$$E(XY) = (-1) \times (-2) \times 0.3 + (-1) \times 0 \times 0.12 + 1 \times 1 \times 0.12 + (-1) \times 1 \times 0.18 + 1 \times (-2) \times 0.1 + 1 \times 0 \times 0.18 = 0.34$$

X 与 Y 的协方差为

$$Cov(X,Y) = E(XY) - E(X)E(Y) = 0.24$$

又

$$E(X^2) = (-1)^2 \times 0.6 + 1^2 \times 0.4 = 1$$

$$E(Y^2) = (-2)^2 \times 0.4 + 1^2 \times 0.3 + 0^2 \times 0.3 = 1.9$$

因此 X 与 Y 的方差分别为

$$D(X) = E(X^2) - [E(X)]^2 = 0.96$$

$$D(Y)=E(Y^2)-[E(Y)]^2=1.65$$

从而 X 与 Y 的相关系数为

$$\rho_{XY}=\frac{Cov(X,Y)}{\sqrt{D(X)}\sqrt{D(Y)}}=\frac{0.24}{\sqrt{0.96\times 1.65}}\approx 0.19$$

例 4.3.2　已知二维随机变量 (X,Y) 的联合概率密度函数为

$$f(x,y)=\begin{cases}\frac{1}{8}(x+y) & 0<x<2,0<y<2\\ 0 & \text{其他}\end{cases}$$

试求 X 与 Y 的协方差 $Cov(X,Y)$ 和相关系数 ρ_{XY}.

解　由随机变量函数的数学期望公式可得

$$E(X)=\int_{-\infty}^{+\infty}\int_{-\infty}^{+\infty}xf(x,y)\mathrm{d}x\mathrm{d}y=\int_0^2\int_0^2\frac{1}{8}x(x+y)\mathrm{d}x\mathrm{d}y=\frac{7}{6}$$

$$E(Y)=\int_{-\infty}^{+\infty}\int_{-\infty}^{+\infty}yf(x,y)\mathrm{d}x\mathrm{d}y=\int_0^2\int_0^2\frac{1}{8}y(x+y)\mathrm{d}x\mathrm{d}y=\frac{7}{6}$$

$$E(XY)=\int_{-\infty}^{+\infty}\int_{-\infty}^{+\infty}xyf(x,y)\mathrm{d}x\mathrm{d}y=\int_0^2\int_0^2\frac{1}{8}xy(x+y)\mathrm{d}x\mathrm{d}y=\frac{4}{3}$$

故 X 与 Y 的协方差为

$$Cov(X,Y)=E(XY)-E(X)E(Y)=\frac{4}{3}-\left(\frac{7}{6}\right)^2=-\frac{1}{36}$$

又因

$$E(X^2)=\int_0^2\int_0^2\frac{1}{8}x^2(x+y)\mathrm{d}x\mathrm{d}y=\frac{5}{3}$$

所以 X 的方差为

$$D(X)=E(X^2)-[E(X)]^2=\frac{5}{3}-\left(\frac{7}{6}\right)^2=\frac{11}{36}$$

同理可得 Y 的方差

$$D(Y)=\frac{11}{36}$$

从而

$$\rho_{XY}=\frac{Cov(X,Y)}{\sqrt{D(X)}\sqrt{D(Y)}}=-\frac{1}{11}$$

性质 4.3.2　(1) $Cov(X,Y)=Cov(Y,X)$;

(2) $Cov(aX,bY)=abCov(X,Y)$,其中 a,b 为常数;

(3) $Cov(X_1+X_2,Y)=Cov(X_1,Y)+Cov(X_2,Y)$;

(4) $Cov(X,X)=D(X)$.

性质 4.3.3　设若随机变量 X 与 Y 的相关系数存在,则

(1) $|\rho_{XY}|\leqslant 1$;

(2) $|\rho_{XY}|=1$ 的充要条件是:X 与 Y 具有线性关系的概率为 1,即

$$P\{Y=aX+b\}=1$$

其中 a,b 为常数.

证 (1) 对于任意实数 $a(a \neq 0)$,有

$$
\begin{aligned}
D(Y - aX) = & E[Y - aX - E(Y - aX)]^2 = \\
& E\{[Y - E(Y)] - a[X - E(X)]\}^2 = \\
& E[Y - E(Y)]^2 - 2aE[Y - E(Y)] \cdot \\
& [X - E(X)] + a^2E[X - E(X)]^2 = \\
& \sigma_{YY} - 2a\sigma_{XY} + a^2\sigma_{XX}
\end{aligned}
$$

令 $a = \dfrac{\sigma_{XY}}{\sigma_{XX}}$,则

$$
\begin{aligned}
D(Y - aX) = & \sigma_{YY} - 2\frac{\sigma_{XY}^2}{\sigma_{XX}} + \frac{\sigma_{XY}^2}{\sigma_{XX}} = \\
& \sigma_{YY}(1 - \frac{\sigma_{XY}^2}{\sigma_{XX}\sigma_{YY}}) = \\
& \sigma_{YY}(1 - \rho_{XY}^2)
\end{aligned}
$$

由方差的非负性,得

$$\sigma_{YY}(1 - \rho_{XY}^2) \geqslant 0, \rho_{XY}^2 \leqslant 1$$

所以 $|\rho_{XY}| \leqslant 1$.

(2) 在性质(1) 的证明过程中就可以看出 $|\rho_{XY}| = 1$ 的充要条件是

$$D(Y - aX) = 0$$

再由方差性质可知,$D(Y - aX) = 0$ 的充要条件是:存在常数 b,使

$$P\{Y - aX = b\} = 1$$

所以,$|\rho_{XY}| = 1$ 的充要条件是

$$P\{Y = aX + b\} = 1$$

由上述讨论可知:随机变量 X 和 Y 得相关系数 ρ_{XY} 是描述 X,Y 线性相关程度的一个量.当 X,Y 没有线性相关关系时,相关系数 $\rho_{XY} = 0$;相关程度越高,相关系数的绝对值 $|\rho_{XY}|$ 越接近于1;当 X,Y 有线性关系的概率为1时,则 $|\rho_{XY}| = 1$.

如果 X 与 Y 的相关系数 $|\rho_{XY}| = 0$,则称随机变量 X 与 Y 不相关.

随机变量“X 与 Y 相互独立” 和“X 与 Y 不相关” 这两个概念有如下关系:

如果 X 与 Y 相互独立,则 X 与 Y 一定不相关,反之未必成立.

4.4 大数定律

本节和下一节将介绍概率论中最重要的理论结果 —— 极限定理.在这些定理中,尤为重要的是被称为“大数定律” 和“中心极限定理”.通常把叙述在某些条件下,随机变量序列的算术平均值按某种意义收敛于某常数值的定理称为大数定律.中心极限定理则是关于确定在某些条件下,大量的随机变量之和的分布近似于正态分布的理论.

4.4.1　切比雪夫不等式

1. 依概率收敛

定义 4.4.1　设 $X_1, X_2, \cdots, X_n, \cdots$ 是一个随机变量序列，a 为一个常数，若对于任意给定的正数 ε，有 $\lim\limits_{n\to\infty} P\{|X_n - a| < \varepsilon\} = 1$，则称序列 $X_1, X_2, \cdots, X_n, \cdots$ 依概率收敛于 a，记为

$$X_n \xrightarrow{P} a \quad (n \to \infty)$$

定理 4.4.1　设 $X_n \xrightarrow{P} a, Y_n \xrightarrow{P} b$，又设函数 $g(x,y)$ 在点 (a,b) 连续，则

$$g(X_n, Y_n) \xrightarrow{P} g(a,b)$$

2. 切比雪夫不等式

定理 4.4.2　设随机变量 X 有期望 $E(X) = \mu$ 和方差 $D(X) = \sigma^2$，则对于任给 $\varepsilon > 0$，有

$$P\{|X - \mu| \geqslant \varepsilon\} \leqslant \frac{\sigma^2}{\varepsilon^2} \tag{4.11}$$

或

$$P\{|X - \mu| < \varepsilon\} \geqslant 1 - \frac{\sigma^2}{\varepsilon^2} \tag{4.12}$$

上述不等式称切比雪夫不等式.

证明　设 X 是一连续型随机变量，概率密度函数为 $f(x)$，则

$$P\{|X - \mu| \geqslant \varepsilon\} = \int_{|x-\mu|\geqslant\varepsilon} f(x)\mathrm{d}x \leqslant \int_{|x-\mu|\geqslant\varepsilon} \frac{|x-\mu|^2}{\varepsilon^2} f(x)\mathrm{d}x \leqslant$$
$$\frac{1}{\varepsilon^2}\int_{-\infty}^{+\infty} (x-\mu)^2 f(x)\mathrm{d}x = \frac{\sigma^2}{\varepsilon^2}$$

当 X 是离散型随机变量时，只需在上述证明中把概率密度换成分布律，把积分号换成和号即可以得到式(4.11).

由式(4.11)容易得式(4.12).

由切比雪夫不等式可以看出，若 σ^2 越小，则事件 $\{|X - E(X)| < \varepsilon\}$ 的概率越大，即随机变量 X 集中在数学期望附近的可能性越大. 由此可见方差刻划了随机变量取值的离散程度.

切比雪夫不等式给出了在随机变量 X 的分布未知情况下，利用 $E(X), D(X)$ 对 $|x - E(X)|$ 进行估计的一种方法. 例如，$X \sim N(\mu, \sigma^2)$，μ, σ^2 未知，由切比雪夫不等式可知

$$P\{|X - \mu| < 3\sigma\} \geqslant 1 - \frac{\sigma^2}{(3\sigma)^2} = 0.889$$

应当指出，切比雪夫不等式适用于最一般的情况，在理论上具有重大意义，但估计的精度不高.

4.4.2　大数定律

1. 切比雪夫大数定律

定理 4.4.3(切比雪夫大数定律)　设 $X_1, X_2, \cdots, X_n, \cdots$ 是相互独立的随机变量序列，

其数学期望和方差均存在,且存在常数 k,使 $D(X_i) \leqslant k, i = 1,2,\cdots$,则对任意 $\varepsilon > 0$,有

$$\lim_{n\to\infty} P\left\{\left|\frac{1}{n}\sum_{i=1}^{n} X_i - \frac{1}{n}\sum_{i=1}^{n} E(X_i)\right| < \varepsilon\right\} = 1$$

证明　由期望和方差的性质知

$$E\left(\frac{1}{n}\sum_{i=1}^{n} X_i\right) = \frac{1}{n}\sum_{i=1}^{n} E(X_i), D\left(\frac{1}{n}\sum_{i=1}^{n} X_i\right) = \frac{1}{n^2}\sum_{i=1}^{n} D(X_i) \leqslant \frac{1}{n^2}nk = \frac{k}{n}$$

由切比雪夫不等式,对任意的 $\varepsilon > 0$,有

$$P\left\{\left|\frac{1}{n}\sum_{i=1}^{n} X_i - \frac{1}{n}\sum_{i=1}^{n} E(X_i)\right| < \varepsilon\right\} \geqslant 1 - \frac{1}{\varepsilon^2}D\left(\frac{1}{n}\sum_{i=1}^{n} X_i\right) \geqslant 1 - \frac{k}{n\varepsilon^2}$$

所以

$$\lim_{n\to\infty} P\left\{\left|\frac{1}{n}\sum_{i=1}^{n} X_i - \frac{1}{n}\sum_{i=1}^{n} E(X_i)\right| < \varepsilon\right\} = 1$$

定理表明当 n 很大时,随机变量序列 $\{X_n\}$ 的算术平均值 $\frac{1}{n}\sum_{i=1}^{n} X_i$ 依概率收敛于其数学期望 $\frac{1}{n}\sum_{i=1}^{n} E(X_i)$.

2. 伯努利大数定律

定理 4.4.4(伯努利大数定律)　设 n_A 是 n 重伯努利试验中事件 A 发生的次数,p 是事件 A 在每次试验中发生的概率,则对任意的 $\varepsilon > 0$,有

$$\lim_{n\to\infty} P\left\{\left|\frac{n_A}{n} - p\right| < \varepsilon\right\} = 1 \tag{4.13}$$

或

$$\lim_{n\to\infty} P\left\{\left|\frac{n_A}{n} - p\right| \geqslant \varepsilon\right\} = 0 \tag{4.14}$$

证明　因为 $n_A \sim B(n,p)$,则有

$$n_A = X_1 + X_2 + \cdots + X_n$$

其中,$X_1, X_2, \cdots, X_n$,互相独立,且都服从以 p 为参数的 $(0-1)$ 分布.

因而　$$E(X_k) = p, D(X_k) = p(1-p) \quad (k = 1,2,\cdots,n)$$

$$E\left(\frac{n_A}{n}\right) = p, D\left(\frac{n_A}{n}\right) = \frac{1}{n^2}D(n_A) = \frac{p(1-p)}{n}$$

得

$$P\left\{\left|\frac{n_A}{n} - P\right| < \varepsilon\right\} = 1 - \frac{p(1-p)}{n\varepsilon^2}$$

即

$$\lim_{n\to\infty} P\left\{\left|\frac{n_A}{n} - p\right| < \varepsilon\right\} = 1$$

注　(1) 伯努利大数定律是定理4.4.3的推论的一种特例,它表明:当重复试验次数 n 充分大时,事件 A 发生的频率 $\frac{n_A}{n}$ 依概率收敛于事件 A 发生的概率 p. 定理以严格的数学形式表达了频率的稳定性. 在实际应用中,当试验次数很大时,便可以用事件发生的频率来近似代替事件的概率.

(2) 如果事件 A 的概率很小,则由伯努利大数定律知事件 A 发生的频率也是很小的,

或者说事件 A 很少发生.即“概率很小的随机事件在个别试验中几乎不会发生”,这一原理称为小概率事件原理,它的实际应用很广泛.但应注意到,小概率事件与不可能事件是有区别的.在多次试验中,小概率事件也可能发生.

3.辛钦大数定律

定理 4.4.5(辛钦大数定律)　设随机变量 $X_1, X_2, \cdots, X_n, \cdots$ 相互独立,服从同一分布,且具有数学期望 $E(X_i) = \mu(i = 1,2,\cdots)$,则对任意 $\varepsilon > 0$,有

$$\lim_{n\to\infty} P\left\{\left|\frac{1}{n}\sum_{i=1}^{n} X_i - \mu\right| < \varepsilon\right\} = 1 \tag{4.15}$$

证明略.

定理不要求随机变量的方差存在,伯努利大数定律是辛钦大数定律的特殊情况,辛钦大数定律为寻找随机变量的期望值提供了一条实际可行的途径.例如,要估计某地区的平均亩产量,可收割某些有代表性的地块,如 n 块,计算其平均亩产量,则当 n 较大时,可用它作为整个地区平均亩产量的一个估计.此类做法在实际应用中具有重要意义.

例 4.4.1　随机地掷4颗骰子,利用切比雪夫不等式估计4颗骰子出现的点数之和在10至18点之间的概率.

解　设 X_i 表示 $i(i = 1,2,3,4)$ 颗骰子出现的点数,X 表示4颗骰子的点数之和,显然(1) X_1, X_2, X_3, X_4 相互独立;(2) $X = X_1 + X_2 + X_3 + X_4$;(3) $P\{X_i = k\} = \frac{1}{6}(k = 1,2,3,4,5,6)$,于是

$$E(X_i) = \frac{1}{6}(1 + 2 + \cdots + 6) = \frac{7}{2}$$

$$D(X_i) = \frac{1}{6}(1^2 + 2^2 + \cdots + 6^2) - \left(\frac{7}{2}\right)^2 = \frac{35}{12}$$

$$E(X) = E(X_1 + X_2 + X_3 + X_4) = 14$$

$$D(X) = D(X_1 + X_2 + X_3 + X_4) = \frac{35}{3}$$

由切比雪夫不等式得

$$P\{10 < X < 18\} = P\{|X - 14| < 4\} \geqslant 1 - \frac{D(X)}{4^2} = 0.27$$

例 4.4.2　设在每次试验中,事件 A 发生的概率 $p = 0.25$.

(1) 进行300次重复独立试验,以 Z 记事件 A 发生的次数,用切比雪夫不等式估计 X 与 $E(X)$ 的偏差小于50的概率.

(2) 在1 000次试验中事件 A 发生的次数在200 ~ 300之间的概率是否为0.925?

解　(1) 由 $X \sim b(300,0.25)$,所以

$$E(X) = 300 \times 0.25 = 75, D(X) = 300 \times 0.25 \times (1 - 0.25) = 56.25$$

于是,所求的概率为

$$P\{|X - E(X)| < 50\} \geqslant 1 - \frac{D(X)}{50^2} \geqslant 1 - \frac{56.25}{50^2} = 0.977\ 5$$

(2) 由 $X \sim b(1\ 000,0.25)$,所以

$$E(X) = 1\,000 \times 0.25 = 250, D(X) = 1\,000 \times 0.25 \times (1 - 0.25) = 187.5$$

于是

$$P\{200 < X < 300\} = P\{|X - 250| < 50\} \geqslant 1 - \frac{D(X)}{50^2} = 0.925$$

即可以确信在 1 000 次试验中,事件 A 发生的次数在 200 ~ 300 之间的概率为 0.925.

4.5 中心极限定理

在随机变量的一切可能分布中,正态分布占有特殊的重要地位.实际中有许多随机变量,它们是大量的相互独立的随机因素的综合影响所形成的,而其中每一个别因素在总的影响中所起的作用都是微小的,这样的随机变量往往近似服从正态分布.这种现象就是中心极限定理的客观背景.本节将介绍几个常用的中心极限定理.

定理 4.5.1(独立同分布的中心极限定理) 设随机变量序列 $X_1, X_2, \cdots, X_n$ 相互独立且服从同一分布,它们具有相同的数学期望和方差

$$E(X_i) = \mu, D(X_i) = \sigma^2 > 0$$

其中 $i = 1,2,3,\cdots$,则

$$Y_n = \frac{\sum_{i=1}^{n} X_i - E\left(\sum_{i=1}^{n} X_i\right)}{\sqrt{D\left(\sum_{i=1}^{n} X_i\right)}} = \frac{\sum_{i=1}^{n} X_i - n\mu}{\sqrt{n}\sigma}$$

的分布函数 $F_n(x)$ 对任意 x 满足

$$\lim_{n\to\infty} F_n(x) = \lim_{n\to\infty} P\{Y_n \leqslant x\} = \lim_{n\to\infty} P\left\{\frac{\sum_{i=1}^{n} X_i - n\mu}{\sqrt{n}\sigma} \leqslant x\right\} = \int_{-\infty}^{x} \frac{1}{\sqrt{2\pi}} e^{-\frac{t^2}{2}} dt = \Phi(x)$$

证明略.

独立同分布的中心极限定理表明,如果一个随机变量可以表示成数量很多的相互独立、相同分布的随机变量的和,则该随机变量将近似服从正态分布,对其标准化后便近似服从标准正态分布.以下定理是定理 4.5.1 的特殊情形.

定理 4.5.2(棣莫弗 - 拉普拉斯中心极限定理) 设 $Y_n \sim B(n,p)$,则对于任意实数 x,有

$$\lim_{n\to\infty} P\left\{\frac{Y_n - np}{\sqrt{np(1-p)}} \leqslant x\right\} = \int_{-\infty}^{x} \frac{1}{\sqrt{2\pi}} e^{-\frac{t^2}{2}} dt = \Phi(x)$$

其中 $\Phi(x)$ 为标准正态分布的分布函数.

证 由于 Y_n 可看成是 n 个相互独立且服从同一(0 - 1)分布的随机变量 $X_1, X_2, \cdots, X_n$ 之和,即有

$$Y_n = \sum_{i=1}^{n} X_i$$

且 $E(X_i)=p, D(X_i)=p(1-p), i=1,2,\cdots,n$，由定理4.5.1便得

$$\lim_{n\to\infty}P\left\{\frac{Y_n-np}{\sqrt{np(1-p)}}\leqslant x\right\}=\lim_{n\to\infty}P\left\{\frac{Y_n-E(\sum\limits_{i=1}^{n}X_i)}{\sqrt{D(\sum\limits_{i=1}^{n}X_i)}}\leqslant x\right\}=\Phi(x)$$

这个定理表明，二项式分布的极限分布是正态分布，当 n 很大时，便可以利用定理4.5.2来近似计算二项式分布的概率.

例4.5.1　一个加法器可同时收到20个噪声电压 $V_k(k=1,2,\cdots,20)$，设它们是相互独立的随机变量，且都在 $(0,10)$ 上服从均匀分布，记 $V=\sum\limits_{k=1}^{20}V_k$，求 $P\{V\geqslant 105\}$ 的近似值.

解
$$E(V_k)=5, D(V_k)=\frac{100}{12}\quad(i=1,2,\cdots,20)$$

随机变量

$$z=\frac{\sum\limits_{k=1}^{20}V_k-20\times 5}{\sqrt{\frac{100}{12}}\sqrt{20}}=\frac{V-20\times 5}{\sqrt{\frac{100}{12}}\sqrt{20}}$$

近似服从正态分布 $N(0,1)$，于是

$$P\{V\geqslant 105\}=P\left\{\frac{V-20\times 5}{\sqrt{\frac{100}{12}}\sqrt{20}}\geqslant\frac{105-20\times 5}{\sqrt{\frac{100}{12}}\sqrt{20}}\right\}=$$

$$P\left\{\frac{V-100}{\frac{10}{\sqrt{12}}\sqrt{20}}>0.387\right\}=$$

$$1-P\left\{\frac{V-100}{\frac{10}{\sqrt{12}}\sqrt{20}}\leqslant 0.387\right\}\approx$$

$$1-\int_{-\infty}^{0.387}\frac{1}{\sqrt{2\pi}}e^{\frac{-t^2}{2}}dt=1-\Phi(0.387)=0.348$$

即有 $p\{V\geqslant 105\}\approx 0.348$.

例4.5.2　某工厂有200台同类型的机器，每台机器工作时需要50 kW的电力.由于功率的原因，每台机器的开工率为0.75，各台机器是否工作是相互独立的.问：

(1) 在任一时刻，恰有144 ~ 160台机器正在工作的概率为多少？

(2) 在任一时刻，需要至少供应多少电力才能保证“因电力不足而使一些机器停工”的概率小于0.01？

解　设 X 表示任一时刻正在工作的机器台数，则 $X\sim B(200,0.75)$ 则

(1) 由定理4.5.2得所求的概率为

$P\{144\leqslant X\leqslant 160\}=$

$$P\left\{\frac{144-200\times 0.75}{\sqrt{200\times 0.75\times 0.25}}\leqslant\frac{X-200\times 0.75}{\sqrt{200\times 0.75\times 0.25}}\leqslant\frac{160-200\times 0.75}{\sqrt{200\times 0.75\times 0.25}}\right\}\approx$$

$$\Phi\left(\frac{160-200\times0.75}{\sqrt{200\times0.75\times0.25}}\right)-\Phi\left(\frac{144-200\times0.75}{\sqrt{200\times0.75\times0.25}}\right)=$$

$$\Phi(1.36)-\Phi(-0.98)=0.784\,9$$

(2) 设需要至少供应 $50m$ kW 的电力,依题意则有 $p\{X>m\}<0.01$.即 $P\{0\leqslant X\leqslant m\}\geqslant0.99$.由定理 4.5.2 得

$$\Phi\left(\frac{m-200\times0.75}{\sqrt{200\times0.75\times0.25}}\right)-\Phi\left(\frac{0-200\times0.75}{\sqrt{200\times0.75\times0.25}}\right)\geqslant0.99$$

从而有

$$\frac{m-200\times0.75}{\sqrt{200\times0.75\times0.25}}\geqslant2.33$$

由此得 $m\geqslant164.3$,取 $m=165$.所以需至少供应 $165\times50=8\,250$ kW 的电力.

例 4.5.3 在次品率为 0.03 的一大批产品中,任意抽取 1 000 件产品.

(1) 利用切比雪夫不等式估计抽取的产品中次品件数在 20 ~ 40 之间的概率;

(2) 利用中心极限定理计算抽取的产品中次品件数在 20 ~ 40 之间的概率.

解 设 X 为 1 000 件产品中次品的件数,则

$$X\sim B(1\,000,0.03),E(X)=30,D(X)=29.1$$

(1) 由切比雪夫不等式

$$P\{|X-E(X)|<\varepsilon\}\geqslant1-\frac{D(X)}{\varepsilon^2}$$

取 $\varepsilon=10,\mu=E(X)=30,\sigma^2=D(X)=29.1$,则

$$P(20<X<40)=P(|X-\mu|<\varepsilon)\geqslant1-\frac{\sigma^2}{\varepsilon^2}=1-0.291=0.709$$

(2) 由中心极限定理

$$P(20<X<40)=P\left(\frac{20-30}{\sqrt{29.1}}<\frac{X-30}{\sqrt{29.1}}<\frac{40-30}{\sqrt{29.1}}\right)=$$

$$2\Phi(1.85)-1=0.935\,6$$

习题四

一、填空题

1. 已知 $X\sim N(-2,0.4^2)$,则 $E(X+3)^2=$ ________.

2. 设 $X\sim N(10,0.6)$,$Y\sim N(1,2)$,且 X 与 Y 相互独立,则 $D(3X-Y)=$ ________.

3. 设 X 的概率密度为 $f(x)=\frac{1}{\sqrt{\pi}}e^{-x^2}$,则 $D(X)=$ ________.

4. 设随机变量 X_1,X_2,X_3 相互独立,其中 X_1 在 $[0,6]$ 上服从均匀分布,X_2 服从正态分布 $N(0,2^2)$,X_3 服从参数为 $\lambda=3$ 的泊松分布,记 $Y=X_1-2X_2+3X_3$,则 $D(Y)=$ ________.

5. 设 $D(X)=25,D(Y)=36,\rho_{xy}=0.4$,则 $D(X+Y)=$ ________.

6. 设 X 是掷一颗骰子出现的点数，$E(X)=\frac{7}{2}$，$D(X)=\frac{35}{12}$，根据切比雪夫不等式填空 $P\left\{\left|X-\frac{7}{2}\right|\geq 2\right\}<$ ________.

7. 设 $X_1,X_2,\cdots,X_n,\cdots$ 是独立同分布的随机变量序列，且均值为 μ，方差为 σ^2，那么当 n 充分大时，近似有 $\overline{X}$ ________ 或 $\sqrt{n}\,\frac{\overline{X}-\mu}{\sigma}$ ________. 特别地，当同为正态分布时，对于任意的 n，都精确有 $\overline{X}$ 或 $\sqrt{n}\,\frac{\overline{X}-\mu}{\sigma}$ ________.

8. 设 $X_1,X_2,\cdots,X_n,\cdots$ 是独立同分布的随机变量序列，且 $EX_i=\mu$，$DX_i=\sigma^2(i=1,2,\cdots)$，那么 $\frac{1}{n}\sum_{i=1}^{n}X_i^2$ 依概率收敛于________.

9. 设随机变量 X 的数学期望 $E(X)=75$，方差 $D(X)=5$，用切比雪夫不等式估计得 $P\{|X-75|\geq k\}\leq 0.05$，则 $k=$ ________.

二、选择题

1. 掷一颗均匀的骰子 600 次，那么出现"一点"次数的均值为________.

(A)50　　(B)100　　(C)120　　(D)150

2. 设 X_1,X_2,X_3 相互独立，同服从参数 $\lambda=3$ 的泊松分布，令 $Y=\frac{1}{3}(X_1+X_2+X_3)$，则 $E(Y^2)=$ ________.

(A)1　　(B)9　　(C)10　　(D)6

3. 对于任意两个随机变量 X 和 Y，若 $E(XY)=E(X)E(Y)$，则________.

(A) $D(XY)=D(X)D(Y)$　　(B) $D(X+Y)=D(X)+D(Y)$

(C) X 和 Y 独立　　(D) X 和 Y 不独立

4. 设 $X\sim P(\lambda)$ 且 $E[(X-1)(X-2)]=1$，则 $\lambda=$ ________.

(A)1　　(B)2　　(C)3　　(D)0

5. 设随机变量 X 和 Y 的方差存在且不等于 0，则 $D(X+Y)=D(X)+D(Y)$ 是 X 和 Y 的________.

(A) 不相关的充分条件，但不是必要条件

(B) 独立的必要条件，但不是充分条件

(C) 不相关的充分必要条件

(D) 独立的充分必要条件

三、计算题

1. 设随机变量 X 的概率分布如表 4.11 所示.

表 4.11

X	-1	0	1
P	0.3	0.4	0.3

求 $E(X)$，$E(X^2)$，$D(X)$.

2. 设甲、乙两台机床同时加工某种型号的零件，每生产 100 件出次品的概率分布为如

表 4.12 与表 4.13 所示.

表 4.12　甲机床次品数

X	0	1	2	3
P	0.7	0.2	0.06	0.04

表 4.13　乙机床次品数

Y	0	1	2	3
P	0.8	0.06	0.04	0.10

问哪一台机床加工质量较好.

3. 设某批产品共有 20 件,其中 4 件为次品,其余为合格品,从这批产品中任取 3 件,求这 3 件中所取次品个数 X 的数学期望和方差.

4. 设 X 服从区间$[-2,2]$上的均匀分布,求 $E(X)$ 及 $D(X)$.

5. 设随机变量 X 服从泊松分布,求 $E(X)$ 和 $D(X)$.

6. 设随机变量 X 的密度函数为

$$f(x)=\begin{cases}\dfrac{1}{\pi\sqrt{1-x^2}} & |x|<1\\ 0 & |x|\geqslant 1\end{cases}$$

求 X 的数学期望、方差和标准差.

7. 设随机变量 X 的密度函数为

$$f(x)=\begin{cases}1+x & -1\leqslant x\leqslant 0\\ 1-x & 0\leqslant x\leqslant 1\\ 0 & 其他\end{cases}$$

求 $E(X)$ 和 $D(X)$.

8. 已知随机变量 $X\sim B(n,p)$,且 $E(X)=12, D(X)=8$,求 n,p.

9. 已知 $X\sim N(1,2), Y\sim N(2,4)$,且 X 与 Y 相互独立,求:

(1)$E(X+2Y+1)$;

(2)$D(2X-3Y)$.

10. 盒中有 7 个球,其中 4 个白球,3 个黑球,从中任抽 3 个球,求抽到白球数 X 的数学期望 $E(X)$ 和方差 $D(X)$.

11. 公共汽车起点站于每小时的 10 分,30 分,55 分发车,该顾客不知发车时间,在每小时内的任一时刻随机到达车站,求乘客候车时间的数学期望(准确到秒).

12. 设排球队 A 与 B 比赛,若有一队胜 4 场,则比赛宣告结束,假设 A,B 在每场比赛中获胜的概率均为 $\dfrac{1}{2}$,试求平均需比赛几场才能分出胜负?

13. 一袋中有 n 张卡片,分别记为 $1,2,\cdots,n$,从中有放回地抽取出 k 张来,以 X 表示所得号码之和,求 $E(X),D(X)$.

14. 设二维连续型随机变量(X,Y)的联合概率密度为

$$f(x,y)=\begin{cases}k & 0<x<1,0<y<x\\ 0 & 其他\end{cases}$$

求:(1) 常数 k;(2)$E(XY)$ 及 $D(XY)$.

15.设某种商品每周的需求量 X(单位:t) 是随机变量,X 服从区间[10,30] 上的均匀分布,每销售一吨商品可获利 500 元;若供大于求,则削价处理,每销售一吨商品降低 100 元;若供不应求,则需调剂,每销售一吨商品可多获利 300 元.为使商品所获利润期望值不少于 9 280 元,试确定最小进货量.

16.随机地掷6颗骰子,利用切比雪夫不等式估计6颗骰子的点数之和在15 ~ 27点之间的概率.

17.设供电网有 1 000 盏电灯,夜晚每盏电灯开灯的概率均为 0.7,并且彼此开闭与否相互独立,试用切比雪夫不等式和中心极限定理分别估算夜晚同时开灯数在680 ~ 720之间的概率.

18.一系统是由 n 个相互独立起作用的部件组成,每个部件正常工作的概率为0.9,且必须至少有 80% 的部件正常工作,系统才能正常工作,问 n 至少为多大时,才能使系统正常工作的概率不低于 0.95?

19.甲、乙两电影院在竞争 1 000 名观众,假设每位观众在选择时随机的,且彼此相互独立,问甲至少应设多少个座位,才能使观众因无座位而离去的概率小于 1%.

20.在天平上重复称量一重为 a 的物品,假设各次称量结果相互独立且同服从正态分布 $N(a,0.2^2)$,若以 $\overline{X}_n$ 表示n次称量结果的算术平均值,为使 $P(|\overline{X}_n - a| < 0.1) \geqslant 0.95$ 成立,求 n 的最小值应不小于的自然数?

21.对于一个学校而言,来参加家长会的家长人数是一个随机变量,设一个学生无家长,1 名家长,2 名家长来参加会议的概率分别 0.05,0.8,0.15.若学校共有 400 名学生,设各学生参加会议的家长数相互独立,且服从同一分布.

(1) 求参加会议的家长数 X 超过 450 的概率;

(2) 求有 1 名家长来参加会议的学生数不多于 340 的概率.

22.某保险公司多年的统计资料表明:在索赔户中被盗索赔户占 20%,以 X 表示在随意抽查的 100 个索赔户中因被盗向保险公司索赔的户数.

(1) 写出 X 的概率分布.

(2) 利用中心极限定理求被盗索赔户不少于 14 户,且不多于 30 户的概率.

23.有一批建筑房屋用的木柱,其中 80% 的长度不小于 3 m.现从这批木柱中随机地取出 100 根,问其中至少有 30 根短于 3 m 的概率是多少?

四、证明题

1.设随机变量 X 的概率密度为$f(x) = \frac{1}{2}e^{-|x|}(-\infty < x < +\infty)$.证明:

(1)$E(X) = 0, D(X) = 2$;

(2)X 与 $|X|$ 不相互独立;

(3)X 与 $|X|$ 的协方差为零,X 与 $|X|$ 不相关.

第5章 数理统计的概念与参数估计

前面的第1章至第4章是对概率论基本理论的介绍，从本章开始将介绍数理统计的基本内容，即以概率论为基础，根据对随机现象进行多次观察与实验所得的数据进行分析处理，从而对其客观规律给出科学的估计与推断．数理统计包括的内容十分丰富，应用领域相当广泛，本书只介绍其中的参数估计，假设检验，方差分析，回归分析等内容．

本章介绍数理统计的基本概念与参数估计．

5.1 数理统计的基本概念

5.1.1 数理统计的基本问题

数理统计和概率论的研究对象虽然都是随机现象的统计规律性，但它们的研究方法却大不相同，概率论是将随机事件出现的频率抽象为概率，在此基础上建立了随机变量概率分布的基本理论．而数理统计则是直接从随机现象的观测值出发来研究其客观规律性．因此数理统计是一门关于数据资料的收集、整理、分析和推断的科学．但它又是不同于一般的资料统计，而更侧重于怎样设计实验，采集数据，应用随机现象本身的规律性，根据所取得的有限资料对所研究的随机现象总体的统计规律性进行科学的分析，从而作出精确可靠的推断．

数理统计的核心是统计推断．它所讨论的基本问题：一类是怎样根据所得到的有限资料对研究对象（如未知参数及未知参数的概率分布）的客观规律性作出一定精确程度的估计与推断，并将研究的某些结果加以归纳整理，逐步形成一定的数学模型，从而推断整体的规律性．另一类是对未知参数和概率分布的假设检验，从而确定上述推断的可靠程度．

数理统计的方法，主要是利用随机现象本身的规律来考察资料的收集、整理和分析．从中找出相应的随机变量的分布律和数字特征．由于大量的随机试验必然显示出它的规律性，因此从理论上讲，只要对随机现象进行足够多次的观察，一定可找出被研究的随机现象的规律．但在实际中所能做到的观察只能是有限的，因此在数理统计中，我们只能抽取被研究对象全体中的一部分进行观测，并通过观测所得到的观测值，对全体进行推断．这就是数理统计的基本思想，也是我们这一章所讲述的主要内容．

5.1.2 总体　样本　直方图

1. 总体与样本

如果我们来考察某工厂生产的电子元件的平均寿命,就要对每个元件进行测试,由于测试是具有破坏性的,因而只能抽取所有产品中一小部分来测试.再根据所得的部分电子元件寿命的数据来推断所有产品的平均寿命.在数理统计中,我们把所研究对象的全体称为总体.而把组成总体的每个单元称为个体.如该工厂生产的所有电子元件的寿命就是一个总体,而每个电子元件的寿命为一个个体.代表总体的指标是一个随机变量,设为 X.为方便起见,今后将总体和随机变量 X 等同起来,即总体是指某个随机变量 X 可能取值的全体.根据总体所含的个体多少,可把总体分成有限总体与无限总体.

由于总体的性质是由总体中的各个个体的性质决定的,因此在观测总体时,如果能够对总体中的每个个体进行观测,即全面观测,所得的结果是最理想的,但实际中这是不可能的.这样我们就需要从总体中抽出 n 个个体进行观测,然后根据这 n 个个体的性质来推断总体的性质,即抽样统计.我们把被取出的 n 个个体的集合称为总体的一个样本,n 称为样本容量.

从总体 X 中,随机地抽取 n 个个体,构成了一个容量为 n 的样本.为使样本具有充分的代表性,抽样必须是随机的,即应使总体的每一个个体都有相等的机会被抽取.同时还要求抽样必须是独立的,即各个个体的抽取互不受影响.这样抽样的方法叫做简单随机抽样.得到的样本叫做简单随机样本.今后凡是提到抽样及样本都是指简单随机抽样及简单随机样本.

从总体中抽取容量为 n 的样本,就是对代表总体的随机变量 X 随机地,独立地进行 n 次试验,每一次试验的结果都得到 X 的一个个体的观测值 X_i.因此,在总体 X 中抽取的个体也是随机变量,分别记作 $X_1,X_2,X_3,\cdots,X_n$,把这 n 个随机变量看作一个整体,则样本就是一个 n 维随机变量,记作$(X_1,X_2,X_3,\cdots,X_n)$.在一次抽样后,$(X_1,X_2,X_3,\cdots,X_n)$ 就有了一组观测值,记作$(x_1,x_2,\cdots,x_n)$,称为样本观测值,今后也把样本观测值称为样本.显然,对于来自总体 X 的一个样本$(X_1,X_2,X_3,\cdots,X_n)$ 就是一组相互独立且与总体 X 具有相同分布的随机变量.此时,样本分布与总体分布的联系(即联合分布)为 $F^*(x_1,x_2,\cdots,x_n)=\prod\limits_{i=1}^{n}F(x_i)(-\infty<x_1,\cdots,x_n<+\infty)$,其中 F^* 是样本分布函数,F 是总体分布函数.

特别地,若总体 X 为连续型的,其概率密度为 $f(x)$,则样本的联合概率密度为 $f^*(x_1,x_2,\cdots x_n)=\prod\limits_{i=1}^{n}f(x_i)(-\infty<x_1,x_2\cdots,x_n<+\infty)$.

若总体 X 为离散型的,其分布律为 $P\{X=x_i\}=p_i(i=1,2,\cdots)$,则样本的联合分布律为

$$P\{X_1=x_1,X_2=x_2,\cdots,X_n=x_n\}=\prod_{k=1}^{n}P\{X_k=x_k\}\quad(k=1,2,\cdots)$$

例 5.1.1　设总体 X 表示某工厂生产的一批电灯泡的寿命(h),今对 X 观察 10 次,即随机抽取 10 个灯泡做寿命试验.试验之前,10 只灯泡的寿命依次记为 $X_1,X_2,\cdots,X_{10}$,便是

一个容量为10的样本;试验之后,10只灯泡的寿命便是一组数据,依次记为 $x_1,x_2,\cdots,x_{10}$,比如数组1 100　1 200　2 000　1 500　1 233　1 245　2 300　1 500　1 200　1 678便是一个样本值.

例 5.1.2　对下列总体分别求出样本的联合分布:

(1) $X \sim B(1,p)$;

(2) $X \sim N(\mu,\delta^2)$.

解　(1) 设总体 X 的样本为 $X_1,X_2,X_3,\cdots,X_n$.总体 X 的分布律为

$$P\{X = x\} = p^x(1-p)^{1-x} \quad (x = 0,1)$$

所以样本的联合分布律为

$$P\{X_1 = x_1,X_2 = x_2,\cdots,X_n = x_n\} = \prod_{k=1}^{n} P\{X_k = x_k\} =$$

$$p^{\sum\limits_{k=1}^{n}x_k}(1-p)^{n-\sum\limits_{k=1}^{n}x_k} \quad (x_k = 0,1)$$

(2) 总体 X 的概率密度为

$$f(x) = \frac{1}{\sqrt{2\pi}\delta}e^{-\frac{(x-\mu)^2}{2\delta^2}} \quad (-\infty < x < +\infty)$$

所以样本的联合概率密度为

$$f^*(x_1,x_2,\cdots x_n) = \prod_{i=1}^{n} f(x_i) = (2\pi\delta^2)^{-\frac{n}{2}}e^{-\frac{1}{2\delta^2}\sum\limits_{i=1}^{n}(x_i-\mu)^2} \quad (-\infty < x_1,x_2\cdots,x_n < +\infty)$$

2. 直方图

为了研究随机变量,利用实际观测所得到得数据推断总体的性质,首先要收集原始数据,并对这些随机抽样所得到的数据加以整理.直方图就是在统计数据的收集和整理的基础上作出的能体现随机变量概率分布情况的图形.

下面我们举例说明直方图的作法.

例 5.1.3　为了了解中学生的身体发育情况,对某中学同年龄的60名女学生的身高 X 进行了测量,结果如下(单位:cm):

167	154	159	166	169	159	156	166	162	158	159	156
166	160	164	160	157	156	157	161	158	158	153	158
164	158	163	158	153	157	162	162	159	154	165	166
157	151	146	151	158	160	165	158	163	163	162	161
154	165	162	162	159	157	159	149	164	168	159	153

根据以上数据,求 X 的近似分布.

解　通过做样本的频率直方图来近似的描述 X 的概率分布,把观测数据分组整理,作出频率分布表,可按下列步骤进行.

(1) 计算极差

找出数据中最小值 $m = 146$,最大值 $M = 169$,极差为 $M - m = 169 - 146 = 23$(cm).

(2) 数据分组

根据样本容量 n 的大小,决定分组数 k,一般

$$30 \leqslant n \leqslant 40, 5 \leqslant k \leqslant 6$$

$$40 \leqslant n \leqslant 60, 6 \leqslant k \leqslant 8$$
$$60 \leqslant n \leqslant 100, 8 \leqslant k \leqslant 10$$
$$100 \leqslant n \leqslant 500, 10 \leqslant k \leqslant 20$$

本题共 60 个数据，可取 $k = 8$ 计算组距，即每小组两个端点之间的距离

$$\frac{M - m}{k} = \frac{169 - 146}{8} = 2.875 \approx 3$$

决定分组点，取 $a = 145.5, b = 169.5(a \leqslant m, b \geqslant M)$ 分组如下

$$145.5 \sim 148.5, 148.5 \sim 151.5, 151.5 \sim 154.5, 154.5 \sim 157.5$$
$$157.5 \sim 160.5, 160.5 \sim 163.5, 163.5 \sim 166.5, 166.5 \sim 169.5$$

这种方法叫等距分组，也可不等距分组.

(3) 列出频率分布表

对落在各个小组中的数据进行累计，如表 5.1 所示.

表 5.1

组序	区间范围	频数	频率 $\omega_j = f_j/n$	累计频率
1	145.5 ~ 148.5	1	0.017	0.017
2	148.5 ~ 151.5	3	0.050	0.067
3	151.5 ~ 154.5	6	0.100	0.167
4	154.5 ~ 157.5	8	0.133	0.300
5	157.5 ~ 160.5	18	0.300	0.600
6	160.5 ~ 163.5	16	0.183	0.783
7	163.5 ~ 166.5	10	0.167	0.950
8	166.5 ~ 169.5	3	0.050	1.000
合计		60	1.000	

(4) 作频率直方图

在以样本值为横坐标，频率 / 组距为纵坐标的直角坐标系中，以分组区间为底，以 $Y_j = \dfrac{W_j}{X_{j+1} - X_j} = \dfrac{W_j}{3}$ 为高作出一系列矩形，即频率直方图，如图 5.1 所示.

在直方图中，小长方形的面积

$$S_j = \frac{W_j}{x_{j+1} - x_j}(x_{j+1} - x_j) = W_j$$

因此，所有小矩形的面积之和等于频率总和，即等于 1. 因为概率近似地可用频率代替，所以频率直方图是用小矩形面积的大小反映本数据落在各个区间内可能性的大小. 因此，它可用来近似的描述随机变量 X 的概率分布. 把样本的频率分布表或频率分布直方图所表示的分布叫做样本分部或频率分布，也叫经验分布，而总体分布叫做理论分布.

同样也可以作出积累频率直方图(图 5.2)，如果分别通过频率直方图和累积频率直方图中各矩形顶边画一条光滑曲线，则可得连续随机变量的概率密度曲线和分布函数曲线的近似曲线.

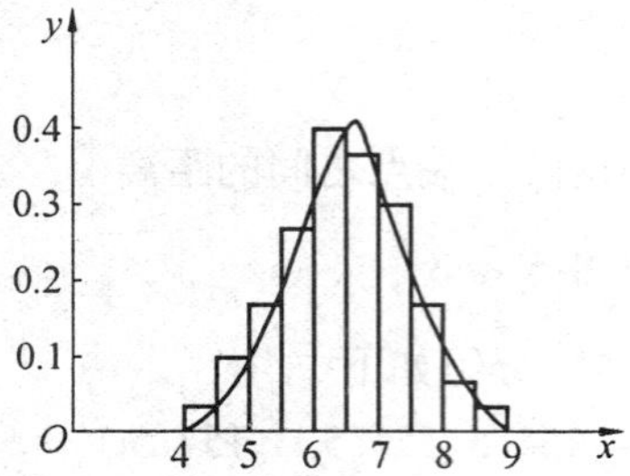

图 5.1

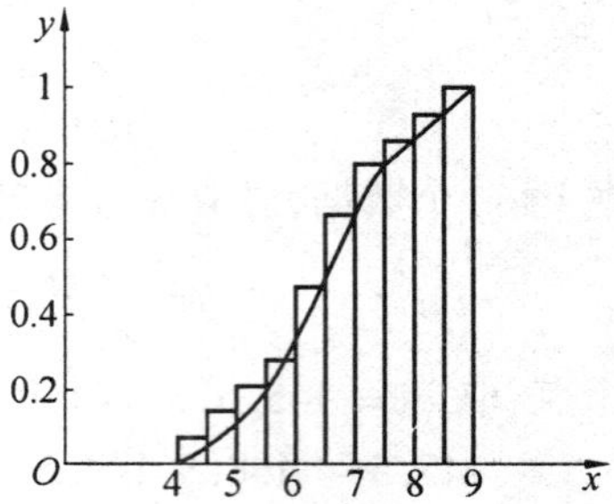

图 5.2

5.1.3 统计量与统计量分布

1. 统计量

在抽取样本之后，我们并不是直接利用样本进行推断，而需对样本进行一番"加工"和"整理"，把我们所需要的信息集中起来，针对不同的问题构造出样本的某种函数，这种函数在统计中称为统计量.

定义 5.1.1 设 $X_1,X_2,\cdots,X_n$ 为总体 X 的一个样本，$g(X_1,X_2,\cdots,X_n)$ 是连续函数，且 g 中不含任何未知参数，则称 $g(X_1,X_2,\cdots,X_n)$ 是一个统计量. 设 $x_1,x_2,\cdots,x_n$ 是样本 $X_1,X_2,\cdots,X_n$ 的样本值，则称 $g(x_1,x_2,\cdots,x_n)$ 是 $g(X_1,X_2,\cdots,X_n)$ 的观察值.

统计量一般是样本的连续函数，由于样本是随机变量，即统计量也是随机变量.

例 5.1.4 设$(X_1,X_2,\cdots,X_n)$是取自正态分布 $N(\mu,\sigma^2)$ 的一个样本，其中 μ 未知，σ^2 已知，问下列哪些是统计量：

(1) $\frac{1}{n}\sum_{i=1}^{n}X_i$；

(2) $\frac{1}{\sigma^2}\sum_{i=1}^{4}(X_i-\overline{X})^2$，其中 $\overline{X}=\frac{1}{4}(X_1+X_2+X_3+X_4)$；

(3) $\sum_{i=1}^{4}X_i^2$；

(4) $\sum_{i=1}^{4}(X_i-\mu)^2$；

(5) $\max\{X_1,X_2,X_3,X_4\}$.

解 (1),(2),(3),(5) 都是统计量，(4) 不是统计量，因为它包含了 $N(\mu,\sigma^2)$ 的未知参数 μ，而(2) 中的参数 σ^2 为已知的.

下面介绍几个常用的统计量.

设$(X_1,X_2,\cdots,X_n)$是取自总体 X 的一个样本，$(x_1,x_2,\cdots,x_n)$是样本的一组观测值.

(1) 样本均值

$$\overline{X}=\frac{1}{n}\sum_{i=1}^{n}X_i \tag{5.1}$$

它反映了样本值分布的平均状态，代表样本取值的平均水平，通常用它来估计总体的数学期望.

(2) 样本方差

$$S^2 = \frac{1}{n-1}\sum_{i=1}^{n}(X_i - \overline{X})^2 \tag{5.2}$$

S^2 又称为修正样本方差,它反映了样本与样本平均值的离散状态,S^2 越大,说明数据越分散;S^2 越小,说明数据越集中,我们通常用 S^2 来估计总体的方差.

(3) 样本标准差

$$S = \sqrt{\frac{1}{n-1}\sum_{i=1}^{n}(X_i - \overline{X})^2} \tag{5.3}$$

(4) 样本 k 阶矩

$$A_k = \frac{1}{n}\sum_{i=1}^{n}X_i^k \quad (k = 1,2,\cdots) \tag{5.4}$$

当 $k = 1$ 时,就是样本均值.

(5) 样本 k 阶中心矩

$$B_k = \frac{1}{n}\sum_{i=1}^{n}(X_i - \overline{X})^k \quad (k = 1,2,\cdots) \tag{5.5}$$

当 $k = 2$ 时,$S^{*2} = \mu_2 = \frac{1}{n}\sum_{i=1}^{n}(X_i - \overline{X})^2$ 称为未修正样本方差.在实际应用中,一般采用式(5.3) 作为样本的方差,因为 S^2 比 S^{*2} 更精确些,且有

$$S^2 = \frac{n}{n-1}S^{*2}$$

它们的观察值分别为

$$\overline{x} = \frac{1}{n}\sum_{i=1}^{n}x_i;\ s^2 = \frac{1}{n-1}\sum_{i=1}^{n}(x_i - \overline{x})^2;\ s = \sqrt{\frac{1}{n-1}\sum_{i=1}^{n}(x_i - \overline{x})^2}$$

$$a_k = \frac{1}{n}\sum_{i=1}^{n}x_i^k,\ b_k = \frac{1}{n}\sum_{i=1}^{n}(x_i - \overline{x})^2 \quad (k = 1,2,\cdots)$$

这些观察值仍分别称为样本均值、样本方差、样本标准差、样本 k 阶矩、样本 k 阶中心矩.

例5.1.5　从总体中抽取容量为5的样本,测得样本值为32.5,31.8,32.0,33.2,32.9,求样本的均值与方差.

解

$$\overline{X} = \frac{1}{5}(32.5 + 31.8 + 32.0 + 33.2 + 32.9) = 32.48$$

$$S^2 = \frac{1}{4}[(32.5 - 32.48)^2 + (31.8 - 32.48)^2 + (32.0 - 32.48)^2 + (33.2 - 32.48)^2 + (32.9 - 32.48)^2] = 0.347\ 6$$

公式(5.2) 可化为公式

$$S^2 = \frac{1}{n-1}\left(\sum_{i=1}^{n}X_i^2 - n\overline{X}^2\right) \tag{5.6}$$

下面给出此式的证明.

$$S^2 = \frac{1}{n-1}\sum_{i=1}^{n}(X_i - \overline{X})^2 = \frac{1}{n-1}\sum_{i=1}^{n}(X_i^2 - 2\overline{X}X_i + \overline{X}^2) =$$

$$\frac{1}{n-1}(\sum_{i=1}^{n}X_i^2 - 2\overline{X}\sum_{i=1}^{n}X_i + n\overline{X}^2) = \frac{1}{n-1}(\sum_{i=1}^{n}X_i^2 - 2n\overline{X}^2 + n\overline{X}^2) =$$

$$\frac{1}{n-1}(\sum_{i=1}^{n}X_i^2 - n\overline{X}^2)$$

有时利用公式(5.6)计算样本方差时比较方便.

例 5.1.6 对某批花生仁的含油量作了5次抽样检测,结果如下(%):59.30,59.24,59.41,59.35,59.36,求样本均值与标准差.

解
$$\overline{X} = 59.332\%, \sum_{i=1}^{5}\overline{X}_i^2 = 17\,601.447\,8$$

于是,根据公式(6.6)得

$$S^2 = \frac{1}{5-1}(\sum_{i=1}^{5}X_i^2 - 5\overline{X}^2) =$$

$$\frac{1}{4}(17\,601.447\,8 - 5\times 59.332^2) = 0.004\,17$$

$$S = \sqrt{0.004\,17} \approx 0.065(\%)$$

定义 5.1.2 对于任意实数 x,定义函数

$$F_n(x) = \frac{1}{n}\{X_1, X_2, \cdots, X_n \text{ 中小于或等于 } x \text{ 的个数}\} \quad (-\infty < x < +\infty)$$

称函数 $F_n(x)$ 为经验分布函数.

一般的,设 $x_1, x_2, \cdots, x_n$ 是总体X的一个容量为n的样本值.先将 $x_1, x_2, \cdots, x_n$ 按自小到大的次序排列,并重新编号.设 $x_{(1)} \leqslant x_{(2)} \leqslant \cdots \leqslant x_{(n)}$,则经验分布函数 $F_n(x)$ 的表示为

$$F_n(x) = \begin{cases} 0 & x < x_{(1)} \\ \dfrac{k}{n} & x_{(k)} \leqslant x < x_{(k+1)} \\ 1 & x \geqslant x_{(n)} \end{cases}$$

例 5.1.7 对某厂生产的电子仪器做寿命试验,得到样本观察值(单位:100 h)为

5 4 3 7 5 4 5 7

求经验分布函数 $F_n(x)$.

解 将样本值按从小到大的顺序排列

3 4 4 5 5 5 7 7

得到经验分布函数为

$$F_8(x) = \begin{cases} 0 & x < 3 \\ \dfrac{1}{8} & 3 \leqslant x < 4 \\ \dfrac{3}{8} & 4 \leqslant x < 5 \\ \dfrac{6}{8} & 5 \leqslant x < 7 \\ 1 & x \geqslant 7 \end{cases}$$

由经验分布函数的构造,易知 $F_n(x)$ 具有以下性质:

单调非减

$$0 \leqslant F_n(x) \leqslant 1, F_n(-\infty) = 0, F_n(+\infty) = 1$$

右连续

$$F_n(x+0) = F_n(x)$$

定理5.1.1(格里汶科)　设总体 X 的分布函数为 $F(x)$,经验分布函数为 $F_n(x)$,则当 $n \to \infty$ 时,$F_n(x)$ 以概率1一致收敛于 $F(x)$,即

$$P\{\lim_{n\to\infty} \sup_{-\infty<x<\infty} |F_n(x) - F(x)| = 0\} = 1$$

2. 统计量分布

由定义可知,统计量 $g(X_1, X_2, \cdots, X_n)$ 是 n 维随机变量 $(X_1, X_2, \cdots, X_n)$ 的函数,因而也存在概率分布,统计量的概率分布又称为抽样分布. 由于许多随机现象都服从正态分布,所以这里重点讨论服从正态分布的总体的推断问题. 下面介绍几个由正态总体的样本构成的统计量的分布.

(1) 样本均值 $\overline{X}$ 的分布(U 分布)

定理5.1.2　设随机变量 $X_1, X_2, \cdots, X_n$ 是相互独立的,且 X_i 服从正态分布 $N(\mu_i, \sigma_i^2)(i = 1,2,\cdots,n)$,则它的线性函数 $Y = \sum\limits_{i=1}^{n} a_iX_i$($a_i$ 不全为0, $i = 1,2,\cdots,n$)也服从正态分布,其中

$$E(Y) = \sum_{i=1}^{n} a_i\mu_i, D(Y) = \sum_{i=1}^{n} a_i^2\sigma_i^2$$

推论　设 $X_1, X_2, \cdots, X_n$ 是取自正态分布 $N(\mu, \sigma^2)$ 的一个样本,则有

(1)
$$\overline{X} = \frac{1}{n}\sum_{i=1}^{n} X_i \sim N(\mu, \frac{\sigma^2}{n}) \tag{5.7}$$

(2)
$$U = \frac{\overline{X} - \mu}{\frac{\sigma}{\sqrt{n}}} \sim N(0,1) \tag{5.8}$$

例5.1.8　设总体 $X \sim N(40, 5^2)$.

(1) 抽取容量为36的样本,求 $P\{38 \leqslant \overline{X} \leqslant 43\}$;

(2) 抽取容量为64的样本,求 $P\{|\overline{Y} - 40| < 1\}$.

解　(1) 设容量为36的样本均值为 $\overline{X}$,则 $\overline{X} \sim N\left(40, \frac{5^2}{36}\right)$,所求的概率为

$$P\{38 \leqslant \overline{X} \leqslant 43\} = \Phi\left(\frac{3}{\frac{5}{6}}\right) - \Phi\left(\frac{-2}{\frac{5}{6}}\right) = \Phi(3.6) - \Phi(2.4) - 1 =$$

$$0.999\,8 + 0.991\,8 - 1 = 0.991\,6$$

(2) 设容量为64的样本均值为 $\overline{Y}$,则 $\overline{Y} \sim N\left(40, \frac{5^2}{64}\right)$,所求的概率为

$$P\{|\overline{Y} - 40| < 1\} = P\{39 < \overline{Y} < 41\} = \Phi(\frac{1}{\frac{5}{8}}) - \Phi(\frac{-1}{\frac{5}{8}}) =$$

$$2\Phi(1.6) - 1 = 2 \times 0.945\,2 - 1 = 0.890\,4$$

在实际应用中，常常需要对 U 取某些值的概率反查正态分布表.

例 5.1.9 求 λ 的值，使 $P(U > \lambda) = 0.025$.

解 因为 $U \sim N(0,1)$，所以

$$P(U > \lambda) = 1 - P(U < \lambda) = 1 - \Phi(\lambda) = 0.025$$

于是，$\Phi(\lambda) = 1 - 0.025 = 0.975$. 查正态分布表，得 $\lambda = 1.96$.

例 5.1.10 求 λ 的值，使 $P(|U| < \lambda) = 0.99$.

解 由

$$P(|U| < \lambda) = P(U < \lambda) - P(U \leqslant -\lambda) = 2P(U < \lambda) - 1 = 0.99$$

得 $P(U < \lambda) = 0.995$，于是查正态分布表，得 $\lambda = 2.58$.

一般的，若已知 α 查表求 λ，使 $P(|U| < \lambda) = 1 - \alpha$，则根据标准正态分布的性质(图 5.3)，有

$$P(U < \lambda) = 1 - \frac{\alpha}{2}$$

反查正态分布表，即得 λ.

通常记为 $\lambda = U_{\frac{\alpha}{2}}$，并称 $U_{\frac{\alpha}{2}}$ 为临界值，即

$$P\left(|U| < U_{\frac{\alpha}{2}}\right) = 1 - \alpha$$

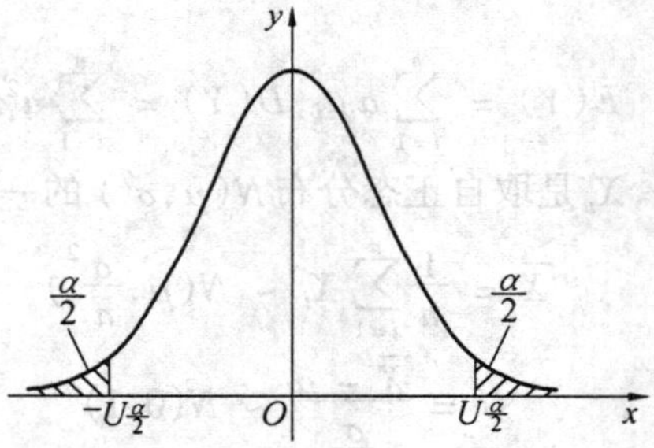

图 5.3

(2) χ^2 分布

定义 5.1.3 设 $X \sim N(0,1)$，$(X_1, X_2, \cdots, X_n)$ 是总体 X 的一个样本，它们的平方和记作 χ^2，即

$$\chi^2 = X_1^2 + X_2^2 + \cdots + X_n^2 \tag{5.9}$$

则称 χ^2 服从自由度为 n 的 χ^2 分布，记为 $\chi^2 \sim \chi^2(n)$. 其概率密度为

$$f(x) = \begin{cases} \dfrac{1}{2^{\frac{n}{2}}\Gamma\left(\dfrac{n}{2}\right)} x^{\frac{n}{2}-1} e^{-\frac{x}{2}} & x > 0 \\ 0 & x \leqslant 0 \end{cases} \tag{5.10}$$

其中 $\Gamma(x)$ 为伽玛函数

$$\Gamma(x) = \int_0^{\infty} e^{-t} t^{x-1} dt \quad (x > 0) \tag{5.11}$$

自由度 n 是指式(5.9)右边所包含的独立随机变量的个数,记为 df.

服从 χ^2 分布的随机变量 χ^2 的概率密度 $f(x)$ 的图形与自由度 n 有关,图 5.4 画出了自由度 n 分别为 1,2,5,15 时密度函数 $f(x)$ 的图形.

由图 5.4 可见参数 n 对密度函数 $f(x)$ 的曲线形状有影响. 当 $n \to \infty$ 时,$\chi^2(n)$ 分布渐近正态分布.

设 $\chi^2 \sim \chi^2(n)$ 分布的密度函数为 $f(x)$,对于任意给定正数 α　$(0 < \alpha < 1)$ 我们把满足条件

$$P(\chi^2 > \chi^2_\alpha(n)) = \int_{\chi^2_\alpha(n)}^{+\infty} f(x)\mathrm{d}x = \alpha \tag{5.12}$$

的数 χ^2_α 称为总体 X 服从 $\chi^2(n)$ 分布的临界值,数 α 称为显著性水平或信度,其几何意义如图 5.5 所示.

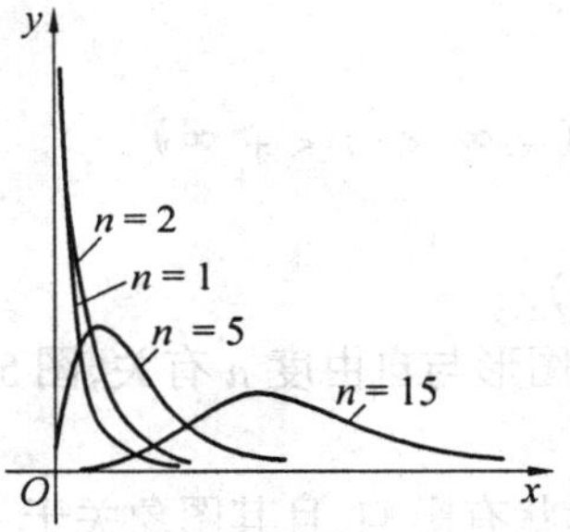

图 5.4

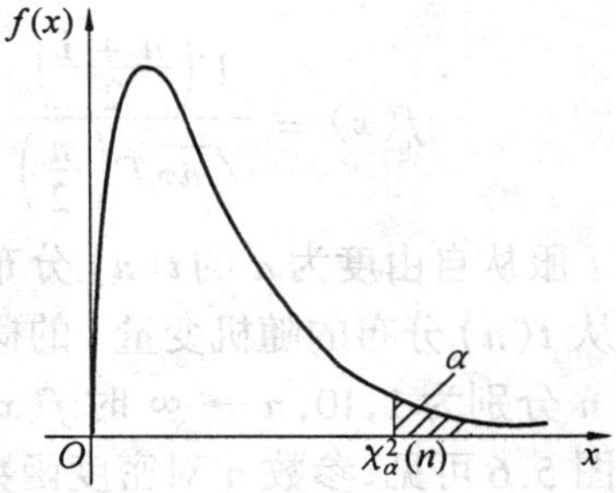

图 5.5

$\chi^2(n)$ 分布的临界值不仅与 α 有关,也与自由度 n 有关,对于不同的 α 与 n 的取值所得到的 $\chi^2(n)$ 分布的值已制成表格,见附表 5 的 χ^2 分布表,查表即可求得. 例如,$\chi^2_{0.05}(10) = 18.3$,$\chi^2_{0.01}(10) = 23.21$.

例 5.1.11　若 $P(\chi^2(9) < \lambda) = 0.025$,求 λ.

解　因为

$$P(\chi^2(9) > \lambda) = 1 - P(\chi^2(9) < \lambda) = 1 - 0.025 = 0.975$$

所以由 $df = 9, \alpha = 0.975$ 查 χ^2 分布表得 $\lambda = 2.700$.

一般的,已知 $\alpha(0 < \alpha < 1)$ 和样本容量 n,求 λ_1, λ_2 使 $P(\lambda_1 < \chi^2 < \lambda_2) = 1 - \alpha$,可根据自由度 $df = n - 1$ 及 $P(\chi^2 > \lambda_1) = 1 - \frac{\alpha}{2}$,$P(\chi^2 > \lambda_2) = \frac{\alpha}{2}$,查 χ^2 分布表即得 λ_1,λ_2 的值,通常记 $\lambda_1 = \chi^2_{1-\frac{\alpha}{2}}(n-1)$,$\lambda_2 = \chi^2_{\frac{\alpha}{2}}(n-1)$,即

$$P(\chi^2_{1-\frac{\alpha}{2}}(n-1) < \chi^2 < \chi^2_{\frac{\alpha}{2}}(n-1)) = 1 - \alpha \tag{5.13}$$

定理 5.1.2　设 $X_1, X_2, \cdots, X_n$ 取自总体 $X \sim N(\mu, \sigma^2)$ 的样本,则

(1) 样本均值 $\overline{X}$ 与样本方差 S^2 相互独立.

(2)
$$\frac{(n-1)S^2}{\sigma^2} = \frac{\sum\limits_{i=1}^{n}(X_i - \overline{X})^2}{\sigma^2} \sim \chi^2(n-1) \tag{5.14}$$

在这里,此定理不予证明.

此外,χ^2 分布还具有可加性.设 $\chi_1^2 \sim \chi^2(n_1)$,$\chi_2^2 \sim \chi^2(n_2)$,且相互独立,则

$$\chi_1^2 + \chi_2^2 \sim \chi^2(n_1 + n_2)$$

显然

$$E(\chi^2) = n, D(\chi^2) = 2n$$

(3) t 分布

定义 5.1.4 设 X_1, X_2 是两个相互独立的随机变量,并且 $X_1 \sim N(0,1)$,$X_2 \sim \chi^2(n)$,则称随机变量 $t = \dfrac{X_1}{\sqrt{\dfrac{X_2}{n}}}$ 所服从的分布为自由度为 n 的 t 分布,又称学生氏(student)分布.任何服从 $t(n)$ 分布的随机变量 t 称为自由度为 n 的 t 变量,记为 $t \sim t(n)$.其概率密度为

$$f(x) = \frac{\Gamma\left(\frac{n+1}{2}\right)}{\sqrt{n\pi}\,\Gamma\left(\frac{n}{2}\right)}\left(1 + \frac{x^2}{n}\right)^{-\frac{n+1}{2}} \quad (-\infty < x < +\infty) \tag{5.15}$$

这时称 t 服从自由度为 n 的 $t(n)$ 分布,记作 $t \sim t(n)$.

服从 $t(n)$ 分布的随机变量 t 的概率密度 $f(x)$ 的图形与自由度 n 有关,图 5.6 画出了自由度 n 分别为 1,10,$n \to \infty$ 时 $f(x)$ 的图形.

由图 5.6 可见,参数 n 对密度函数 $f(x)$ 的曲线形状有影响,且其图象关于 y 轴对称.当 $n \to \infty$ 时,$t(n)$ 的分布近似于标准正态分布.

定义 5.1.5 设 $t \sim t(n)$ 分布的密度函数为 $f(x)$,对于任意给定正数 α,$0 < \alpha < 1$,把满足条件

$$P(t > t_\alpha(n)) = \int_{t_\alpha(n)}^{+\infty} f(x)\,\mathrm{d}x = \alpha \tag{5.16}$$

的数 $t_\alpha(n)$ 称为 X 服从自由度为 n 的 t 分布的临界值,数 α 称为显著性水平或信度.其几何意义如图 5.7 所示.

对于给定的 α 与 n,$t(n)$ 分布的临界值,可查附表 4 的 t 分布表,即可求得.

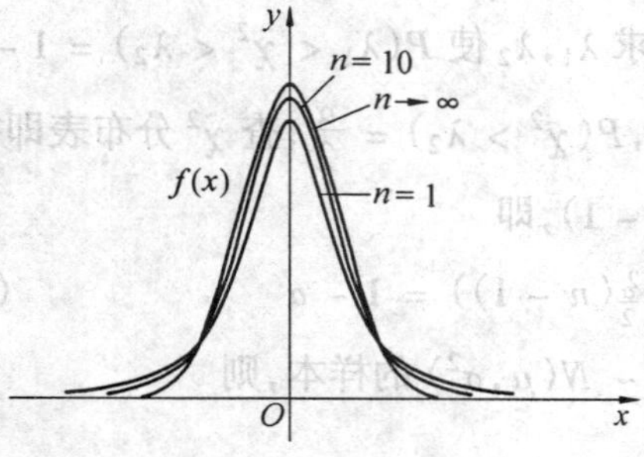

图 5.6

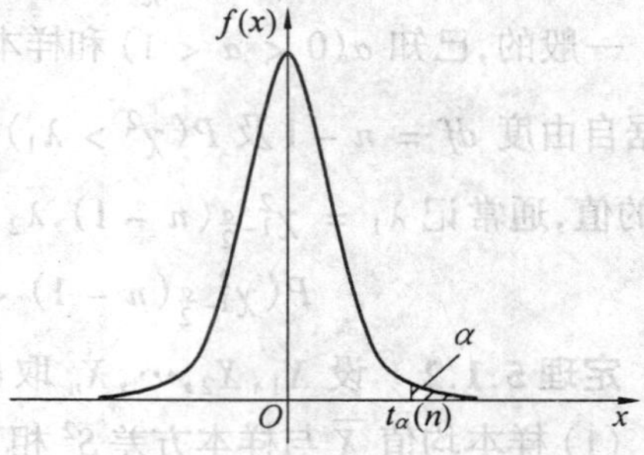

图 5.7

注意　当 $n>45$ 时,用正态分布表的上侧分位数近似代替 $t(n)$ 的值;由于 t 分布表只对接近零的 α 的值给出了 $t_\alpha(n)$ 的值,当 $\alpha>0.5$ 时,表中查不到,那么,根据其性质,可以得到公式 $t_\alpha(n)=-t_{1-\alpha}(n)$,用它转换后再查 t 分布表即可.如

$$t_{0.95}(5)=t_{1-0.05}(5)=-t_{0.05}(5)=-2.0150$$

例 5.1.12　查 t 分布表求下列各式的值:

(1)$t_{0.1}(6)$;　(2)$t_{0.01}(43)$;　(3)$t_{0.9}(15)$.

解　查 t 分布,得

(1)$t_{0.1}(6)=1.4398$;

(2)$t_{0.01}(43)=2.4163$;

(3)$t_{0.9}(15)=-t_{0.1}(15)=-1.3406$.

例 5.1.13　若 $P(|t|>\lambda)=0.05$,试求自由度为7,10,14时的 λ 值.

解　根据 $P(|t|>\lambda)=0.05$ 及 t 分布的对称性知 $P(t>\lambda)=0.025$,所以

$$\alpha=0.025$$

(1) 当 $df=7$ 时,查 t 分布表,得

$$\lambda=2.3646$$

(2) 当 $df=10$ 时,查 t 分布表,得

$$\lambda=2.2281$$

(3) 当 $df=14$ 时,查 t 分布表,得

$$\lambda=2.1448$$

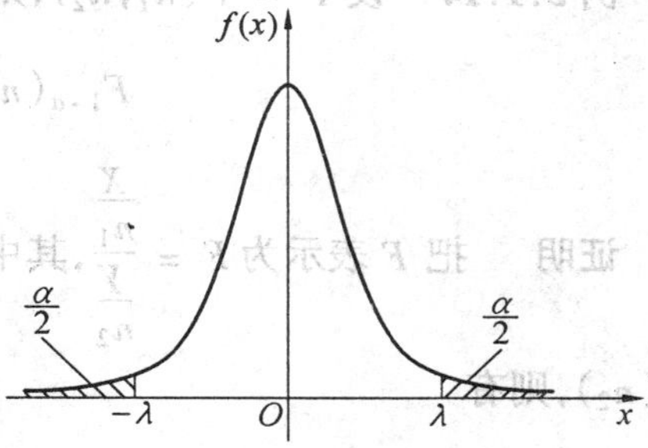

图 5.8

一般的,已知 α 和样本容量 n,求 λ 使 $P(|t|<\lambda)=1-\alpha$,可根据自由度 $df=n-1$,及 $P(t>\lambda)=\dfrac{\alpha}{2}$ 查表即得 λ,临界值 λ 常记作 $\lambda=t_{\frac{\alpha}{2}}(n-1)$,如图 5.8 所示.

定理 5.1.3　设 $X_1,X_2,\cdots,X_n$ 取自总体 $X\sim N(\mu,\sigma^2)$ 的一个样本,则统计量

$$t=\frac{\overline{X}-\mu}{\sqrt{\dfrac{S^2}{n}}}\sim t(n-1) \tag{5.17}$$

定理 5.1.4　设$(X_1,X_2,\cdots X_{n1})$和$(Y_1,Y_2,\cdots,Y_{n2})$分别来自正态总体 $N(\mu_1,\sigma^2)$ 和 $N(\mu_2,\sigma^2)$ 得样本,且它们相互独立,则统计量

$$\frac{\overline{X}-\overline{Y}-(\mu_1-\mu_2)}{S_w\sqrt{\dfrac{1}{n_1}+\dfrac{1}{n_2}}}\sim t(n_1+n_2-2)$$

其中,$S_w=\sqrt{\dfrac{(n_1-1)S_1^2+(n_2-1)S_2^2}{n_1+n_2-2}}$,$S_1^2,S_2^2$ 分别是两个正态总体的样本方差.

(4)F 分布

定义 5.1.6　设随机变量 X 与 Y 相互独立,且 $X\sim\chi^2(n_1)$,$Y\sim\chi^2(n_2)$,则随机变量

$F = \dfrac{\frac{X}{n_1}}{\frac{Y}{n_2}}$ 所服从的分布称为第一自由度 n_1 与第二自由度 n_2 的 F 分布，记作 $F(n_1, n_2)$. 任何服从 $F(n_1, n_2)$ 分布随机变量 F 可记为 $F \sim F(n_1, n_2)$. 其概率密度为

$$\varphi(x) = \begin{cases} \dfrac{n_1^{\frac{n_1}{2}} n_2^{\frac{n_2}{2}} \Gamma\left(\dfrac{n_1 + n_2}{2}\right) x^{\frac{n_1}{2}-1}}{\Gamma\left(\dfrac{n_1}{2}\right)\Gamma\left(\dfrac{n_2}{2}\right)(n_1 x + n_2)^{\frac{n_1+n_2}{2}}} & x > 0 \\ 0 & x \leqslant 0 \end{cases} \tag{5.18}$$

本书附表 6 中，对于不同的自由度 (n_1, n_2) 及不同的数 $a(0 < a < 1)$，给出了使 $P\{F > F_a(n_1, n_2)\} = a$ 成立的 $F_a(n_1, n_2)$ 的值，$F_a(n_1, n_2)$ 称为 F 分布的上 a 分位点.

例 5.1.14 设 $F \sim F(n_1, n_2)$，则 $\dfrac{1}{F} \sim F(n_2, n_1)$，从而有

$$F_{1-a}(n_1, n_2) = \frac{1}{F_a(n_2, n_1)}$$

证明 把 F 表示为 $F = \dfrac{\frac{X}{n_1}}{\frac{Y}{n_2}}$，其中随机变量 X 与 Y 相互独立，且 $X \sim \chi^2(n_1)$，$Y \sim \chi^2(n_2)$，则有

$$\frac{1}{F} = \frac{\frac{X}{n_2}}{\frac{Y}{n_1}} \sim F(n_2, n_1)$$

因为
$$P\left\{\frac{1}{F} \geqslant F_a(n_2, n_1)\right\} = a$$

故
$$P\left\{\frac{1}{F} \leqslant F_a(n_2, n_1)\right\} = 1 - a$$

即
$$P\left\{F \geqslant \frac{1}{F_a(n_2, n_1)}\right\} = 1 - a$$

由假设 $P\{F \geqslant F_{1-a}(n_1, n_2)\} = 1 - a$，比较得

$$F_{1-a}(n_1, n_2) = \frac{1}{F_a(n_2, n_1)}$$

例如，$F_{0.95}(15,10) = \dfrac{1}{F_{0.05}(10,15)} = \dfrac{1}{2.54} = 0.394$.

例 5.1.15 设 $X_1, X_2, \cdots, X_9$ 是来自正态总体 $N(\mu, \sigma^2)$ 的样本，记

$$Y_1 = \frac{1}{6}(X_1 + \cdots + X_6),\ Y_2 = \frac{1}{3}(X_7 + X_8 + X_9)$$

$$S^2 = \frac{1}{2}\sum_{i=7}^{9}(X_i - Y_2)^2$$

求 $Z = \dfrac{\sqrt{2}(Y_1 - Y_2)}{S}$ 的分布.

解　因为 $Y_1 \sim N\left(\mu,\frac{\sigma^2}{6}\right), Y_2 \sim N\left(\mu,\frac{\sigma^2}{3}\right)$，所以 $\dfrac{Y_1 - Y_2}{\frac{\sigma}{\sqrt{2}}} \sim N(0,1)$，得 $\dfrac{2S^2}{\sigma^2} \sim \chi^2(2)$，

且 $\dfrac{2S^2}{\sigma^2}$ 与 $\dfrac{Y_1 - Y_2}{\frac{\sigma}{\sqrt{2}}}$ 相互独立，再由 t 分布的定义可知

$$Z = \frac{\sqrt{2}(Y_1 - Y_2)}{S} = \frac{\dfrac{Y_1 - Y_2}{\frac{\sigma}{\sqrt{2}}}}{\sqrt{\dfrac{2S^2}{\sigma^2}/2}} \sim t(2)$$

例 5.1.16　设 $X_1, X_2, \cdots, X_8$ 是来自正态总体 $N(0,\sigma^2)$ 的一个样本，求

(1) 统计量 $Y = \dfrac{(X_1 - X_2)^2 + (X_3 + X_4)^2}{(X_5 + X_6)^2 + (X_7 - X_8)^2}$ 的分布；

(2) $P\{Y > 9\}$.

解　(1) 由于 $X_1 - X_2, X_3 + X_4, X_5 + X_6, X_7 - X_8$ 均服从 $N(0,2\sigma^2)$，故

$$\frac{(X_1 - X_2)^2}{2\sigma^2} \sim \chi^2(1), \frac{(X_3 + X_4)^2}{2\sigma^2} \sim \chi^2(1)$$

$$\frac{(X_5 + X_6)^2}{2\sigma^2} \sim \chi^2(1), \frac{(X_7 - X_8)^2}{2\sigma^2} \sim \chi^2(1)$$

从而

$$\frac{(X_1 - X_2)^2}{2\sigma^2} + \frac{(X_3 + X_4)^2}{2\sigma^2} \sim \chi^2(2)$$

$$\frac{(X_5 + X_6)^2}{2\sigma^2} + \frac{(X_7 - X_8)^2}{2\sigma^2} \sim \chi^2(2)$$

再由 F 分布的定义知 $Y \sim F(2,2)$.

(2) 查 F 分布表得 $P\{Y > 9\} \approx 0.10$.

5.2　参数的点估计

前面我们已经指出，统计推断是数理统计中的主要内容，而统计推断的一个重要方法就是参数估计，所谓参数估计就是根据样本观测值 $x_1, x_2, \cdots, x_n$ 来估计总体 X 分布中的未知参数或数字特征.

在实际中遇到的总体 X，往往是不知道其总体 X 的分布类型或分布类型已知，但其中包含有未知参数. 例如，用 X 表示某地区的个人收入水平，一般来说，$X \sim N(\mu,\sigma^2)$，其均值 μ 表示这个地区的平均收入水平，它反映了该地区的收入水平的高低；方差 σ^2 反映了该地区的个人收入水平与平均收入水平的差距，即该地区的贫富悬殊程度，但 μ 与 σ^2 往往是未知的. 为确定 μ 与 σ^2，需要进行随机抽样，然后用样本 $(X_1, X_2, \cdots, X_n)$ 提供的信息来对总体均值 μ 和方差 σ^2 作出估计，一个很自然的想法，就是用样本的均值 $\overline{X}$ 作为总体均

值μ的估计,用样本方差S^2作为总体方差σ^2的估计.像这种用样本值去估计总体未知参数值的问题,就称为参数估计问题.参数估计有两类:一类是点估计,另一类是区间估计.

首先我们来讨论参数的点估计问题.

5.2.1 矩估计法

点估计有两种方法,矩估计法与最大似然估计法,现在先介绍矩估计法.

定义 5.2.1 设θ是总体X的分布函数$F(x,\theta)$需要估计的参数,$(X_1,X_2,\cdots,X_n)$为总体X的样本,如果我们构造一个统计量$\hat{\theta}(X_1,X_2,\cdots,X_n)$作为参数$\theta$的估计,则称这个统计量$\hat{\theta}$为参数$\theta$的一个估计量,并简记为$\hat{\theta}$.

设X为连续型随机变量,其概率密度为$f(x;\theta_1,\theta_2,\cdots,\theta_k)$,或$X$为离散型随机变量,其分布律为$P\{X=x\}=p\{x;\theta_1,\theta_2,\cdots,\theta_k\}$,其中$\theta_1,\theta_2,\cdots,\theta_k$为待估参数,$X_1,X_2,\cdots,X_n$是来自$X$的样本.假设总体$X$的前$k$阶矩

$$\mu_1 = E(X^l) = \int_{-\infty}^{\infty} x^l f(x;\theta_1,\theta_2,\cdots,\theta_k)\mathrm{d}x \quad (X\text{ 连续型})$$

或

$$\mu_1 = E(X^l) = \sum_{x\in R_X} x^l p(x;\theta_1,\theta_2,\cdots,\theta_k) \quad (X\text{ 离散型})$$

$$l = 1,2,\cdots,k$$

(其中R_x是X可能取值范围)存在.一般来说,它们是$\theta_1,\theta_2,\cdots,\theta_k$的函数.基于样本依概率收敛于相应的总体矩$\mu_l(l=1,2,\cdots,k)$

$$A_l = \frac{1}{n}\sum_{i=1}^{n} X_i^l$$

样本矩的连续函数依概率收敛于相应的总体矩的连续函数,我们就用样本矩作为相应的总体矩的估计量,而以样本矩的连续函数作为相应的总体矩的连续函数的估计量.这种估计方法称为矩估计法.矩估计法的具体做法如下.设

$$\mu_i = \mu_i(\theta_1,\theta_2,\cdots,\theta_k) \quad (i=1,2,\cdots,k)$$

这是一个包含k个未知参数$\theta_1,\theta_2,\cdots,\theta_k$的联立方程组,可以从中解出$\theta_1,\theta_2,\cdots,\theta_k$,得到

$$\theta_i = \theta_i(\mu_1,\mu_2,\cdots,\mu_k) \quad (i=1,2,\cdots,k)$$

这种估计量称为矩估计量,矩估计量的观察值,称为矩估计值.

例 5.2.1 设总体X在$[a,b]$上服从均匀分布,a,b未知.$X_1,X_2,\cdots,X_n$是来自X的样本,试求a,b的矩估计量.

解
$$\mu_1 = E(X) = \frac{(a+b)}{2}$$

$$\mu_2 = E(X^2) = D(X) + [E(X)]^2 = \frac{(b-a)^2}{12} + \frac{(a+b)^2}{4}$$

即

$$\begin{cases} a+b = 2\mu_1 \\ b-a = \sqrt{12(\mu_2-\mu_1^2)} \end{cases}$$

从此方程组解得

$$a = \mu_1 - \sqrt{3(\mu_2 - \mu_1^2)}, b = \mu_1 + \sqrt{3(\mu_2 - \mu_1^2)}$$

分别以 A_1, A_2 代替 μ_1, μ_2，得到 a, b 的矩估计量分别为(注意到 $\frac{1}{n}\sum_{i=1}^{n} X_i^2 - \overline{X}^2 = \frac{1}{n}\sum_{i-1}^{n}(X_i - \overline{X})^2$)

$$\hat{a} = A_1 - \sqrt{3(A_2 - A_1^2)} = \overline{X} - \sqrt{\frac{3}{n}\sum_{i-1}^{n}(X_i - \overline{X})^2}$$

$$\hat{b} = A_1 - \sqrt{3(A_2 - A_1^2)} = \overline{X} + \sqrt{\frac{3}{n}\sum_{i-1}^{n}(X_i - \overline{X})^2}$$

例 5.2.2 设总体 X 服从指数分布,其密度函数为

$$f(x,\lambda) = \begin{cases} \lambda e^{-\lambda x} & x \geqslant 0 \\ 0 & x < 0 \end{cases}$$

试用矩法估计参数 λ.

解
$$E(X) = \int_0^{+\infty} x\lambda e^{-\theta x} dx = \frac{1}{\lambda}$$

即
$$\overline{X} = \frac{1}{\lambda}$$

所以
$$\hat{\lambda} = \frac{1}{\overline{X}}$$

5.2.2 极大似然估计法

极大似然估计法的直观想法是:一个试验有若干个可能结果 $A_1, A_2, \cdots$,如果在一次试验中 A_1 发生了,那么一般说来作出的估计应该有利于 A_1 的出现,即使 A_1 出现的概率最大.

概率密度为 $f(x;\theta_1,\theta_2,\cdots,\theta_m)$, $\theta_1,\theta_2,\cdots,\theta_m$ 为未知参数,$(x_1,x_2,\cdots,x_n)$ 是取自总体 X 的样本值,现在用上述直观想法来估计 $\theta_1,\theta_2,\cdots,\theta_m$.

而样本 $(X_1,X_2,\cdots,X_n)$ 的概率密度

$$\prod_{i=1}^{n} f(x_i;\theta_1,\theta_2,\cdots,\theta_m)$$

在 $(x_1,x_2,\cdots,x_n)$ 处的值越大,样本 $(X_1,X_2,\cdots,X_n)$ 在 $(x_1,x_2,\cdots,x_n)$ 附近取值的概率也越大,使 $\prod_{i=1}^{n} f(x_i;\theta_1,\theta_2,\cdots,\theta_m)$ 达到最大的 $\hat{\theta}_1,\hat{\theta}_2,\cdots,\hat{\theta}_m$ 作为对 $\theta_1,\theta_2,\cdots,\theta_m$ 的估计,英国统计学家费希尔提出了极大似然估计的概念并严格证明了这一估计的某些优良性,称

对于连续型

$$L = L(\theta_1,\theta_2,\cdots,\theta_m) = \prod_{i=1}^{n} f(x_i;\theta_1,\theta_2,\cdots,\theta_m) \tag{5.19}$$

对于离散型

$$L(\theta_1,\theta_2,\cdots,\theta_m) = \prod_{i=1}^{n} P(x_i;\theta_1,\theta_2,\cdots,\theta_m)$$

为似然函数,对确定的样本值 $x_1,x_2,\cdots,x_n$,它是 $\theta_1,\theta_2,\cdots,\theta_m$ 的函数,若有 $\hat{\theta}_j=\hat{\theta}_j(x_1,x_2,\cdots,x_n)$ 使得

$$L(\hat{\theta}_1,\hat{\theta}_2\cdots\hat{\theta}_m)=\max_{\theta_1,\cdots,\theta_m}L(\theta_1,\theta_2,\cdots,\theta_m) \tag{5.20}$$

则称 $\hat{\theta}_j=\hat{\theta}_j(X_1,X_2,\cdots,X_n)$ 为 θ_j 的极大似然估计量($j=1,2,\cdots,m$).

由于 $\ln x$ 是 x 的单调函数,使

$$\ln L(\hat{\theta}_1,\hat{\theta}_2\cdots\hat{\theta}_m)=\max_{\theta_1,\cdots,\theta_m}\ln L(\theta_1,\theta_2,\cdots,\theta_m) \tag{5.21}$$

通常采用微积分学求函数极值的一般方法,即从方程(组)

$$\frac{\partial \ln L}{\partial \theta_j}=0\quad (j=1,2,\cdots,m) \tag{5.22}$$

求得 $\ln L$ 的驻点,然后再从这些驻点中找出满足式(5.20)的 $\hat{\theta}_j$,称式(5.22)为似然方程(组).

例 5.2.3 设总体 X 服从指数分布,其密度函数为

$$f(x,\theta)=\begin{cases}\theta e^{-\theta x} & x\geqslant 0\\ 0 & x<0\end{cases}$$

$(x_1,x_2,\cdots,x_n)$ 为 X 的一组样本观察值,求参数 θ 的极大似然估计.

解 似然函数

$$L(x,\theta)=\prod_{i=1}^{n}f(x_i,\theta)=\theta^n e^{-\theta\sum\limits_{i=1}^{n}x_i}$$

取对数得

$$\ln L(\theta)=n\ln\theta-\theta\sum_{i=1}^{n}x_i$$

求导得

$$\frac{d\ln L}{d\theta}=\frac{n}{\theta}-\sum_{i=1}^{n}x_i$$

解似然方程

$$\frac{n}{\theta}-\sum_{i=1}^{n}x_i=0$$

得 $\hat{\theta}=\dfrac{1}{\bar{x}}$ 为所求 θ 的极大似然估计.

例 5.2.4 设 $X\sim N(\mu,\sigma^2)$,μ,σ^2 为未知参数,$X_1,X_2,\cdots,X_n$ 是 X 的一个样本,求 μ,σ^2 的极大似然估计.

解 设 $x_1,x_2,\cdots,x_n$ 是样本 $X_1,X_2,\cdots,X_n$ 的观察值,X 的概率密为

$$f(x,\mu,\sigma^2)=\frac{1}{\sqrt{2\pi}\sigma}e^{-\frac{(x-\mu)^2}{2\sigma^2}}\quad(-\infty<x<+\infty)$$

则似然函数

$$L(x,\mu,\sigma^2)=\prod_{i=1}^{n}\frac{1}{\sqrt{2\pi}\sigma}e^{-\frac{(x_i-\mu)^2}{2\sigma^2}}=\left(\frac{1}{\sqrt{2\pi}}\right)^n\left(\frac{1}{\sigma^2}\right)^{\frac{n}{2}}e^{-\frac{1}{2\sigma^2}\sum\limits_{i=1}^{n}(x_i-\mu)^2}$$

取对数 $\quad \ln L=-\dfrac{n}{2}\ln 2\pi-\dfrac{n}{2}\ln\sigma^2-\dfrac{1}{2\sigma^2}\sum\limits_{i=1}^{n}(x_i-\mu)^2$

似然方程组为

$$\begin{cases}\dfrac{\partial \ln L}{\partial \mu}=\dfrac{1}{\sigma^2}\sum\limits_{i=1}^{n}(x_i-\mu)^2=0\\ \dfrac{\partial \ln L}{\partial \sigma^2}=-\dfrac{n}{2\sigma^2}+\dfrac{1}{2\sigma^4}\sum\limits_{i=1}^{n}(x_i-\mu)^2=0\end{cases}$$

解之得

$$\hat{\mu}=\frac{1}{n}\sum_{i=1}^{n}x_i=\bar{x}$$

$$\hat{\sigma}^2=\frac{1}{n}\sum_{i=1}^{n}(x_i-\hat{\mu})^2=\frac{1}{n}\sum_{i=1}^{n}(x_i-\bar{x})^2$$

例 5.2.5　设总体 $X\sim B(1,p),0<p<1$,试求未知参数 p 的极大似然估计.

解　设 $X_1,X_2,\cdots,X_n$ 为 X 的一个样本,那么 X_i 的概率分布如表5.2所示.

表 5.2

X_i	1	0
P	p	$1-p$

$(i=1,2,\cdots,n)$

于是可知似然函数

$$L(p)=p^{\sum\limits_{i=1}^{n}x_i}(1-p)^{n-\sum\limits_{i=1}^{n}x_i}=p^{n\bar{x}}(1-p)^{n(1-\bar{x})}\quad(0<p<1)$$

取对数得

$$\ln L=n\bar{x}\ln p+n(1-\bar{x})\ln(1-p)$$

似然方程为

$$\frac{d(\ln L)}{dp}=\frac{n\bar{x}}{p}-\frac{n(1-\bar{x})}{1-p}=0$$

解得

$$\hat{p}=\bar{x}=\frac{1}{n}\sum_{i=1}^{n}x_i$$

此即为未知参数 p 的极大似然估计.不难验证,p 的矩估计与它的极大似然估计也是相同的.

上面介绍了未知参数的两种估计方法,用矩法估计参数通常比较方便,便于实际应用,但所得估计的优良性有时比较差.极大似然估计法使用时常常要进行比较复杂的计算,然而得到的估计在许多情形下具有各种优良性,它是目前仍然得到广泛应用的一种估计方法.

5.2.3　估计量的评价标准

前面已经讲过,对同一参数用不同的方法会得到不同的估计量.那么,对于被估参数,哪一个估计量比较好,怎样评定一个估计量的好坏?下面我们介绍其中的两个标准,无偏性和有效性.

1. 无偏性

一个好的估计量总是希望它能与被估参数的真值偏离较小,也就是说,对估计量 $\hat{\theta}$ 要求它在被估参数真值 θ 的附近摆动,使 $\hat{\theta}$ 的数学期望等于 θ.

定义 5.2.2 设 $\hat{\theta}$ 为未知数 θ 的估计量,若 $E(\hat{\theta}) = \theta$,则称 $\hat{\theta}$ 为 θ 的无偏估计量.

显然,若总体 X 的均值与方差存在,则样本均值 $\overline{X}$ 与样本方差 S^2 分别是总体 X 的均值 μ 与方差 σ^2 的无偏估计量.

而 $\frac{1}{n}\sum_{i=1}^{n}(X_i - \overline{X})^2$ 就不是总体方差 σ^2 的无偏估计量.事实上

$$E[\frac{1}{n}\sum_{i=1}^{n}(X_i - \overline{X})^2] = \frac{1}{n}E[\sum_{i=1}^{n}(X_i^2 - 2X_i\overline{X} + \overline{X}^2)] =$$

$$\frac{1}{n}[\sum_{i=1}^{n}E(X_i^2)] - E(\overline{X}^2) = \frac{1}{n}(n-1)\sigma^2 \neq \sigma^2$$

例 5.2.6 测得自动车床加工的10个零件的尺寸与规定尺寸的偏差(单位:μm)如下

$$+2,\ +1,\ -2,\ +3,\ +2,\ +4,\ -2,\ +5,\ +3,\ +4$$

求零件尺寸偏差的数学期望与方差的无偏估计量.

解
$$\hat{\mu} = \overline{X} = \frac{1}{10}\sum_{i=1}^{n}X_i = +2(\mu\text{m})$$

$$\hat{\sigma}^2 = S^2 = \frac{1}{9}\sum_{i=1}^{n}(X_i - \overline{X})^2 = \frac{1}{9}\sum_{i=1}^{n}(X_i - 2)^2 = 5.78(\mu\text{m}^2)$$

即零件尺寸偏差的数学期望和方差的无偏估计量分别是 2 μm 和 5.78 μm^2.

无偏性是衡量估计量好坏的一个重要标准但在实际应用中,估计量 $\hat{\theta}$ 与参数 θ 的真值偏差越小越好,这就自然要在无偏估计量中选择有较小方差的估计量.

2.有效性

定义 5.2.3 设 $\hat{\theta}_1,\hat{\theta}_2$ 是 θ 的两个无偏估计量,若

$$D(\hat{\theta}_1) < D(\hat{\theta}_2) \tag{5.23}$$

则称 $\hat{\theta}_1$ 较 $\hat{\theta}_2$ 更有效.

例 5.2.7 比较 $\mu = E(x)$ 的两个无偏估计量,$\overline{X} = \frac{1}{n}\sum_{i=1}^{n}X_i$ 及 $\hat{\mu}' = X_1$ 的有效性.

解 已知 $D(\overline{X}) = \frac{\sigma^2}{n}, D(\hat{\mu}') = \sigma^2$,而

$$D(\overline{X}) = \frac{\sigma^2}{n} < \sigma^2 = D(\hat{\mu}')$$

所以 $\overline{X}$ 比 X_1 更有效.

事实上,还可以证明在总体均值 μ 的所有形为 $\sum_{i=1}^{n}\alpha_iX_i$(其中 $\alpha_i > 0$,且 $\sum_{i=1}^{n}\alpha_i = 1$)的无偏估计量中,样本值 $\overline{X}$ 的方差 $D(\overline{X})$ 最小,所以样本均值 $\overline{X}$ 是总体均值 μ 的最有效的无偏估计量.

3.相合性

人们自然希望样本容量大,能精确地估计未知参数,也就是说,随着样本容量的增大,一个好的估计量与被估计参数任意接近的可能性就随之增大.这就产生了相合性(或称一致性)的概念.

定义 5.2.4　如果 $\hat{\theta}_n$ 依概率收敛于θ,则称 $\hat{\theta}_n = \hat{\theta}_n(X_1, X_2, \cdots, X_n)$ 是未知参数 θ 的相合(或一致)估计量,即对任意的 $\varepsilon > 0$ 有

$$\lim_{n\to\infty} P(|\hat{\theta}_n - \theta| \geqslant \varepsilon) = 0 \tag{5.24}$$

例 5.2.8　样本原点矩 $\alpha_k = \frac{1}{n}\sum_{i=1}^{n} X_i^k$ 是总体原点矩 $\mu_k = E(X^k)(k \geqslant 1)$ 的相合估计.

证　由 $X_1, X_2, \cdots, X_n$ 的独立同步分布性,可见对任意 $k \geqslant 1, X_1^k, X_2^k, \cdots, X_n^k$ 也相互独立且与 X^k 同分布.因此,由大数定律,对任意 $\varepsilon > 0$ 有

$$\lim P\left[\left|\frac{1}{n}\sum_{i=1}^{n} X_i^k - E(X^k)\right| \geqslant \varepsilon\right] = 0 \tag{5.25}$$

这说明 α_k 是 μ_k 的相合估计.

可以证明样本方差 S^2 是总体方差 σ^2 的相合估计.由于样本 k 阶原点矩与样本方差分别作为总体 k 阶原点矩与总体方差的估计是无偏的、相合的,因此是较好的估计,常常在实际中使用它们.

5.3　参数的区间估计

用点估计作为未知参数的近似值,其误差有多大,点估计对估计的精度和可靠性并没有作明确回答,希望能够估计出一个范围,并且知道这个范围所包含的参数真值的可信程度.这个范围通常用区间的形式给出,并同时给出此区间包含的参数真值的可信程度,这就是参数的区间估计问题.

定义 5.3.1　设 θ 是总体 X 的分布函数 $F(x, \theta)$ 中的未知参数.对于给定的 $\alpha(0 < \alpha < 1)$,若两个统计量 $\hat{\theta}_1 = \hat{\theta}_1(X_1, X_2, \cdots, X_n)$ 和 $\hat{\theta}_2 = \hat{\theta}_2(X_1, X_2, \cdots, X_n)(\hat{\theta}_1 < \hat{\theta}_2)$,使得

$$P(\hat{\theta}_1 < \theta < \hat{\theta}_2) = 1 - \alpha$$

成立,则称$(\hat{\theta}_1, \hat{\theta}_2)$为参数 θ 的置信区间,$1 - \alpha$ 称为置信区间的置信度,α 称为显著水平,$\hat{\theta}_1, \hat{\theta}_2$ 分别称为置信下限和置信上限.例如,如果置信度 $1 - \alpha = 0.95$,则 $P(\hat{\theta}_1 < \theta < \hat{\theta}_2) = 0.95$ 的意义是:由样本统计量得到的随机区间$(\hat{\theta}_1, \hat{\theta}_2)$能以 95% 的可靠性包含$\theta$的真值.具体地说,反复抽样100次,在相应确定的100个随机区间$(\hat{\theta}_1, \hat{\theta}_2)$中,有95个区间包含了 θ 的真值.因此,置信区间提供了区间估计的精确度.

在实际问题中,总体都服从或近似服从正态分布 $N(\mu, \sigma^2)$,因此,本节只讨论正态分布的两个参数 μ, σ^2 的参数估计问题.

5.3.1　单个正态总体均值的置信区间

1. σ^2 已知时,求 μ 的置信区间

设总体 $X \sim N(\mu, \sigma^2)(X_1, X_2, \cdots, X_n)$ 是总体 X 的一个样本,由前面的讨论知 $\overline{X} = \frac{1}{n}\sum_{i=1}^{n} X_i$ 是 μ 的无偏估计,自然会想到利用 $\overline{X}$ 来求 μ 的置信区间.

设随机变量$(X_1, X_2, \cdots, X_n)$是相互独立的,且 X_i 服从正态分布 $N(\mu, \sigma^2)(i = 1, 2, \cdots, n)$,则

$$U = \frac{\overline{X} - \mu}{\sigma / \sqrt{n}} \sim N(0,1)$$

对于给定的置信度 $1-\alpha$，查正态分布表，可求得临界值 $U_{\frac{\alpha}{2}}$，如图 5.9 所示，使

$$P\left(|U| < U_{\frac{\alpha}{2}}\right) = P\left(\left|\frac{\overline{X} - \mu}{\sigma / \sqrt{n}}\right| < U_{\frac{\alpha}{2}}\right) = 1 - \alpha$$

即

$$P\left(\overline{X} - U_{\frac{\alpha}{2}} \frac{\sigma}{\sqrt{n}} < \mu < \overline{X} + U_{\frac{\alpha}{2}} \frac{\sigma}{\sqrt{n}}\right) = 1 - \alpha$$

于是，μ 的置信度为 $1-\alpha$ 的置信区间是

$$\left(\overline{X} - U_{\frac{\alpha}{2}} \frac{\sigma}{\sqrt{n}}, \overline{X} + U_{\frac{\alpha}{2}} \frac{\sigma}{\sqrt{n}}\right) \tag{5.26}$$

这个区间的中点是 $\overline{X}$，长度为 $2U_{\frac{\alpha}{2}} \frac{\sigma}{\sqrt{n}}$.

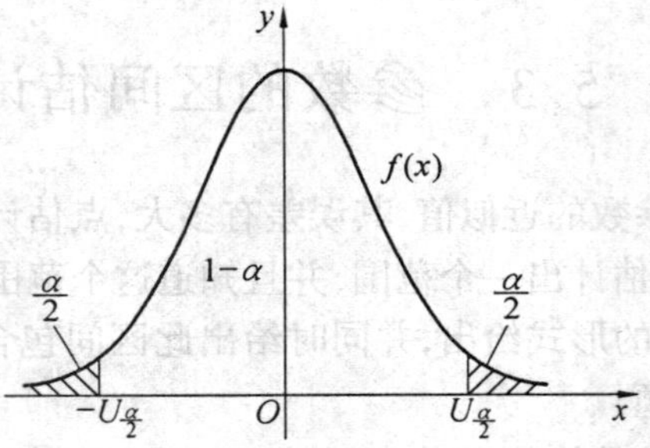

图 5.9

例 5.3.1 某车间生产的滚珠，从长期的实践中知，滚珠的直径 X 服从正态分布 $N \sim (\mu, 0.06)$，从某天的产品中随机地抽出 6 个，测得其直径(单位：mm) 为

14.6 15.1 14.9 14.8 15.2 15.1

分别求平均直径当 $\alpha = 0.05$ 和 $\alpha = 0.01$ 时的置信区间.

解 依题意得

$$n = 6, \sigma^2 = 0.06, \overline{x} = 14.95$$

当 $\alpha = 0.05$ 时，$U_{\frac{\alpha}{2}} = 1.96$，置信度为 $1-\alpha = 95\%$ 的置信区间是

$$\left(\overline{X} - 1.96 \frac{\sigma}{\sqrt{n}}, \overline{X} + 1.96 \frac{\sigma}{\sqrt{n}}\right) =$$

$$\left(14.95 - 1.96 \frac{\sqrt{0.06}}{\sqrt{6}}, 14.95 + 1.96 \frac{\sqrt{0.06}}{\sqrt{6}}\right) \approx$$

$$(14.75, 15.15)$$

当 $\alpha = 0.01$ 时，$U_{\frac{\alpha}{2}} = 2.58$，置信度为 $1-\alpha = 99\%$ 的置信区间是

$$\left(\overline{X} - 2.58 \frac{\sigma}{\sqrt{n}}, \overline{X} + 2.58 \frac{\sigma}{\sqrt{n}}\right) \approx (14.69, 15.21)$$

由上题可看出，置信水平越高，置信区间越大，即估计精度越差，同时由估计区间的公

式进一步可看出,样本容量越大,置信区间就越小,估计就越精确.因此,在生产实践中要考虑经济效益适当地择取 α 与 n 值.

2. σ^2 未知时,求 μ 的置信区间

对于给定的置信度 $1-\alpha$,在 $t(n-1)$ 分布中查自由度 $df=n-1$,对应的临界值为 $t_{\frac{\alpha}{2}}(n-1)$,如图 5.10 所示,使 $P[t>t_{\frac{\alpha}{2}}(n-1)]=\frac{\alpha}{2}$,于是有

$$P[\,|t|<t_{\frac{\alpha}{2}}(n-1)]=P(\,|\frac{\overline{X}-\mu}{S/\sqrt{n}}|<t_{\frac{\alpha}{2}}(n-1))=1-\alpha$$

即

$$P\left(\overline{X}-t_{\frac{\alpha}{2}}(n-1)\frac{S}{\sqrt{n}}<\mu<\overline{X}+t_{\frac{\alpha}{2}}(n-1)\frac{S}{\sqrt{n}}\right)=1-\alpha$$

于是,μ 的置信度为 $1-\alpha$ 的置信区间是

$$(\overline{X}-t_{\frac{\alpha}{2}}(n-1)\frac{S}{\sqrt{n}},\overline{X}+t_{\frac{\alpha}{2}}(n-1)\frac{S}{\sqrt{n}})\tag{5.27}$$

例 5.3.2　用某仪器间接测量温度,重复测量 5 次,得到数据如下(单位:℃):1 250,1 265,1 245,1 260,1 275.假设温度服从正态分布 $N(\mu,\sigma^2)$,试求温度的真实值的置信区间($1-\alpha=0.95$).

解　此题正态总体 X 的方差 σ^2 未知,对总体均值 μ 进行区间估计,故选择统计量

$$t=\frac{\overline{X}-\mu}{\frac{S}{\sqrt{n}}}\sim t(n-1)$$

依题意,计算得 $\overline{X}=1\,259,S=11.94$,由置信度 $1-\alpha=0.95$,即 $\frac{\alpha}{2}=0.025$,自由度 $df=n-1=5-1=4$,查 t 分布表,得 $t_{0.025}(4)=2.776\,4$,代入 t 分布的置信区间

$$\left(1\,259-2.776\,4\times\frac{11.94}{\sqrt{5}},1\,259+2.776\,4\times\frac{11.94}{\sqrt{5}}\right)=(1\,244.17,1\,273.83)$$

故温度真值的置信度为 $1-\alpha=0.95$ 的置信区间为(1 244.17,1 273.83).

5.3.2　单个正态总体方差的置信区间

在实际生活中,常常要研究生产中某一指标的稳定值或精确度等问题,这就需要对所研究的总体的方差作出区间估计.

由上节知道

$$\chi^2=\frac{(n-1)S^2}{\sigma^2}\sim\chi^2(n-1)$$

对于给定的 $\alpha(0<\alpha<1)$,在 χ^2 分布表中,查自由度 $df=n-1$,得到临界值(图 5.11)为

$$\chi^2_{1-\frac{\alpha}{2}}(n-1),\chi^2_{\frac{\alpha}{2}}(n-1)$$

使

$$P[\chi^2<\chi^2_{1-\frac{\alpha}{2}}(n-1)]=P[\chi^2>\chi^2_{\frac{\alpha}{2}}(n-1)]=\frac{\alpha}{2}$$

于是,有

$$P\left[\chi^2_{1-\frac{\alpha}{2}}(n-1) < \frac{(n-1)S^2}{\sigma^2} < \chi^2_{\frac{\alpha}{2}}(n-1)\right] = 1-\alpha$$

这就是说,σ^2 的置信度为 $1-\alpha$ 的置信区间是

$$\left(\frac{(n-1)S^2}{\chi^2_{\frac{\alpha}{2}}(n-1)}, \frac{(n-1)S^2}{\chi^2_{1-\frac{\alpha}{2}}(n-1)}\right) \text{或} \left(\frac{\sum\limits_{i=1}^{n}(X_i-\overline{X})^2}{\chi^2_{\frac{\alpha}{2}}(n-1)}, \frac{\sum\limits_{i=1}^{n}(X_i-\overline{X})^2}{\chi^2_{1-\frac{\alpha}{2}}(n-1)}\right) \tag{6.28}$$

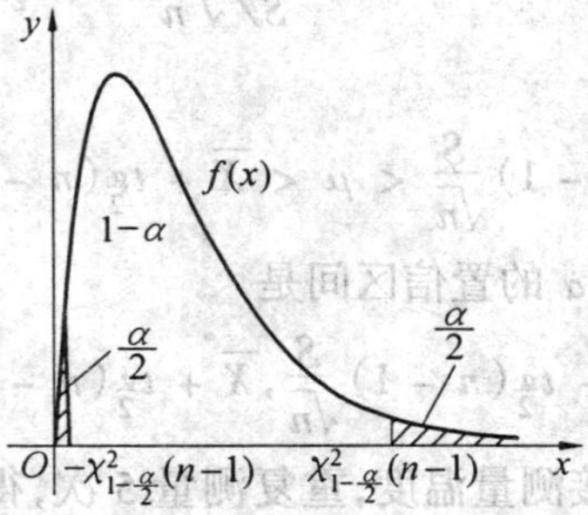

图 5.11

例 5.3.3 抽取某自动车床加工的零件 16 个,测量长度得到数据如下(单位:mm)

12.15,12.12,12.01,12.08,12.09,12.16,12.03,12.01

12.06,12.12,12.07,12.11,12.08,12.01,12.03,12.06

假设零件长度服从正态分布 $N(\mu,\sigma^2)$,试求零件长度的方差进行区间估计($1-\alpha=0.95$)。

解 依题意,$\alpha=0.05$,$df=n-1=15$,由 χ^2 分布表查到

$$\chi^2_{\frac{\alpha}{2}}(n-1)=\chi^2_{0.025}(15)=27.488, \chi^2_{1-\frac{\alpha}{2}}(n-1)=\chi^2_{0.975}(15)=6.262$$

计算得到

$$\overline{x}=12.075, \sum_{i=1}^{16}(x_i-\overline{x})^2=0.036\ 6$$

代入 χ^2 分布的置信区间公式,得 σ^2 的置信度为 0.95 的置信区间为(0.001 3,0.005 8)。

5.3.3 两个正态总体参数的置信区间

1. 两个总体均值差 $\mu_1-\mu_2$ 的置信区间

(a)σ_1^2,σ_2^2 均为已知,因 $\overline{X},\overline{Y}$ 分别为 μ_1,μ_2 的无偏估计,故 $\overline{X}-\overline{Y}$ 是 $\mu_1-\mu_2$ 的无偏估计,由 $\overline{X},\overline{Y}$ 的独立性以及 $\overline{X}\sim N(\mu_1,\frac{\sigma_1^2}{n_1})$,$\overline{Y}\sim N(\mu_1,\frac{\sigma_2^2}{n_2})$,得

$$\overline{X}-\overline{Y}\sim N(\mu_1-\mu_2,\frac{\sigma_1^2}{n_1}+\frac{\sigma_2^2}{n_2})$$

或

$$\frac{(\overline{X}-\overline{Y})-(\mu_1-\mu_2)}{\sqrt{\frac{\sigma_1^2}{n_1}+\frac{\sigma_2^2}{n_2}}} \sim N(0,1) \tag{5.30}$$

既得 $\mu_1-\mu_2$ 的一个置信水平为 $1-\alpha$ 的置信区间

$$\left[\overline{X}-\overline{Y} \pm z_{\frac{\alpha}{2}}\sqrt{\frac{\sigma_1^2}{n_1}+\frac{\sigma_2^2}{n_2}}\right] \tag{5.31}$$

(b)$\sigma_1^2=\sigma_2^2=\sigma^2$,但 σ^2 为未知,此时有

$$\frac{(\overline{X}-\overline{Y})-(\mu_1-\mu_2)}{S_w\sqrt{\frac{1}{n_1}+\frac{1}{n_2}}} \sim t(n_1+n_2-2) \tag{5.32}$$

从而可得 $\mu_1-\mu_2$ 的一个置信水平为 $1-\alpha$ 的置信区间为

$$\left[\overline{X}-\overline{Y} \pm t_{\frac{\alpha}{2}}(n_1+n_2-2)S_w\sqrt{\frac{1}{n_1}+\frac{1}{n_2}}\right] \tag{5.33}$$

此处

$$S_w^2=\frac{(n_1-1)S_1^2+(n_2-1)S_2^2}{n_1+n_2-2},S_w=\sqrt{S_w^2} \tag{5.34}$$

2. 两个总体方差比$\frac{\sigma_1^2}{\sigma_2^2}$的置信区间

我们仅讨论总体均值 μ_1,μ_2 为未知的情况

$$\frac{\frac{S_1^2}{S_2^2}}{\frac{\sigma_1^2}{\sigma_2^2}} \sim F(n_1-1,n_2-1) \tag{5.35}$$

并且分布 $F(n_1-1,n_2-1)$ 不依赖任何未知参数,由此得

$$P\left\{F_{1-\frac{\alpha}{2}}(n_1-1,n_2-1)<\frac{\frac{S_1^2}{S_2^2}}{\frac{\sigma_1^2}{\sigma_2^2}}<F_{\frac{\alpha}{2}}(n_1-1,n_2-1)\right\}=1-\alpha \tag{5.36}$$

即

$$P\left\{\frac{S_1^2}{S_2^2}\frac{1}{F_{\frac{\alpha}{2}}(n_1-1,n_2-1)}<\frac{\sigma_1^2}{\sigma_2^2}<\frac{S_1^2}{S_2^2}\frac{1}{F_{1-\frac{\alpha}{2}}(n_1-1,n_2-1)}\right\}=1-\alpha \tag{5.37}$$

于是得$\frac{\sigma_1^2}{\sigma_2^2}$的一个置信水平为 $1-\alpha$ 的置信区间为

$$\left[\frac{S_1^2}{S_2^2}\frac{1}{F_{\frac{\alpha}{2}}(n_1-1,n_2-1)},\frac{S_1^2}{S_2^2}\frac{1}{F_{1-\frac{\alpha}{2}}(n_1-1,n_2-1)}\right] \tag{5.38}$$

例5.3.4　由机器 A 和机器 B 生产的钢管的内径,随机抽取机器 A 生产的管子18只,测得样本方差 $S_1^2=0.34(\mathrm{mm}^2)$;抽取机器 B 生产的管子 13 只,测得样本方差 $S_2^2=0.29(\mathrm{mm}^2)$.设两样本相互独立,且设由机器 A,机器 B 生产的管子的内径分别服从正态分

布 $N(\mu_1,\sigma_1^2)$，$N(\mu_2,\sigma_2^2)$，这里 $\mu_i,\sigma_i^2(i=1,2)$ 均未知. 试求方差比 $\frac{\sigma_1^2}{\sigma_2^2}$ 的置信水平为 0.90 的置信区间.

解
$$n_1=18,S_1^2=0.34,n_2=13,S_2^2=0.29,\alpha=0.10$$
$$F_{\frac{\alpha}{2}}(n_1-1,n_2-1)=F_{0.05}(17,12)=2.59$$
$$F_{1-\frac{\alpha}{2}}(17,12)=F_{0.95}(17,12)=\frac{1}{F_{0.05}(12,17)}=\frac{1}{2.38}$$

于是由式(5.38)得 $\frac{\sigma_1^2}{\sigma_2^2}$ 的一个置信水平为 0.90 的置信区间为
$$\left(\frac{0.34}{0.29}\times\frac{1}{2.59},\frac{0.34}{0.29}\times 2.38\right)$$
即
$$(0.45,2.79)$$

由于 $\frac{\sigma_1^2}{\sigma_2^2}$ 的置信区间包含 1，在实际中我们就认为 σ_1^2,σ_2^2 两者没有显著差别.

在前面所讨论的参数 θ 的置信区间即有下限 $\hat{\theta}_1$，又有 $\hat{\theta}_2$，这种置信区间称为双侧置信区间. 在实际问题中，对参数 θ 进行区间估计时，有时只关心参数的一个置信限. 例如，对于产品平均寿命的估计通常是希望平均寿命长一些好，于是人们关心的只是平均寿命最小是多少，即这时只考虑置信下限 $\hat{\theta}_1$，而不考虑置信上限 $\hat{\theta}_2$，置信区间就可表示为 $(\hat{\theta}_1,+\infty)$. 当考虑一批产品的次品率时，通常都是希望次品率小一些好，于是人们关心的只是次品率最大是多少，即这时只考虑置信上限 $\hat{\theta}_2$，而不考虑置信下限 $\hat{\theta}_1$，置信区间可表示为 $(-\infty,\hat{\theta}_2)$.

定义 5.3.2 设总体 X 的分布函数为 $F(x,\theta)$，其中 θ 是未知参数，$X_1,X_2,\cdots,X_n$ 为 X 的总体样本，给定 $\alpha(0<\alpha<1)$，如果存在统计量 $\hat{\theta}_1=\hat{\theta}_1(X_1,X_2,\cdots,X_n)$，满足
$$P\{\theta>\hat{\theta}_1\}=1-\alpha \tag{5.35}$$
则称随机区间 $(\hat{\theta}_1,+\infty)$ 是 θ 的置信水平为 $1-\alpha$ 的单侧置信区间，$\hat{\theta}_1$ 称为单侧置信下限，$1-\alpha$ 称为置信度. 如果存在统计量 $\hat{\theta}_2=\hat{\theta}_2(X_1,X_2,\cdots,X_n)$，满足
$$P\{\theta<\hat{\theta}_2\}=1-\alpha \tag{5.36}$$
则称随机区间 $(-\infty,\hat{\theta}_2)$ 是 θ 的置信水平为 $1-\alpha$ 的单侧置信区间，$\hat{\theta}_2$ 称为单侧置信上限. 单侧置信区间的求法与双侧置信区间的类似. 下面通过一个例子来说明.

例 5.3.5 为估计制造某种产品所需要的单件工时(单位:h)，现制造 5 件，记录每件所需工时如下

10.5　11.0　11.2　12.5　12.8

假设制造单位产品所需工时 $X\sim N(\mu,\sigma^2)$. 试求平均工时的置信水平为 0.95 的单侧置信上限.

解 由于 $X\sim N(\mu,\sigma^2)$，其中 σ^2 未知，因此统计量 $t=\frac{\overline{X}-\mu}{\frac{S}{\sqrt{n}}}\sim t(n-1)$. 对于给定的 $\alpha(0<\alpha<1)$，由 t 的分布的上 α 分位点的定义可知，存在分位点 $t_{1-\alpha}(n-1)$，使得

$$P\left\{\frac{\overline{X}-\mu}{\frac{S}{\sqrt{n}}} > t_{1-\alpha}(n-1)\right\} = 1-\alpha$$

而 $t_{1-\alpha}(n-1) = -t_{\alpha}(n-1)$,所以

$$P\left\{\frac{\overline{X}-\mu}{\frac{S}{\sqrt{n}}} > -t_{\alpha}(n-1)\right\} = 1-\alpha$$

即 $P\left\{\mu < \overline{X}+\frac{S}{\sqrt{n}}t_{\alpha}(n-1)\right\} = 1-\alpha$,故 μ 的单侧置信区间为

$$\left(-\infty, \overline{X}+\frac{S}{\sqrt{n}}t_{\alpha}(n-1)\right) \tag{5.37}$$

单侧置信上限为

$$\overline{\mu} = \overline{X}+\frac{S}{\sqrt{n}}t_{\alpha}(n-1)$$

在本例中,样本容量 $n=5$,由 $1-\alpha=0.95$,得 $\alpha=0.05$,$t_{\alpha}(n-1)=t_{0.05}(4)=2.1318$,而可得单侧置信上限为

$$\overline{\mu} = \overline{x}+\frac{s}{\sqrt{n}}t_{\alpha}(n-1) = 11.6+\frac{\sqrt{0.995}}{\sqrt{5}}\times 2.1318 \approx 12.55$$

因此,加工这种产品的平均工时不超过12.55 h的可靠程度是95%.

综上讨论,见表5.3所示.

表5.3　正态总体参数的置信区间与单侧置信限(置信度为 $1-\alpha$)

	待估参数	其他参数	统计量及其分布	置信区间	单侧置信限
一个正态总体	μ	σ^2 已知	$Z=\frac{\overline{X}-\mu}{\frac{\sigma}{\sqrt{n}}} \sim N(0,1)$	$(\overline{X}\pm\frac{\sigma}{\sqrt{n}}z_{\frac{\alpha}{2}})$	$\overline{\mu}=\overline{X}+\frac{\sigma}{\sqrt{n}}z_{\alpha}$ $\underline{\mu}=\overline{X}-\frac{\sigma}{\sqrt{n}}z_{\alpha}$
	μ	σ^2 未知	$t=\frac{\overline{X}-\mu}{\frac{S}{\sqrt{n}}} \sim t(n-1)$	$(\overline{X}\pm\frac{S}{\sqrt{n}}t_{\frac{\alpha}{2}}(n-1))$	$\overline{\mu}=\overline{X}+\frac{S}{\sqrt{n}}t_{\alpha}(n-1)$ $\underline{\mu}=\overline{X}-\frac{S}{\sqrt{n}}t_{\alpha}(n-1)$
	σ^2	μ 未知	$\chi^2=\frac{(n-1)S^2}{\sigma^2} \sim \chi^2(n-1)$	$\left(\frac{(n-1)S^2}{\chi^2_{\frac{\alpha}{2}}(n-1)}, \frac{(n-1)S^2}{\chi^2_{1-\frac{\alpha}{2}}(n-1)}\right)$	$\overline{\sigma^2}=\frac{(n-1)S^2}{\chi^2_{1-\alpha}(n-1)}$ $\underline{\sigma^2}=\frac{(n-1)S^2}{\chi^2_{\alpha}(n-1)}$

续表 5.3

	待估参数	其他参数	统计量及其分布	置信区间	单侧置信限
两个正态总体	$\mu_1-\mu_2$	σ_1^2,σ_2^2 已知	$Z=\dfrac{\overline{X}-\overline{Y}-(\mu_1-\mu_2)}{\sqrt{\dfrac{\sigma_1^2}{n_1}+\dfrac{\sigma_2^2}{n_2}}}\sim N(0,1)$	$\left(\overline{X}-\overline{Y}\pm z_{\frac{\alpha}{2}}\sqrt{\dfrac{\sigma_1^2}{n_1}+\dfrac{\sigma_2^2}{n_2}}\right)$	$\overline{\mu_1-\mu_2}=\overline{X}-\overline{Y}+z_\alpha\sqrt{\dfrac{\sigma_1^2}{n_1}+\dfrac{\sigma_2^2}{n_2}}$ $\underline{\mu_1-\mu_2}=\overline{X}-\overline{Y}-z_\alpha\sqrt{\dfrac{\sigma_1^2}{n_1}+\dfrac{\sigma_2^2}{n_2}}$
	$\mu_1-\mu_2$	$\sigma_1^2=\sigma_2^2=\sigma^2$ 未知	$t=\dfrac{(\overline{X}-\overline{Y})-(\mu_1-\mu_2)}{S_\omega\sqrt{\dfrac{1}{n_1}+\dfrac{1}{n_2}}}\sim t(n_1+n_2-2)$ $S_\omega^2=\dfrac{(n_1-1)S_1^2+(n_2-1)S_2^2}{n_1+n_2-2}$	$\left(\overline{X}-\overline{Y}\pm t_{\frac{\alpha}{2}}(n_1+n_2-2)S_\omega\times\sqrt{\dfrac{1}{n_1}+\dfrac{1}{n_2}}\right)$	$\overline{\mu_1-\mu_2}=\overline{X}-\overline{Y}+t_\alpha(n_1+n_2-2)S_\omega\sqrt{\dfrac{1}{n_1}+\dfrac{1}{n_2}}$ $\underline{\mu_1-\mu_2}=\overline{X}-\overline{Y}-t_\alpha(n_1+n_2-2)S_\omega\sqrt{\dfrac{1}{n_1}+\dfrac{1}{n_2}}$
	$\dfrac{\sigma_1^2}{\sigma_2^2}$	μ_1,μ_2 未知	$F=\dfrac{\dfrac{S_1^2}{S_2^2}}{\dfrac{\sigma_1^2}{\sigma_2^2}}\sim F(n_1-1,n_2-1)$	$\left(\dfrac{S_1^2}{S_2^2}\dfrac{1}{F_{\frac{\alpha}{2}}(n_1-1,n_2-1)},\ \dfrac{S_1^2}{S_2^2}\dfrac{1}{F_{1-\frac{\alpha}{2}}(n_1-1,n_2-1)}\right)$	$\overline{\left(\dfrac{\sigma_1^2}{\sigma_2^2}\right)}=\dfrac{S_1^2}{S_2^2}\dfrac{1}{F_{1-\alpha}(n_1-1,n_2-1)}$ $\underline{\left(\dfrac{\sigma_1^2}{\sigma_2^2}\right)}=\dfrac{S_1^2}{S_2^2}\dfrac{1}{F_\alpha(n_1-1,n_2-1)}$

习题五

一、填空题

1. 设总体 $X\sim B(n,p)$，$0<p<1$，$X_1,X_2,\cdots,X_n$ 为其样本，n 及 p 的矩估计分别是________.

2. 设总体 $X\sim U[0,\theta]$，$X_1,X_2,\cdots,X_n$ 是来自 X 的样本，则 θ 的最大似然估计量是________.

3. 设总体 $X\sim N(\mu,0.9^2)$，$X_1,X_2,\cdots,X_9$ 是容量为9的简单随机样本，均值 $\overline{x}=5$，则未知参数 μ 的置信水平为 0.95 的置信区间是________.

4. 测得自动车床加工的 10 个零件的尺寸与规定尺寸的偏差(单位:μm) 如下

$$+2,\ +1,\ -2,\ +3,\ +2,\ +4,\ -2,\ +5,\ +3,\ +4$$

则零件尺寸偏差的数学期望的无偏估计量是________.

5. 在上述第 4 题的条件下，零件尺寸偏差的方差的无偏估计量是________.

6. 从总体中随机地抽取容量为 n 的一个样本$(x_1,x_2,\cdots,x_n)$，若满足：________、________、________，则称此样本为简单的随机样本.

7. 设$(X_1,X_2,\cdots,X_n)$是总体 X 的一个样本，并且 $E(X)=\mu$，$D(X)=\sigma^2$，则 $E(\overline{X})=$________；$D(\overline{X})=$________.

8. 设总体 $X\sim N(\mu,\sigma^2)$，样本容量为 n，则 $\overline{X}\sim$________；$\dfrac{(n-1)S^2}{\sigma^2}\sim$________.

9. 设总体 $X \sim N(4,40)$，$(X_1,X_2,\cdots,X_{10})$ 是 X 的一个容量为 10 的样本，则 $\overline{X}$ 的密度函数为________.

10. 设总体 $X \sim N(\mu,\sigma^2)$，样本容量为 n，则 $\dfrac{\overline{X}-\mu}{\sqrt{\dfrac{\sigma^2}{n}}} \sim$ ________；$\dfrac{\overline{X}-\mu}{\sqrt{\dfrac{S^2}{n}}} \sim$ ________.

二、选择题

1. 设 $X_1,X_2,\cdots,X_n$ 是取自总体 X 的一个简单样本，则 $E(X^2)$ 的矩估计是________

(A) $S_1^2 = \dfrac{1}{n-1}\sum\limits_{i=1}^{n}(X_i-\overline{X})^2$　　(B) $S_2^2 = \dfrac{1}{n}\sum\limits_{i=1}^{n}(X_i-\overline{X})^2$

(C) $S_1^2 + \overline{X}^2$　　(D) $S_2^2 + \overline{X}^2$

2. 总体 $X \sim N(\mu,\sigma^2)$，σ^2 已知，$n \geqslant$ ________时，才能使总体均值 μ 的置信水平为 0.95 的置信区间长不大于 L

(A) $15\dfrac{\sigma^2}{L^2}$　　(B) $15.366\,4\dfrac{\sigma^2}{L^2}$　　(C) $16\dfrac{\sigma^2}{L^2}$　　(D) 16

3. 设 $X_1,X_2,\cdots,X_n$ 为总体 X 的一个随机样本，$E(X)=\mu$，$D(X)=\sigma^2$，$\hat{\theta}^2 = C\sum\limits_{i=1}^{n-1}(X_{i+1}-X_i)^2$ 为 σ^2 的无偏估计，$C=$ ________

(A) $\dfrac{1}{n}$　　(B) $\dfrac{1}{n-1}$　　(C) $\dfrac{1}{2(n-1)}$　　(D) $\dfrac{1}{(n-2)}$

4. 设总体 X 服从正态分布 $N(\mu,\sigma^2)$，$X_1,X_2,\cdots,X_n$ 是来自 X 的样本，则 σ^2 的最大似然估计为________

(A) $\dfrac{1}{n}\sum\limits_{i=1}^{n}(X_i-\overline{X})^2$　　(B) $\dfrac{1}{n-1}\sum\limits_{i=1}^{n}(X_i-\overline{X})^2$

(C) $\dfrac{1}{n}\sum\limits_{i=1}^{n}X_i^2$　　(D) $\overline{X}^2$

5. 在第 4 题条件下，σ^2 的无偏估计量是________

(A) $\dfrac{1}{n}\sum\limits_{i=1}^{n}(X_i-\overline{X})^2$　　(B) $\dfrac{1}{n-1}\sum\limits_{i=1}^{n}(X_i-\overline{X})^2$

(C) $\dfrac{1}{n}\sum\limits_{i=1}^{n}X_i^2$　　(D) $\overline{X}^2$

6. 若总体 $X \sim N(\mu,\sigma^2)$，当 μ 已知时，(X_1,X_2,X_3,X_4) 是总体 X 的一个样本，则不是统计量的是(　　)

(A) $X_1 + 5X_4$;　　(B) $\sum\limits_{i=1}^{n}X_i - \mu$;

(C) $X_1 - \sigma$;　　(D) $\sum\limits_{i=1}^{n}X_i^2$.

7. 若总体 $X \sim N(2,9)$，$(X_1,X_2,\cdots,X_{10})$ 是总体 X 的一个样本，则(　　)

(A) $\overline{X} \sim N(20,90)$　　(B) $\overline{X} \sim N(2,0.9)$

(C) $\overline{X} \sim N(2,9)$　　(D) $\overline{X} \sim N(20,9)$

8.若总体 $X \sim N(1,9)$,$(X_1,X_2,\cdots,X_9)$ 是总体 X 的一个样本,则(　　)

(A) $\frac{\overline{X}-1}{3} \sim N(0,1)$　　(B) $\frac{\overline{X}-1}{1} \sim N(0,1)$

(C) $\frac{\overline{X}-1}{9} \sim N(0,1)$　　(D) $\frac{\overline{X}-1}{\sqrt{3}} \sim N(0,1)$

9.设 $X \sim N(\mu,\sigma^2)$,$(X_1,X_2,\cdots,X_8)$ 为 X 的样本,$S^2 = \frac{1}{7}\sum_{i=1}^{8}(X_i - \overline{X})^2$,则(　　)成立.

(A) $\frac{\overline{X}-\mu}{\sigma}\sqrt{8} \sim t(8)$　　(B) $\frac{\overline{X}-\mu}{S}\sqrt{8} \sim t(8)$

(C) $\frac{\overline{X}-\mu}{\sigma}\sqrt{8} \sim t(7)$　　(D) $\frac{\overline{X}-\mu}{S}\sqrt{8} \sim t(7)$

10.设 $\hat{\theta}_1$ 和 $\hat{\theta}_2$ 是总体参数 θ 的两个估计量,说 $\hat{\theta}_1$ 比 $\hat{\theta}_2$ 更有效,是指(　　)

(A)$E(\hat{\theta}_1) = E(\hat{\theta}_2) = \theta$,且 $\hat{\theta}_1 < \hat{\theta}_2$;

(B)$E(\hat{\theta}_1) = E(\hat{\theta}_2) = \theta$,且 $\hat{\theta}_1 > \hat{\theta}_2$;

(C)$E(\hat{\theta}_1) = E(\hat{\theta}_2) = \theta$,且 $D(\hat{\theta}_1) < D(\hat{\theta}_2)$;

(D)$D(\hat{\theta}_1) < D(\hat{\theta}_2)$

三、计算题

1.某店抽查 9 个柜组,每个柜组某日的销售额(万元)分别为 10,9,8,8,7,6,6,5,4.求该商店 9 个柜组销售额的样本均值与方差.

2.抽样得到 100 个观测值如表 5.4 所示.

表 5.4

观测值 x_i	0	1	2	3	4	5
频数 m_i	14	21	26	19	12	8

计算样本平均值,样本方差,样本标准差.

3.设 $U \sim N(0,1)$,已知 $P(|U| < \lambda) = 1-\alpha$,求下列条件下的 $\lambda = U_{\frac{\alpha}{2}}$;

(1) $\alpha = 0.05$;　　(2) $\alpha = 0.01$;　　(3) $\alpha = 0.10$.

4.设 $\chi^2 \sim \chi^2(n-1)$,已知 $P(\lambda_1 < \chi^2 < \lambda_2) = 1-\alpha$,求下列条件下的 λ_1 和 λ_2($\lambda_1 = \chi^2_{1-\frac{\alpha}{2}}(n-1)$,$\lambda_2 = \chi^2_{\frac{\alpha}{2}}(n-1)$):

(1) $\alpha = 0.05, n = 8$;　　(2) $\alpha = 0.10, n = 6$.

5.总体 $X \sim N(2,0.02^2)$ 的随机抽取容量为 100 的样本,求满足 $P(|\overline{X}-2| < \lambda) = 0.95$ 的 λ 的值.

6.某灯泡厂生产了一大批灯泡,从中随机抽取 10 个进行寿命测试,得一组样品值(单位:h)

1 050 1 100 1 080 1 120 1 250 1 200 1 130 1 040 1 200 1 300

求这批灯泡得平均寿命 μ 和方差 σ^2

7.用矩法求出指数分布 $f(x) = \begin{cases} \frac{1}{\lambda}e^{-\frac{1}{\lambda}x} & x \geq 0 \\ 0 & x < 0 \end{cases}$,中参数 λ 的估计量.

8.某种电子管的使用寿命服从指数分布，$f(x)=\begin{cases}\frac{1}{\theta}e^{-\frac{1}{\theta}x} & x\geqslant 0\\ 0 & x<0\end{cases}$今抽取一组样本，测得其数据如下

16,19,50,68,100,130,140,270,280,340,410,450,520,620,190,210,800,1100

求 θ 的极大似然估计.

9.设总体 X 的密度函数为$f(x)=\frac{1}{2\sigma}e^{-\frac{|x|}{\sigma}}(-\infty<x<+\infty)$，从总体中抽取样本为：$-5,-3,2,0,4,-2,3,1$ 试求 σ 的极大似然估计.

10.设总体 X 服从$(0,\theta)$上的均匀分布，$\theta>0$未知，求 θ 的矩估计，并验证其无偏性.

11.已知总体 X 服从正态分布 $N(\mu,\sigma^2)$，今随机地抽测一组样本值为:3.3，-0.3，-0.6，-0.9.若 $\sigma^2=0.9$，求 μ 的0.95的置信区间.

12.已知某钢厂的铁水含碳量在正常生产情况下服从正态分布 $N(\mu,0.108^2)$，今随机地抽测9炉铁水，其平均含碳量为4.484，按此资料计算该厂铁水平均含碳量的置信区间，并要求有95%的可靠性.

13.一批零件的长度 X 服从正态分布 $N(\mu,\sigma^2)$，今从中随机地抽出9个，测得其长度(单位:mm)分别为

21.1,21.3,21.4,21.5,21.3,21.7,21.4,21.3,21.6

试对这批零件长度的平均值进行区间估计($\alpha=0.05$)

14.某商店购进一批桂圆，现从中随机地抽取8包进行检查，结果如下:(单位:g)502，505,499,501,498,497,499,501，已知这批桂圆的重量服从正态分布，试求该桂圆每包平均重量的0.95置信区间.

15.假定初出生婴儿(男孩)的体重 X 服从正态分布 $N(\mu,\sigma^2)$，今随机地抽出12名新生婴儿，测得其体重(单位:g)分别为

3 100,2 520,3 000,3 000,3 600,3 160,3 560,3 320,2 880,2 600,3 400,2 640

试对初生婴儿体重的方差进行区间估计(置信度为0.95).

16.设14名足球运动员在比赛前的脉搏(12 s)次数为:11,13,12,12,13,16,11,11,15,12,12,13,11,11假设脉搏次数 $X\sim N(\mu,\sigma^2)$，求 σ^2 的0.95置信区间.

17.若总体 $X\sim N(10,9)$，$(X_1,X_2,\cdots,X_6)$是总体 X 的一个样本，求 $P\{\overline{X}>11\}$.

18.设$(X_1,X_2,\cdots,X_n)$是总体 $\xi\sim N(\mu,\sigma^2)$ 的一个样本，S^2 为样本的方差，求满足不等式 $P\{\frac{S^2}{\sigma^2}\leqslant 1.5\}\geqslant 0.95$ 的最小 n 值.

19.已知随机变量 X 的密度函数为

$$f(x)=\begin{cases}\frac{x}{\theta}e^{-\frac{x^2}{2\theta}} & x>0,\theta>0\\ 0 & x\leqslant 0\end{cases}$$

$(X_1,X_2,\cdots,X_n)$为其一样本，求 θ 的极大似然估计，并问这个估计是否为无偏估计?

20.已知$(X_1,X_2,\cdots,X_n)$为总体 X 的一个样本，其密度函数为

$$f(x)=\begin{cases}(\alpha+1)x^{\alpha} & 0<x<1 \\ 0 & \text{其他}\end{cases}\quad(\alpha>-1)$$

求 α 的矩估计和极大似然估计.

21.某手表厂生产的超薄女表,走时误差服从正态分布,检验员随机从装配线上抽取9只进行检验,测得结果如下

$$-4.0,3.1,2.5,-2.9,0.9,1.1,2.0,-3.0,2.8$$

当置信水平为0.95时,求手表走时误差的均值 μ 和方差 σ^2 的置信区间.

22.设 $X_1,X_2,\cdots,X_n$ 为总体 X 的一个样本,X 的密度函数

$$f(x)=\begin{cases}\beta x^{\beta-1} & 0<x<1 \\ 0 & \text{其他}\end{cases}\quad(\beta>0)$$

求参数 β 的矩估计量和最大似然估计量.

23.设 X 服从参数为 λ 的泊松分布,试求参数 λ 的矩估计与最大似然估计.

24.随机地从一批零件中抽取16个,测得长度(cm)为

2.14,2.10,2.13,2.15,2.13,2.12,2.13,2.10,2.15,2.12,2.14,2.10,2.13,2.11,2.14,2.11

设零件长度分布为正态分布,试求总体 μ 的90%的置信区间:(1)若 $\sigma=0.01(\text{cm})$;(2)若 σ 未知.

25.某厂利用两条自动化流水线灌装番茄酱,分别以两条流水线上抽取样本 $X_1,X_2,\cdots,X_{12}$ 及 $Y_1,Y_2,\cdots,Y_{17}$,算出 $\overline{X}=10.6(\text{g})$,$\overline{Y}=9.5(\text{g})$,$S_1^2=2.4$,$S_2^2=4.7$,假设这两条流水线上灌装的番茄酱的重都服从正态分布,且相互独立,其均值分别为 μ_1,μ_2,设两总体方差 $\sigma_1^2=\sigma_2^2$,求 $\mu_1-\mu_2$ 置信水平为95%的置信区间.

26.在上述第29题条件下,求 $\dfrac{\sigma_1^2}{\sigma_2^2}$ 的置信水平为95%的置信区间.

四、证明题

为了对一批产品估计其废品率 P,随机取一样本 $X_1,X_2,\cdots,X_n$,其中 $X_i=\begin{cases}1 & \text{取得废品} \\ 0 & \text{取得合格品}\end{cases}$,$i=1,2,\cdots,n$,试证明 $\hat{P}=\overline{X}=\dfrac{1}{n}\sum\limits_{i=1}^{n}X_i$ 是 P 的无偏估计量.

第 6 章　假设检验

上一章已经研究了怎样利用统计量来对总体的未知参数进行估计.本章将研究统计推断中另一类方法,就是先对总体的概率分布和分布律中未知参数作出假设,然后根据样本提供的信息,利用统计分析的方法按照一定的准则和程序来检验这一假设是否正确,从而作出接受与拒绝的决定,这就是假设检验.

6.1　假设检验的基本概念

在实际问题中,要判断总体是否具有某种性质或判断两个独立的样本的总体是否具有相同的均值或方差.请看下面的问题.

例6.1.1　某厂生产的一种绝缘子,它的抗弯性服从正态分布,其均值为740 kg,标准差 $\sigma = 180$ kg,今采用新工艺生产此绝缘子,实测10个,得样本均值 $\overline{x} = 869$ kg,问新绝缘子的均值 μ 与原绝缘子的均值 $\mu_0 = 740$ kg是否相同?

对于在例6.1.1中新绝缘子抗弯性服从正态分布 $X \sim N(\mu,\sigma^2)$ 且有 $\mu_0 = 740, \sigma = 180$,如果新机器是正常工作的,那么 μ 应等于 $\mu_0 = 740$,于是,就预先作一假设 $H_0:\mu = \mu_0$,问题就变成了判定这一假设 H_0 是否成立,或者说这一假设 H_0 是否符合实际观察的结果.而 $\overline{X}$ 是 μ 的一个估计值,所以我们就根据 $\overline{X}$ 与 μ 的差异程度来判断.但是,有时即使新机器是正常工作的,由于各种随机原因,样本的平均值也未必就恰好等于 μ_0,它会在 μ_0 的附近来回摆动,用式子可表示为 $|\overline{X} - \mu_0| \leqslant \lambda$.然而,若 $|\overline{X} - \mu_0| = \lambda$ 较大,即 λ 超出了正常的范围,那么,机器就不正常了,这时就否定原先的假设.

以上例子,可以归结为对总体 X 作出某种假设,然后,用样本的数据来检验该假设是否成立.这类问题一般称为假设检验问题.于是我们规定:

假设检验中作为检验对象的假设称为原假设,用 H_0 表示,否定原假设称为备择假设或对立假设,用 H_1 表示,分别记为

$$H_0:\mu = \mu_0, H_1:\mu \neq \mu_0$$

用样本提供的信息来推断原假设是否成立的过程称为假设检验.

6.1.1　假设检验的基本思想

在例6.1.1中,根据所要求可靠度,机器正常工作时, $|\overline{X} - \mu_0| = \lambda$ 有一个最大值,当

$|\overline{X}-\mu_0|\leqslant\lambda$ 时,我们就接受假设 H_0,认为机器是正常的;当 $|\overline{X}-\mu_0|>\lambda$ 时,则拒绝 H_0 接受 H_1,认为机器不正常工作.

一般地,如果检验原假设 $H_0:\mu=\mu_0$,那么称接受 H_0 的 $\overline{X}$ 的取值范围为接受域,称拒绝 H_0 的 $\overline{X}$ 的取值范围为拒绝域,其边界点称为临界点.

由参数的区间估计可知,μ 落在区间$\left(\overline{X}-U_{\frac{\alpha}{2}}\frac{\sigma}{\sqrt{n}},\overline{X}+U_{\frac{\alpha}{2}}\frac{\sigma}{\sqrt{n}}\right)$的概率为 $1-\alpha$,如果原假设 $H_0:\mu=\mu_0$ 成立,则 μ_0 落在此区间的概率也为 $1-\alpha$,则 μ_0 落在此区间之外的概率为 α,令 $U_{\frac{\alpha}{2}}\frac{\sigma}{\sqrt{n}}=\lambda$,于是出现 $|\overline{X}-\mu_0|>\lambda$ 的概率为 α,当 α 很小时,$|\overline{X}-\mu_0|>\lambda$ 是一个小概率事件.根据"小概率事件在一次实验中几乎不可能发生"的原理,如果实际上已经发生了,这说明原假设 H_0 是不正确的,应拒绝原假设 H_0,接受备择假设 H_1.这就是假设检验的基本原理.

至于小概率要小到什么程度才算是小概率,这要根据实际问题而定.把概率 α 称显著水平 α.

下面将例 6.1.1 的解题过程完整叙述如下:

解 采用新工艺生产此绝缘子后,实得样本均值 $\overline{x}=869$ 比原来的 $\mu_0=740$ 大些,其差为 $\overline{x}-\mu_0=129(\text{kg})$,这个差异是新工艺造成的,还是纯粹由于随机因素引起的,可以用假设检验对此作出判断.

于是,设原假设 $H_0:\mu=\mu_0=740$ 成立,由于方差 $\sigma=180$ 已知,所以选取统计量

$$U=\frac{\overline{X}-\mu_0}{\frac{\sigma}{\sqrt{n}}}\sim N(0,1)$$

对于给定的 $\alpha=0.05$,由于 $P\{|U|<\lambda\}=0.95$,查表得 $\lambda=u_{0.025}=1.96$,从而

$$|U|=\frac{869-740}{\frac{180}{\sqrt{10}}}=2.266>1.96$$

故应该拒绝原假设 H_0.

根据以上的讨论与分析可将假设检验的基本步骤概括如下:

(1) 根据实际问题提出假设 H_0 与对立假设 H_1,即说明需要检验的假设 H_0 的具体内容;

(2) 选取适当的统计量,并在假设 H_0 成立的条件下,计算与确定该统计量的分布;

(3) 按问题的具体要求,选取适当的显著水平 α 并根据统计量的分布查表,确定 α 的临界值;

(4) 根据样本的观测值计算统计量的值,与其临界值比较,从而判断是接受还是拒绝假设 H_0.

6.1.2 假设检验中的两类错误

采用统计假设检验方法,其目的只是作出有一定程度的判断,因此,在实际应用中,难免会作出两类错误的判断.

(1) 若原假设 H_0 实际上是正确的,但我们却拒绝了它,这是犯了“弃真”的错误,通常称第一类错误;

(2) 若原假设 H_0 实际上是不正确的,但我们却错误地接受了它,这是犯了“取伪”的错误,通常称第二类错误.

自然,人们希望犯这两类错误的概率越小越好,但对于一定的样本容量 n,不能同时做到保证犯这两类错误的概率都小,往往是减小其中一类概率,就会增大另一类概率.一般来说,先固定“犯第一类错误”的概率,而后再考虑如何减小“犯第二类错误”的概率;要同时降低两类错误的概率,就需要增加样本的容量 n,有兴趣的读者可参考有关文献.

6.2 一个正态总体的假设检验

6.2.1 方差已知的均值的 U 检验

设$(X_1,X_2,\cdots,X_n)$来自总体 $X \sim N(\mu,\sigma^2)$ 的一个样本,由前面的讨论知 $\overline{X} \sim N\left(\mu,\frac{\sigma^2}{n}\right)$,将它标准化,有 $U = \dfrac{\overline{X}-\mu}{\frac{\sigma}{\sqrt{n}}} \sim N(0,1)$.

因此得到关于方差 σ^2 已知的正态总体均值 μ 的假设检验的步骤:

(1) 提出待检验的假设 $H_0:\mu = \mu_0$;

(2) 选取样本$(X_1,X_2,\cdots,X_n)$的统计量 $U = \dfrac{\overline{X}-\mu_0}{\sigma/\sqrt{n}}$ 在 H_0 成立的条件下 $U \sim N(0,1)$;

(3) 根据给出的检验水平 α,反查标准的正态分布表,确定临界值 $U_{\frac{\alpha}{2}}$,使得

$$P\{|U| > U_{\frac{\alpha}{2}}\} = \alpha$$

(4) 根据样本观测值计算统计量的值.若 $|U| \leqslant u_{\frac{\alpha}{2}}$ 时,则接受原假设 $H_0:\mu = \mu_0$;若 $|U| > U_{\frac{\alpha}{2}}$ 时,则选择拒绝原假设.

这种方法称为 U – 检验法.

例 6.2.1 设某饮料厂生产一种加钙饮料,每 100 mL 平均含钙量为 60 mL,现改进加工工艺后,从中随机地选取 9 瓶(100 mL),经测得其含钙量分别为 63.5,61.3,58.7,59.6,62.5,63.8,61.5,60.7,59.2.已知饮料中含钙量 $X \sim N(\mu,4^2)$,问新工艺下钙含量与旧工艺下钙含量是否有显著差异($\alpha = 0.01$)?

解 根据例题中所给的条件,可知这是一个正态总体,方差已知,对总体均值 μ 是否等于 60 进行检验的问题,所以采用 U – 检验法.

设原假设 $H_0:\mu = 60, H_1:\mu \neq 60$,作统计量

$$U = \frac{\overline{X}-60}{\frac{2}{\sqrt{9}}}$$

在 H_0 成立的条件下 $U \sim N(0,1)$.

由 $\alpha = 0.01$，查正态分布表得 $U_{0.005} = 2.58$，使得

$$P\{|U| > 2.58\} = 0.01$$

根据样本值，计算得到 $\overline{X} = 61.2$，所以

$$|U| = \frac{61.2 - 60}{\frac{2}{\sqrt{9}}} = 1.8 < 2.58$$

故接受 H_0，即认为新工艺下钙含量与旧工艺下钙含量没有显著差异($\alpha = 0.01$).

6.2.2 方差未知的均值的 t 检验

设$(X_1, X_2, \cdots, X_n)$来自总体 $X \sim N(\mu, \sigma^2)$ 的一个样本，其中总体方差 σ^2 为未知的，这样就会自然想到用样本的方差 $S^2 = \frac{1}{n-1}\sum_{i=1}^{n}(X_i - \overline{X})^2$ 来估计总体方差 σ^2. 于是，统计量 $U = \frac{\overline{X} - \mu}{\frac{\sigma}{\sqrt{n}}}$，就换成了统计量

$$t = \frac{\overline{X} - \mu}{\frac{S}{\sqrt{n}}} \sim t(n-1)$$

因此得到一个关于方差 σ^2 未知的正态总体的均值 μ 的检验步骤：

(1) 提出待检验的假设 $H_0: \mu = \mu_0$; $H_1: \mu \neq \mu_0$;

(2) 选取样本$(X_1, X_2, \cdots, X_n)$的统计量 $t = \frac{\overline{X} - \mu_0}{\frac{S}{\sqrt{n}}}$ 在 H_0 成立的条件下，$t \sim t(n)$；

(3) 根据给出的检验水平 α，查 t 分布表，确定临界值 $t_{\frac{\alpha}{2}}$，使得 $P\{|t| > t_{\frac{\alpha}{2}}\} = \alpha$；

(4) 根据样本观测值计算统计量 t 的值. 若 $|t| \leqslant t_{\frac{\alpha}{2}}$ 时，则接受原假设 $H_0: \mu = \mu_0$；若 $|t| > t_{\frac{\alpha}{2}}$ 时，则拒绝原假设.

这种方法称为 t - 检验法.

例 6.2.2 设某个计算公司所使用的现行系统运行每个程序的平均时间为 45 s，今在一个新的系统中进行试验，试运行 9 个程序所需的时间如下(单位:s)：30，37，42，35，36，40，47，48，45，由此数据能否断言：新系统能减少运行程序的平均时间. 假设运行每个程序的时间服从正态分布($\alpha = 0.05$).

解 假设 $H_0: \mu = 45$; $H_1: \mu \neq 45$，选取 $t = \frac{\overline{X} - 45}{\frac{S}{\sqrt{9}}}$，在 H_0 成立的条件下，$t \sim t(9-1)$.

对于给定的 $\alpha = 0.05$，查 t 分布表，确定临界值 $t_{0.025}(8) = 2.306$.

据样本的观测值得 $\overline{X} = 40$，$S = 6.04$，于是

$$|t| = \left|\frac{40 - 45}{\frac{6.04}{\sqrt{9}}}\right| = 2.483 > 2.306$$

故应该否定 $H_0:\mu = 45$,由于 $\overline{X} = 40 < 45$,因此,新系统优于现行系统.

例 6.2.3　在正常情况下,某工厂生产的电灯泡的寿命 X 服从正态分布,测得10个灯泡的寿命如下(单位:h):1 490,1 440,1 680,1 610,1 500,1 750,1 550,1 420,1 800,1 580,问能认为该工厂生产的电灯泡的平均寿命为 $\mu_0 = 1\,600$ h($\alpha = 0.05$)?

解　按题意,设原假设 $H_0:\mu = \mu_0 = 1\,600$,$H_1:\mu_0 \neq 1\,600$,计算出 $\overline{X} = 1582$,$S = 128.59$,于是

$$|t| = \left|\frac{1\,582 - 1\,600}{\frac{128.59}{\sqrt{10}}}\right| = |-0.44| = 0.44 < t_{0.025}(9) = 2.26$$

故接受原假设,即可以认为该工厂生产的电灯泡的平均寿命为 $\mu_0 = 1\,600$ h.

6.2.3　单个正态总体的方差的 χ^2 检验

1. 均值 μ 未知,检验假设 $H_0:\sigma^2 = \sigma_0^2$($\sigma_0^2$ 已知)

设$(X_1,X_2,\cdots,X_n)$是来自总体 $X \sim N(\mu,\sigma^2)$ 的一个样本,其中均值 μ 未知,因为 $\frac{(n-1)S^2}{\sigma^2} \sim \chi^2(n-1)$,那么,关于未知期望 μ 的正态总体的方差的假设检验步骤为:

(1) 提出待检验的假设 $H_0:\sigma^2 = \sigma_0^2$;

(2) 选取样本$(X_1,X_2,\cdots,X_n)$的统计量 $\chi^2 = \frac{(n-1)S^2}{\sigma_0^2}$.

在 H_0 成立的条件下,它服从具有自由度为 $n-1$ 的 $\chi^2(n-1)$ 分布;

(3) 根据给出的检验水平 α,查 χ^2 分布表,确定临界值 $\chi^2_{\frac{\alpha}{2}}(n-1)$ 及 $\chi^2_{1-\frac{\alpha}{2}}(n-1)$ 满足 $P\{\chi^2 > \chi^2_{\frac{\alpha}{2}}\} = P\{0 < \chi^2 < \chi^2_{1-\frac{\alpha}{2}}\} = \frac{\alpha}{2}$;

(4) 根据样本观测值计算统计量 χ^2 的值.若 $\chi^2_{1-\frac{\alpha}{2}} \leqslant \chi^2 \leqslant \chi^2_{\frac{\alpha}{2}}$ 时,则接受原假设 H_0;若 $\chi^2 > \chi^2_{\frac{\alpha}{2}}$ 或 $\chi^2 < \chi^2_{1-\frac{\alpha}{2}}$ 时,则拒绝假设 H_0.

这种方法称为 χ^2 - 检验法.

例 6.2.4　某炼铁厂的铁水含碳量 X 在正常情况下服从正态分布,现对操作工艺进行了某些改进,从中抽取了五炉铁水,测得含碳量数据如下

4.420,4.052,4.357,4.287,4.683

据此是否可以认为新工艺炼出的铁水含碳量的方差仍为 0.108^2($\alpha = 0.05$)?

解　假设 $H_0:\sigma^2 = \sigma_0^2 = 0.108^2$.选取统计量

$$\chi^2 = \frac{(n-1)S^2}{0.108^2}$$

对于 $\alpha = 0.05$,查自由度为 $n-1=4$ 的 χ^2 分布表得

$$\chi^2_{0.025}(4) = 11.1,\chi^2_{0.975}(4) = 0.484$$

由样本观测值计算 $S^2 = 0.052\,0$,于是

$$\chi^2 = \frac{(5-1)\times 0.052\,0}{0.108^2} = 17.836 > 11.1$$

所以拒绝原假设 H_0，即不能认为新工艺炼出的铁水含碳量的方差仍为 0.108^2.

2. 总体均值 μ 未知，检验假设 $H_0:\sigma^2 \leqslant \sigma_0^2$($\sigma_0^2$ 已知)

设$(X_1, X_2, \cdots, X_n)$是来自总体 $X \sim N(\mu, \sigma^2)$ 的一个样本，其中均值 μ 未知，因为 $\chi^2 = \dfrac{(n-1)S^2}{\sigma^2} \sim \chi^2(n-1)$，那么，关于均值 μ 未知的正态总体的方差的假设检验步骤为：

(1) 提出待检验的假设 $H_0:\sigma^2 \leqslant \sigma_0^2$；

(2) 选取样本$(X_1, X_2, \cdots, X_n)$的统计量 $\chi^2 = \dfrac{(n-1)S^2}{\sigma^2}$.

在 H_0 成立的条件下，它服从具有自由度为 $n-1$ 的 $\chi^2(n-1)$ 分布；

(3) 根据给出的检验水平 α，查 χ^2 分布表，确定临界值 χ_α^2，满足

$$P\{\chi^2 \geqslant \chi_\alpha^2\} = \alpha$$

由于 χ^2 中含有未知参数 σ^2，不能用样本观测值计算出 χ^2 的值. 由假设 $\sigma^2 \leqslant \sigma_0^2$，得

$$\frac{(n-1)S^2}{\sigma_0^2} \leqslant \frac{(n-1)S^2}{\sigma^2}$$

于是

$$P\left\{\frac{(n-1)S^2}{\sigma_0^2} > \chi_\alpha^2\right\} \leqslant P\left\{\frac{(n-1)S^2}{\sigma^2} > \chi_\alpha^2\right\} = \alpha$$

(4) 根据样本观测值计算统计量 $\chi_0^2 = \dfrac{(n-1)S^2}{\sigma_0^2}$ 的值，若 $\chi_0^2 < \chi_\alpha^2(n-1)$，则接受原假设 H_0；若 $\chi_0^2 \geqslant \chi_\alpha^2(n-1)$，则应该拒绝原假设 H_0.

例 6.2.5 某厂用机器包装食盐，假设每袋盐的净重服从正态分布，规定每袋标准重为 1 kg，标准差不能超过 0.02 kg. 某日开工后，为检查其机器工作是否正常，从装好的食盐中随机抽取 9 袋，测其净重为(单位：kg)：0.944，1.014，1.02，0.95，1.03，0.968，0.976，1.048，0.982，问这天包装机工作是否正常($\alpha = 0.05$)？

解 设 X 为一袋食盐的净重，依题意，$X \sim N(\mu, \sigma^2)$.

(1) 假设 $H_0:\mu = 1$. $H_1:\mu \neq 1$，选取样本 $X_1, X_2, \cdots, X_n$ 的统计量 $t = \dfrac{\overline{X}-1}{S/\sqrt{9}}$. 在 H_0 的条件下，$t \sim t(9-1)$.

对于给定的检验水平 $\alpha = 0.05$，查自由度 $n-1 = 8$ 的 t 分布表得 $t_{0.025}(8) = 2.306$. 由样本得观测值，计算得到 $\overline{X} = 0.992$，$S = 0.037$，所以

$$t = \left|\frac{\dfrac{0.992-1}{0.037}}{\sqrt{9}}\right| = 0.649 < 2.306$$

故可以接受 H_0，即认为 $\mu = 1$.

(2) 假设 $H_1:\sigma^2 \leqslant 0.02^2$. 选取统计量

$$X^2 = \frac{(9-1)S^2}{0.02^2}$$

对于给定的 $\alpha = 0.05$，查自由度 $n-1 = 8$ 的 χ^2 分布表，得 $\chi_{0.05}^2(8) = 15.5$，由于

$$\chi^2 = \frac{(9-1)\times 0.037^2}{0.02^2} = 27.38 > 15.5$$

故拒绝假设 H_1,即可认为其方差超过 0.02^2,因此我们说该天包装机工作不正常.

6.3 两个正态总体的假设检验

6.3.1 两个正态总体均值的假设检验

我们可以应用 t 检验法检验具有相同方差的两个正态总体均值差的假设. 设 $X_1, X_2, \cdots, X_{n1}$ 是来自正态总体 $X \sim N(\mu_1, \sigma^2)$ 的样本,$Y_1, Y_2, \cdots, Y_{n2}$ 是来自正态总体 $Y \sim N(\mu_2, \sigma^2)$ 的样本,$\overline{X}, S_1^2$ 与 $\overline{Y}, S_2^2$ 分别为 X 与 Y 得样本均值和样本方差,且设两个样本相互独立,μ_1, μ_2, σ^2 为未知,在两个总体的方差相等的情况下,来假设检验

$$H_0: \mu_1 - \mu_2 = 0, H_1: \mu_1 - \mu_2 \neq 0$$

引用下面的统计量 T 作为检验统计量

$$T = \frac{(\overline{X} - \overline{Y}) - (\mu_1 - \mu_2)}{S_w\sqrt{\dfrac{1}{n_1} + \dfrac{1}{n_2}}}$$

其中 $S_w^2 = \dfrac{(n_1 - 1)S_1^2 + (n_2 - 1)S_2^2}{n_1 + n_2 - 2}$,当 H_0 为真时,由上章的有关定理知 $T \sim t(n_1 + n_2 - 2)$,对给定的显著性水平 α,有

$$P\{|T| \geqslant t_{\frac{\alpha}{2}}(n_1 + n_2 - 2)\} = P\left\{\left|\frac{\overline{X} - \overline{Y}}{S_w\sqrt{\dfrac{1}{n_1} + \dfrac{1}{n_2}}}\right|\right\} \geqslant t_{\frac{\alpha}{2}}(n_1 + n_2 - 2) = \alpha$$

事件$\{|T| \geqslant t_{\alpha/2}(n_1 + n_2 - 2)\}$是小概率事件,由此得 H_0 的拒绝域是

$$\left|\frac{\overline{X} - \overline{Y}}{S_w\sqrt{\dfrac{1}{n_1} + \dfrac{1}{n_2}}}\right| \geqslant t_{\alpha/2} \quad (n_1 + n_2 - 2) \tag{6.1}$$

当两个正态总体的方差均为已知时,我们可以应用 U 检验法来检验两个正态总体的均值差的假设问题.

例 6.3.1 在平炉上进行一项实验以确定改变操作方法的建议是否会增加钢的得率,实验是在同一只平炉上进行的. 这里假设每炼一炉钢时除操作方法外,其他条件都尽可能做到相同. 先用标准方法炼一炉,然后用建议的新方法炼一炉,以后交替进行,各炼了10炉,其得率分别为:

(1) 标准方法:78.1,72.4,76.2,74.3,78.4,76.0,75.5,76.7,77.3,77.4

(2) 新方法:79.1,81.0,77.3,79.1,80.0,79.1,79.1,77.3,80.2,82.1

设这两样本相互独立,分别来自总体 $N(\mu_1, \sigma^2)$ 和总体 $N(\mu_2, \sigma^2)$,μ_1, μ_2, σ^2 均未知,问建议的新操作方法与原来标准操作方法相比得钢率是否有显著的变化(取 $\alpha = 0.05$).

解 根据所提出的问题需要检验假设

$$H_0: \mu_1 - \mu_2 = 0, H_1: \mu_1 - \mu_2 \neq 0$$

因为

$$n_1 = 10, x = 76.23, S_1^2 = 3.325$$

$$n_2 = 10, y = 79.43, S_2^2 = 2.225$$

有

$$S_w^2 = \frac{(10-1)s_1^2 + (10-1)s_2^2}{10+10-2} = 2.775$$

当 H_0 为真时

$$t = \frac{\overline{x} - \overline{y}}{S_w\sqrt{\frac{1}{10} + \frac{1}{10}}} = -4.295$$

$$t_{\frac{\alpha}{2}}(n_1 + n_2 - 2) = t_{0.025}(18) = 2.1009$$

因为 $|t| = 4.295 > t_{0.025}(18)$，所以拒绝接受 H_0，认为建议新的操作法炼钢的得率较比原来的标准方法炼钢得率有显著变化.

6.3.2 两个正态总体方差的假设检验

设 $X_1, X_2, \cdots, X_{n1}$ 是来自正态总体 $N(\mu_1, \sigma_1^2)$ 的样本，$Y_1, Y_2, \cdots, Y_{n2}$ 是来自正态总体 $N(\mu_2, \sigma_2^2)$ 的样本，且两样本相互独立，其样本方差分别为 S_1^2, S_2^2，且设 $\mu_1, \mu_2, \sigma_1^2, \sigma_2^2$ 均为未知，现在要检验假设

$$H_0: \sigma_1^2 = \sigma_2^2, H_1: \sigma_1^2 \neq \sigma_2^2$$

由样本的独立性及 $(n_i - 1)\frac{S_i^2}{\sigma_i^2} \sim \chi^2(n_i - 1), i = 1,2$，得

$$\frac{\frac{S_1^2}{\sigma_1^2}}{\frac{S_2^2}{\sigma_2^2}} \sim F(n_1 - 1, n_2 - 1) \tag{6.2}$$

当 H_0 为真时，$F = \frac{S_1^2}{S_2^2} \sim F(n_1 - 1, n_2 - 1)$，取 $F = \frac{S_1^2}{S_2^2}$ 作为检验的统计量，对给定的检验水平 $\alpha(0 < \alpha < 1)$ 有

$$p\left\{\left(\frac{S_1^2}{S_2^2} \leqslant F_{1-\frac{\alpha}{2}}(n_1 - 1, n_2 - 1)\right) \cup \left(\frac{S_1^2}{S_2^2} \geqslant F_{1-\frac{\alpha}{2}}(n_1 - 1, n_2 - 1)\right)\right\} = \alpha$$

若 α 很小，事件 $\left(\frac{S_1^2}{S_2^2} \leqslant F_{1-\frac{\alpha}{2}}(n_1 - 1, n_2 - 1)\right)$ 和事件 $\left(\frac{S_1^2}{S_2^2} \geqslant F_{1-\frac{\alpha}{2}}(n_1 - 1, n_2 - 1)\right)$ 都是小概率事件，于是 H_0 的拒绝域

$$F = \frac{S_1^2}{S_2^2} \geqslant F_{1-\frac{\alpha}{2}}(n_1 - 1, n_2 - 1)$$

或

$$F = \frac{S_1^2}{S_2^2} \leqslant F_{1-\frac{\alpha}{2}}(n_1 - 1, n_2 - 1) \tag{7.3}$$

上述检验法称为 F 检验法.

例6.3.2　试对上例6.3.1中的问题,检验两种操作方法炼钢得率的方差是否有显著差异($\alpha = 0.01$).

解　$H_0: \sigma_1^2 = \sigma_2^2, H_1: \sigma_1^2 \neq \sigma_2^2$,这里 $n_1 = n_2 = 10, \alpha = 0.01$,$H_0$ 的拒绝域是

$$\frac{S_1^2}{S_2^2} \geqslant F_{1-\frac{\alpha}{2}}(n_1-1, n_2-1) \text{ 或 } \frac{S_1^2}{S_2^2} \leqslant F_{1-\frac{\alpha}{2}}(n_1-1, n_2-1)$$

由于

$$F_{\alpha/2}(n_1-1, n_2-1) = F_{0.005}(9,9) = 6.45$$

$$F_{1-\alpha/2}(n_1-1, n_2-1) = F_{0.995}(9,9) = 0.153$$

$$S_1^2 = 3.325, S_2^2 = 2.225, \frac{S_1^2}{S_2^2} = 1.49, F_{1-\frac{\alpha}{2}}(9,9) \leqslant \frac{S_1^2}{S_2^2} \leqslant F_{\frac{\alpha}{2}}(9,9)$$

故接受 H_0,认为两总体方差 $\sigma_1^2 = \sigma_2^2$.

综上所述,可列表6.1.

表6.1　正态总体参数显著性检验表

名称	条件	假设 H_0	拒绝域	统计量
u 检验	$X \sim N(\mu, \sigma^2)$ σ^2 已知	$\mu = \mu_0$	$\lvert u \rvert \geqslant u_{\alpha/2}$	$u = \frac{\bar{x} - \mu_0}{\sigma}\sqrt{n}$
		$\mu \leqslant \mu_0$	$u \geqslant u_\alpha$	
		$\mu \geqslant \mu_0$	$u \leqslant -u_\alpha$	
t 检验	$X \sim N(\mu, \sigma^2)$ σ^2 未知	$\mu = \mu_0$	$\lvert t \rvert \geqslant t_{\frac{\alpha}{2}}(n-1)$	$t = \frac{\bar{x} - \mu_0}{s}\sqrt{n}$
		$\mu \leqslant \mu_0$	$t \geqslant t_\alpha(n-1)$	
		$\mu \geqslant \mu_0$	$t \leqslant -t_\alpha(n-1)$	
	$X \sim N(\mu_1, \sigma^2)$ $Y \sim N(\mu_2, \sigma^2)$ σ^2 未知	$\mu = \mu_0$	$\lvert t \rvert \geqslant t_{\frac{\alpha}{2}}(n_1+n_2-2)$	$t = \frac{\bar{x} - \bar{y}}{S_W\sqrt{\frac{1}{n_1} + \frac{1}{n_2}}}$
		$\mu \leqslant \mu_0$	$t \geqslant t_\alpha(n_1+n_2-2)$	
		$\mu \geqslant \mu_0$	$t \leqslant -t_\alpha(n_1+n_2-2)$	
χ^2 检验	$X \sim N(\mu, \sigma^2)$ μ 未知	$\sigma^2 = \sigma_0^2$	$\chi^2 \leqslant \chi^2_{1-\frac{\alpha}{2}}(n-1)$ 或 $\chi^2 \geqslant \chi^2_{\frac{\alpha}{2}}(n-1)$	$\chi^2 = \frac{(n-1)s^2}{{\sigma_0}^2}$
		$\sigma^2 \leqslant \sigma_0^2$	$\chi^2 \geqslant \chi^2_\alpha(n-1)$	
		$\sigma^2 \geqslant {\sigma_0}^2$	$\chi^2 \leqslant \chi^2_{1-\alpha}(n-1)$	
F 检验	$X \sim N(\mu_1, \sigma_1^2)$ $Y \sim N(\mu_2, \sigma_2^2)$ μ_1, μ_2 未知	$\sigma_1^2 = \sigma_2^2$	$F \leqslant F_{1-\frac{\alpha}{2}}(n_1-1, n_2-1)$ 或 $F \geqslant F_{\frac{\alpha}{2}}(n_1-1, n_2-1)$	$F = \frac{s_1^2}{s_2^2}$
		$\sigma_1^2 \leqslant \sigma_2^2$	$F \geqslant F_\alpha(n_1-1, n_2-1)$	
		$\sigma_1^2 \geqslant \sigma_2^2$	$F \leqslant F_{1-\alpha}(n_1-1, n_2-1)$	

6.4* 总体分布函数的假设检验

前面所讨论的假设问题是在已知总体服从正态分布的条件下,对其数字特征——数学期望和方差的假设检验,这样假设检验称为对参数的假设检验.但在实际问题中有时不能确切地知道总体服从什么分布,这样总是先根据样本值推断出总体可能遵从的分布函数或密度函数,然后在利用一定的方法检验这种推断是否正确,这样的检验问题是总体分布函数的假设检验.这里我们仅介绍皮尔逊(Pearson)χ^2 检验法.

设 H_0:总体 X 具有分布函数 $F_0(x)$,这里分布函数 $F_0(x)$ 的形式是已知的,其中的参数可由极大似然法确定.设 $X_1,X_2,\cdots,X_n$ 是来自总体 X 的样本,在实数轴上取 m 个点:$t_1<t_2<\cdots<t_m$,这 m 个点将实数轴分成 $m+1$ 个区间.第一个区间为 $(-\infty,t_1)$,第一个区间为 (t_1,t_2),……,第 $m+1$ 个区间为 $(t_m,+\infty)$.用 n_i 表示 $x_1,x_2,\cdots,x_n$ 中落入第 i 个区间的频数,这里 $i=1,2,\cdots,m+1$.如果 H_0 成立,那么有

$$P_1=P\{x\leqslant t_1\}=F_0(t_1)$$

$$P_i=P\{t_{i-1}<x\leqslant t_i\}=F_0(t_i)-F_0(t_i-1)\quad(\alpha\leqslant i\leqslant m)$$

$$P_{m+1}=p\{x>t_m\}=1-F_0(t_m)$$

根据概率与频率的关系知道,如果 H_0 为真时,f_i 与 p_i 之差应当很小,$(f_i-p_i)^2$ 也应当很小,于是 $V=\sum\limits_{i=1}^{m+1}(f_i-p_i)^2\dfrac{n}{p_i}$ 也应当很小才合理.这里 $\dfrac{n}{p_i}$ 是起平衡作用的因子,我们取 V 作为检验的统计量

$$V=\sum_{i=1}^{m+1}(f_i-p_i)^2\frac{n}{p_i}=\sum_{i=1}^{m+1}\frac{(n_i-np)^2}{np_i}\tag{6.4}$$

由于 $X_1,X_2,\cdots,X_n$ 是随机的,所以 V 也是随机变量.

皮尔逊证明了当 $n\to\infty$ 时,统计量 $V\sim\chi^2(k-r-1)$,其中 k 是所分区间的个数,r 是 X 的理论分布 $F_0(x)$ 中需要利用样本观测值计算其估计值的未知参数的个数.

对于给定的显著性水平 α,由 χ^2 分布临界值表查得 $\chi^2_\alpha(k-r-1)$ 使 $p\{V\geqslant\chi^2_\alpha(k-r-1)\}=\alpha$ 事件 $\{V\geqslant\chi^2_\alpha(k-r-1)\}$ 是小概率事件,在 H_0 成立时,如果实验的结果使 $\{V\geqslant\chi^2_\alpha(k-r-1)\}$ 发生了,则拒绝 H_0,否则可接受原假设 H_0.

应当指出,利用 χ^2 准则检验关于分布函数的假设,要求样本容量 n 以及样本值落在每个区间的频数 n_i 都应当足够大,通常 $n\geqslant 50$,$n_i\geqslant 5$.如果落在每个区间的频数 $n_i<5$,应把该区间和邻近的区间合并起来,使所分区间个数减少,然后再进行计算和检验.

例 6.4.1 某车间生产滚珠,随机抽取了 50 个产品,测得它们的直径为(单位:mm)

15.0,15.8,15.2,15.1,15.9,14.7,14.8,15.5,15.3,15.1

15.3,15.0,15.6,15.7,14.8,14.5,14.9,14.9,15.2,15.0

15.3,15.6,15.1,14.9,14.6,15.8,15.2,15.9,15.2,15.0

15.1,14.8,14.9,15.5,15.5,15.1,15.1,15.0,15.2,14.7

15.5,15.0,14.7,14.6,14.2,14.5,15.6,14.5,14.2,14.2

经计算 $\overline{x} = 15.1, s^2 = (0.432\,5)^2$，试在 $\alpha = 0.05$ 下检验假设 H_0：滚珠直径 $X \sim N(15.1,(0.432\,5)^2)$.

解　选取检验统计量 $V = \sum\limits_{i=1}^{m+1} \frac{(n_i - np)^2}{np_i}$，令

$$a = \min(x_1, x_2, \cdots, x_{50}) = 14.2, b = \max(x_1, x_2, \cdots, x_{50}) = 15.9$$

取 $\quad t_1 = 14.35, t_2 = 14.65, t_3 = 14.95, t_4 = 15.25, t_5 = 15.55, t_6 = 15.85$

若 H_0 成立，$X \sim N(15.1,(0.432\,5)^2)$，$F_0(x)$ 表示 X 的分布函数，则

$$F_0(x) = \frac{1}{0.432\,5\sqrt{2\pi}}\int_{-\infty}^{x} \exp\left\{-\frac{1}{2}\left(\frac{x - 15.1}{0.432\,5}\right)^2\right\}dt$$

$$p_1 = F_0(t_1) = \Phi\left(\frac{t_1 - 15.1}{0.4325}\right) = 0.041\,4$$

$$p_2 = F_0(t_2) - F_0(t_1) = \Phi\left(\frac{t_2 - 15.1}{0.4325}\right) = 0.107\,7$$

同样可以计算得

$$p_3 = 0.215\,4, p_4 = 0.271\,0, p_5 = 0.215\,4, p_6 = 0.107\,7, p_7 = 0.041\,4$$

统计量 V 的计算表如表 6.2 所示.

表 6.2

序号	组限	n_i	p_i	np_i	$(n_i - np_i)^2$	$\frac{(n_i - np_i)^2}{np_i}$
1	$(-\infty, 14.35]$	3	0.041 4			
2	$(14.35, 14.65]$	5	0.107 7	7.455	0.297 0	0.039 84
3	$(14.65, 14.95]$	10	0.215 4	10.770	0.592 9	0.055 05
4	$(14.95, 15.25]$	16	0.271 0	13.550	6.002 5	0.442 99
5	$(15.25, 15.55]$	8	0.215 4	10.770	7.6729	0.712 43
6	$(15.55, 15.85]$	6	0.107 7	7.415	0.2970	0.039 84
7	$(15.85, +\infty)$	2	0.041 4			
	$\sum$	50				1.250 31

$$V = \sum_{i=1}^{5} \frac{(n_i - np_i)^2}{np_i} = 1.250\,31$$

$$\chi^2_{0.05}(k - r - 1) = \chi^2_{0.05}(2) = 5.99$$

因为 $V < \chi^2_{0.05}(2)$，所以接受原假设 H_0，即认为滚珠直径

$$X \sim N(15.1,(0.432\,5)^2)$$

χ^2 检验法对离散型随机变量的情形，使用起来也是很方便的.

假设 X 的分布律是

$$H_0 : p\{X = \alpha_i\} = p_i, i = 1, 2, \cdots, m + 1$$

$x_1, x_2, \cdots, x_n$ 是样本值，我们取检验统计量 $V = \sum\limits_{i=1}^{m+1} \frac{(n_i - np)^2}{np_i}$，其中 n_i 是 n 个样本值中 α_i

出现的频数$(i = 1,2,\cdots,m+1)$，$V \sim \chi^2(k-r-1)$，当 $V \geqslant \chi_\alpha^2(k-r-1)$ 时，则拒绝原假设 H_0.

习题六

一、填空题

1. 设$X_1,X_2,\cdots,X_n$是来自正态总体$N(\mu,\sigma^2)$的简单随机样本，μ和σ^2均未知，记$\overline{X} = \frac{1}{n}\sum_{i=1}^{n} X_i$，$\theta^2 = \sum_{i=1}^{n}(X_i-\overline{X})^2$，则假设 $H_0:\mu = 0$ 的 t 检验使用统计量 $T =$ ________.

2. 设 $\overline{X} = \frac{1}{m}\sum_{i=1}^{m} X_i$ 和 $\overline{Y} = \frac{1}{n}\sum_{i=1}^{n} Y_i$ 分别来自两个正态总体$N(\mu_1,\sigma_1^2)$和 $N(\mu_2,\sigma_2^2)$的样本均值，参数 μ_1,μ_2 未知，两正态总体相互独立，欲检验 $H_0:\sigma_1^2 = \sigma_2^2$，应用________检验法，其检验统计量是______________.

3. 设总体 $X \sim N(\mu,\sigma^2)$，μ,σ^2 为未知参数，从 X 中抽取的容量为n的样本均值记为$\overline{X}$，修正样本标准差为 S_n^*，在显著性水平 α 下，检验假设 $H_0:\mu = 80$，$H_1:\mu \neq 80$ 的拒绝域为________，在显著性水平 α 下，检验假设 $H_0:\sigma^2 = {\sigma_0}^2$（$\sigma_0$ 已知），$H_1:\sigma_1 \neq \sigma_0^2$ 的拒绝域为________.

4. 设总体 $X \sim N(\mu_0,\sigma^2)$，μ_0 为已知常数，$(X_1,X_2,\cdots,X_n)$ 是来自 X 的样本，则检验假设 $H_0:\sigma^2 = \sigma_0^2$，$H_1:\sigma^2 \neq \sigma_0^2$ 的统计量是________.

5. 在上述第 4 题条件下，当 H_0 成立时，服从________分布.

二、选择题

1. 在对单个正态总体均值的假设检验中，当总体方差已知时，选用(　　)

(A) t 检验法　　(B) U 检验法　　(C) F 检验法　　(D) χ^2 检验法

2. 在一个确定的假设检验中，与判断结果相关的因素有(　　)

(A) 样本值与样本容量　　(B) 显著性水平 α

(C) 检验统计量　　(D) A，B，C 同时成立

3. 对正态总体的数学期望 μ 进行假设检验，如果在显著水平 0.05 下接受 $H_0:\mu = \mu_0$，那么在显著水平 0.01 下，下列结论中正确的是(　　)

(A) 必须接受 H_0　　(B) 可能接受，也可能拒绝 H_0

(C) 必拒绝 H_0　　(D) 不接受，也不拒绝 H_0

4. 自动包装机装出的每袋重量服从正态分布，规定每袋重量的方差不超过 a，为了检查自动包装机的工作是否正常，对它生产的产品进行抽样检验，检验假设为 $H_0:\sigma^2 \leqslant a$，$H_1:\sigma^2 > a$，$a = 0.05$，则下列命题中正确的是(　　)

(A) 如果生产正常，则检验结果也认为生产正常的概率为 0.95

(B) 如果生产不正常，则检验结果也认为生产不正常的概率为 0.95

(C) 如果检验的结果认为生产正常，则生产确实正常的概率等于 0.95

(D) 如果检验的结果认为生产不正常，则生产确实不正常的概率为 0.95

5. 设某种药品中有效成分的含量服从正态分布 $N(\mu,\sigma^2)$，原工艺生产的产品中有效成分的平均含量为 a，现在用新工艺试制了一批产品，测其有效成分含量，以检验新工艺

是否真的提高了有效成分的含量.要求当新工艺没有提高有效成分时,误认为新工艺提高了有效成分的含量的概率不超过5%,那么应取原假设 H_0 及检验水平 α 是(　　)

(A) $H_0: \mu \leqslant a, \alpha = 0.01$　　(B) $H_0: \mu \geqslant a, \alpha = 0.05$

(C) $H_0: \mu \leqslant a, \alpha = 0.05$　　(D) $H_0: \mu \geqslant a, \alpha = 0.01$

6.在假设检验中,检验水平 α 的意义是(　　)

(A) 原假设 H_0 成立,经检验被拒绝的概率

(B) 原假设 H_0 成立,经检验不能被拒绝的概率

(C) 原假设 H_0 不成立,经检验被拒绝的概率

(D) 原假设 H_0 不成立,经检验不能被拒绝的概率

7.在假设检验中,设原假设为 H_0,则称(　　)为第一类错误.

(A) H_0 真,接受 H_0　　(B) H_0 不真,拒绝 H_0

(C) H_0 真,拒绝 H_0　　(D) H_0 不真,接受 H_0

8.在区间估计中,下列说法正确的是(　　)

(A) 置信概率越大,则置信区间越长

(B) 置信概率越大,则置信区间越短

(C) 测量误差的方差越小,则置信区间越长

(D) 置信区间的长短与置信概率没关系.

9. U - 检验、t - 检验都是关于(　　)的检验,当(　　)已知时,用 U - 检验;当(　　)未知时,用 t - 检验.正确的是(　　)

(A) 均值、方差、方差　　(B) 方差、均值、方差

(C) 方差、方差、均值　　(D) 方差、均值、均值

三、计算题

1.设某产品的某项质量指标服从正态分布,已知它的标准差 $\sigma = 150$,现从一批产品中随机抽取了26个,测得该项指标的平均值为1 637,问能否认为这批产品的该项指标值为1 600($\alpha = 0.05$)?

2.某台机器加工某种零件,规定零件长度为100 cm,标准差不超过2 cm,每天定时检查机器运行情况,某日抽取10个零件,测得平均长度 $\overline{X} = 101$ cm,样本标准差 $S = 2$ cm,设加工的零件长度服从正态分布,问该日机器工作是否正常($\alpha = 0.05$)?

3.从某锌矿的东西两支矿脉中,各取容量为9和8的样本分析后,计算其样本含锌量的平均值与方差分别为

$$\text{东支}: \overline{x} = 0.230, S_1^2 = 0.133\,7, n_1 = 9$$

$$\text{西支}: \overline{y} = 0.269, S_2^2 = 0.173\,6, n_2 = 8$$

假定东西两支矿脉的含锌量都服从正态分布,对 $\alpha = 0.05$,问能否认为两支矿脉的含锌量相同?

4.设某次考试的学生成绩服从正态分布,从中随机地抽取36位考生的成绩,算得平均成绩为66.5,标准差为15分.问在显著水平 $\alpha = 0.05$ 下,是否可以认为这次考试全体考生的平均成绩为70分?

5.在上述第4题的条件下,在显著水平 $\alpha = 0.05$ 下,是否可以认为这次考试考生的成绩的方差为16^2?

6.假设某厂生产的一种钢索的裂断强度 $X \sim N(\mu,40^2)(\mathrm{kg/cm^2})$,从中选取一个容量为9 的样本,经计算得 $\overline{X} = 780\ \mathrm{kg/cm^2}$,能否据此样本认为这批钢索的断裂强度为 $800\ \mathrm{kg/cm^2}(\alpha = 0.05)$?

7.某糖厂用自动打包机打包,每包标准重 100 kg.每天开工后需要检查一次打包机是否正常,即检查打包机是否有系统偏差.某日开工后测得 9 包重量(单位:kg)如下

99.3,98.7,100.5,101.2,98.3,99.7,99.5,102.1,100.5

问打包机是否正常($\alpha = 0.05$;已知包重服从正态分布 $X \sim N(\mu,\sigma^2)$,且 $\sigma^2 = 1$).

8.正常人的脉搏平均为 72 次 /min,某医生测得 10 例慢性四乙基铅中毒者的脉搏(次 /min) 如下

54,67,68,78,70,66,67,70,65,69

问四乙基铅中毒者和正常人有无显著差异?(已知四乙基铅中毒者脉搏服从正态分布;$\alpha = 0.05$).

9.用热敏电阻测温仪间接测量地热勘探井底温度,重复测量 7 次,测得温度(℃) 为

112.0,113.4,111.2,112.0,114.5,112.9,113.6

而用某精确的办法测得温度为112.6(可看作温度真值).试问用热敏电阻测温仪间接测量地热勘探井底温度有无系统偏差($\alpha = 0.05$)?

10.某种导线,要求其电阻的标准差不得超过 0.005 Ω.现在生产的一批导线中取样本 9 根,测得 $S = 0.007\ \Omega$.设总体服从正态分布,问在显著性水平 $\alpha = 0.05$ 下能认为这批导线的标准差显著地偏大吗?

11.某商品的寿命 $X \sim N(10,4)$ 现从中任抽 16 件,测得的寿命为

9.3,8.5,8.7,8.9,9.8,9.1,8.6,8.0,8.9,9.8,9.0,9.4,9.0,8.3,9.9

根据经验该商品的寿命方差不会变,当 $\alpha = 0.05$ 时,判断其寿命的平均值有无显著性变化.

12.某厂用自动包装机包装葡萄糖,规定标准重量为每袋净重 500 g,现在随机地抽取 10 袋,测得各袋净重(g) 为

495,510,505,498,503,492,502,505,497,506

设每袋净重服从正态分布 $N(\mu,\sigma^2)$,问包装机工作是否正常?能否认为每袋葡萄糖净重的标准差 $\sigma = 5$ g(取 $\alpha = 0.05$)?如果

(1) 已知每袋葡萄糖净重的标准差 $\sigma = 5$ g;

(2) 未知 σ.

13.一个混杂的小麦品种,株高服从正态分布,其标准差 $\sigma = 14$ cm,经提纯后,随机抽取 10 株,它们的株高为(单位:cm)

90,105,101,95,100,101,105,93,97,100

问提纯后的群体是否比原群体整齐($\alpha = 0.01$)?

四、证明题

设总体 $X \sim N(\mu,5^2)$ 在 $\alpha = 0.05$ 的水平上检验 $H_0: \mu = 0, H_1: \mu \neq 0$,若所选取的拒绝域 $R = \{|\overline{X}| \geq 1.96\}$,试证样品容量 n 应取 25.

第7章 统计分析方法简介

本章在前几章的基础上，介绍数理统计两种基本方法：即方差分析、回归分析．同时还简介一下近年来新发展起来的而又十分活跃的时序分析方法．它们在工业、农业、国民经济的各个部门以及科学研究的许多领域中有着广泛的应用．

7.1 方差分析

在科学试验和生产实践中，影响一事物的因素很多．例如，在化工生产中，有原料成分、原料剂量、催化剂、反应温度、压力、溶液浓度、反应时间、机器设备及操作人员的水平等因素．其中每个因素的改变都有可能影响产品的数量和质量．有些因素影响较大、有些则较小．为了使生产过程得以稳定，保证优质高产，就有必要找出对产品质量有显著影响的那些因素．因此我们需要进行试验．方差分析就是根据试验结果进行分析，鉴别各有关因素对试验结果影响程度的有效方法．

在试验中，把试验结果称为试验指标；试验中需要考察的、可以控制的条件称为因子或因素．为了考察某一个因素对试验指标的影响，往往把影响试验指标的其他因素固定，而把要考察的那个因素严格地控制在几个不同状态或等级上进行试验，这样的试验称为单因子试验（或单因素试验）．处理单因子试验的统计推断问题叫做单因子方差分析（或单因素方差分析）．类似地可以定义多因子方差分析．我们把因子的每一状态或等级称为一个水平．通常用大写的英文字母 A,B,C 等表示不同的因子，而用 $A_1,A_2,\cdots,A_r$ 表示因子 A 的 r 个不同的水平．

7.1.1 单因素方差分析

下面通过实例说明方差分析的基本思想．

例 7.1.1 （水稻品种比较试验）在气候、水利、土质、肥料和管理条件基本相同时，进行水稻品种比较试验．设有 5 个水稻品种，考察水稻品种对亩产量的影响作用，从中挑选优良品种．

这里水稻亩产量为试验指标，水稻品种为因子，5 个品种为该因子的 5 个水平．因而这是一个单因子 5 水平试验．这样我们可以用 X_1,X_2,X_3,X_4,X_5 分别表示这 5 个水稻品种的亩产量,即5个总体.假定 $X_i \sim N(\mu_i,\sigma^2)(i=1,2,3,4,5)$.现在从总体 X_i 中抽取样本容量为 n_i 的样本:$X_{i1},X_{i2},\cdots,X_{in_i}(i=1,2,3,4,5)$ 并假定这5个样本相互独立,即所有的观测值 $X_{ij}(i=1,2,\cdots,5;j=1,2,\cdots,n_i)$ 相互独立.因此我们的问题归结为对假设

$$H_0: \mu_1=\mu_2=\mu_3=\mu_4=\mu_5$$

做显著性检验.

由此可见,方差分析就是对多个正态总体在它们的方差相同的条件下,检验它们的均值是否相等的一种统计方法.下面就来进一步讨论方差分析的基本方法.

1.单因子方差分析的数学模型

设因素 A 取 r 个不同水平 $A_1,A_2,\cdots,A_r$,这相当于有 r 个总体 $X_1,X_2,\cdots,X_r$,假定 $X_i \sim N(\mu_i,\sigma^2)(i=1,2,\cdots,r)$.在水平 A_i 下,进行 $n_i(\geqslant 2)$ 次独立试验,这相当于从总体 X_i 中抽取了容量为 n_i 的样本 $X_{i1},X_{i2},\cdots,X_{in_i}(i=1,2,\cdots,r)$,假定这 r 个样本相互独立.因此有

$$X_{ij} \sim N(\mu_i,\sigma^2) \quad (j=1,2,\cdots,n_i;i=1,2,\cdots,r)$$

且所有的 X_{ij} 相互独立.X_{ij} 就是在水平 A_i 下第 j 次重复试验结果数据,在实际问题中 X_{ij} 是一个具体数值,而在做理论分析时则把 X_{ij} 看成随机变量.单因子试验结果数据常用表7.1表示.

表 7.1 单因子试验结果表

序号 试验结果 水平	1	2	$\cdots$	n_i
1	2	$\cdots$	n_i	
A_1	X_{11}	X_{12}	$\cdots$	X_{1n_1}
A_2	X_{21}	X_{22}	$\cdots$	X_{2n_2}
$\vdots$	$\vdots$	$\vdots$	$\cdots$	$\vdots$
A_r	X_{r1}	X_{r2}	$\cdots$	X_{rn_r}

令 $\varepsilon_{ij}=X_{ij}-\mu_i(j=1,2,\cdots,n_i;i=1,2,\cdots,r)$,则 ε_{ij} 是在水平 A_i 下第 j 次重复试验的试验误差,是不可观测的随机变量,称为随机误差.由前述假设 $\varepsilon_{ij} \sim N(0,\sigma^2)$,且 $\varepsilon_{ij}(j=1,2,\cdots,n_i;i=1,2,\cdots,r)$ 相互独立.μ_i 是总体 X_i 的期望值,于是可以把 X_{ij} 表示为 $X_{ij}=\mu_i+\varepsilon_{ij}$,其中 $\varepsilon_{ij} \sim N(0,\sigma^2)(j=1,2,\cdots,n_i;i=1,2,\cdots,r)$ 且相互独立.我们的任务就是检验假设 $H_0:\mu_1=\mu_2=\cdots=\mu_r$ 能否被接受.为了便于讨论,记 $n=\sum\limits_{i=1}^{r}n_i$,$\mu=\dfrac{1}{n}\sum\limits_{i=1}^{r}n_i\mu_i$,$\alpha_i=\mu_i-\mu(i=1,2,\cdots,r)$ 称 μ 为理论总均值,α_i 为水平 A_i 对试验指标的效应,简称为 A_i 的效应.它反映了因子的第 i 个水平 A_i 对试验指标的"纯"作用大小.不难看出 μ_i 之间的差异和 α_i 之间的差异是等价的,且有

$$\sum_{i=1}^{r}n_i\alpha_i=0$$

定义 7.1.1　称模型

$$\begin{cases} X_{ij} = \mu + \alpha_i + \varepsilon_{ij} \\ \sum_{i=1}^{r} n_i\alpha_i = 0 \qquad\qquad (i = 1,2,\cdots,r;j = 1,2,\cdots,n_i) \\ \varepsilon_{ij} \sim N(0,\sigma^2),\text{且相互独立} \end{cases}$$

为单向分类模型或一种方式分组模型.

相应的,提出的原假设为 $H_0:\alpha_1 = \alpha_2 = \cdots = \alpha_r = 0$.

2. 统计分析

为了检验原假设,先来定义以下符号($i = 1,2,\cdots,r;j = 1,2,\cdots,n_i$):

第 i 个总体的样本均值

$$\overline{X}_i = \frac{1}{n_i}\sum_{j=1}^{n_i} X_{ij}$$

第 i 个总体的样本方差

$$S_i^2 = \frac{1}{n_i}\sum_{j=1}^{n_i} (X_{ij} - \overline{X}_i)^2$$

样本总均值

$$\overline{X} = \frac{1}{n}\sum_{i=1}^{r}\sum_{j=1}^{n_i} X_{ij} = \frac{1}{n}\sum_{i=1}^{r} n_i\overline{X}_i$$

检验步骤与方法如下:

(1) 分解总误差平方和(总偏差平方和),分别求出 S_E 与 S_A

$$S_T = \sum_{i=1}^{r}\sum_{j=1}^{n_i} (X_{ij} - \overline{X})^2 = \sum_{i=1}^{r}\sum_{j=1}^{n_i} (X_{ij} - \overline{X}_i + \overline{X}_i - \overline{X})^2 =$$

$$\sum_{i=1}^{r}\sum_{j=1}^{n_i} (X_{ij} - \overline{X}_i)^2 + \sum_{i=1}^{r}\sum_{j=1}^{n_i} (\overline{X}_i - \overline{X})^2 +$$

$$2\sum_{i=1}^{r}\sum_{j=1}^{n_i}(X_{ij} - \overline{X}_i)(\overline{X}_i - \overline{X})$$

因为

$$\sum_{i=1}^{r}\sum_{j=1}^{n_i}(X_{ij} - \overline{X}_i)(\overline{X}_i - \overline{X}) = \sum_{i=1}^{r}(\overline{X}_i - \overline{X})\sum_{j=1}^{n_i}(X_{ij} - \overline{X}_i) = 0$$

所以

$$\sum_{i=1}^{r}\sum_{j=1}^{n_i} (X_{ij} - \overline{X})^2 = \sum_{i=1}^{r}\sum_{j=1}^{n_i} (X_{ij} - \overline{X}_i)^2 + \sum_{i=1}^{r} n_i(X_i - \overline{X})^2 \qquad (7.1)$$

记

$$S_T = \sum_{i=1}^{r}\sum_{j=1}^{n_i} (X_{ij} - \overline{X})^2, S_E = \sum_{i=1}^{r}\sum_{j=1}^{n_i} (X_{ij} - \overline{X}_i)^2 \qquad (7.2)$$

$$S_A = \sum_{i=1}^{n_i} n_i(X_i - \overline{X}_i)^2$$

那么式(7.1) 可以写为

$$S_T = S_E + S_A \qquad (7.3)$$

总平方和 S_T 分解为两项之和,第一项 S_E 表示从 r 个总体中的每一个总体所取得的样本内部的离差平方和,它反映了为从总体 X_i 中选取一个容量为 $n_i(i=1,2,\cdots,r)$ 的样本所进行的重复试验而产生的误差,是由随机波动引起的,称为组内平方和,因为它是 S_T 与 S_A 的差,又称剩余平方和.第二项 S_A 表示由各不同的水平总体中取出的各样本平均数 $\overline{X}_i$ 与总的样本平均数 $\overline{X}$ 之间离差的平方和,它反映了从各不同水平总体中取出的各个样本之间的差异,这是由于因素 A 的水平作用所引起的,称为组间偏差平方和.

为简化计算,也可采用下式

$$S_A=\sum_{i=1}^{r}\frac{T_i^2}{n_i}-\frac{T^2}{n} \tag{7.4}$$

$$S_E=\sum_{i=1}^{r}\sum_{j=1}^{n_i}X_{ij}^2-\sum_{i=1}^{r}\frac{T_i^2}{n_i},S_T=\sum_{i=1}^{r}\sum_{j=1}^{n_i}X_{ij}^2-\frac{T^2}{n} \tag{7.5}$$

其中
$$T_i=\sum_{j=1}^{n_i}X_{ij},T=\sum_{i=1}^{r}\sum_{j=1}^{n_i}X_{ij}=\sum_{i=1}^{r}T_i$$

(2) 确定 S_A 与 S_E 的自由度

$$f_A=r-1,f_E=n-r$$

计算平均平方和

$$\frac{S_A}{r-1},\frac{S_E}{n-r}$$

(3) 求 F 的观测值

$$F=\frac{\dfrac{S_A}{(r-1)}}{\dfrac{S_E}{(n-r)}}\sim F(r-1,n-r) \tag{7.6}$$

(4) 检验:

(a) 当 H_0 成立时,对给定的 a 以及 $F=\dfrac{\frac{S_A}{(r-1)}}{\frac{S_E}{(n-r)}}$ 的自由度 $(r-1,n-r)$,查 F 分布临界值表(附表 5),求得 F_a 使 $P(F>F_a)=a$ 得到小概率事件 $\{F>F_a\}$,即得 H_0 的拒绝域 $F>F_a$.

(b) 当 $F>F_a$ 时,否定 H_0,当 $F\leqslant F_a$ 时,接受 H_0.

可将上述计算结果列成以下方差分析表 7.2.

表 7.2　方差分析表

方差来源	平方和	自由度	平均平方和	F	F_a	显著性
组间	S_A	$r-1$	$\frac{S_A}{r-1}$	$F=\dfrac{\frac{S_A}{(r-1)}}{\frac{S_E}{(n-r)}}$	查表	
组内	S_E	$n-r$	$\frac{S_E}{n-r}$			
总和	S_T	$n-1$				

在"显著性"栏中可用"*"表示显著,特别显著可填"**".

在方差分析表中 F 值栏内,习惯上作如下规定:如果取显著性水平 $\alpha = 0.01$ 时,拒绝原假设 H_0,即 $F > F_{0.01}(r-1,n-r)$,则称因子 A 的影响高度显著,用双星号"* *"标示;如取 $\alpha = 0.05$ 时拒绝 H_0,但取 $\alpha = 0.01$ 时不拒绝 H_0,即 $F_{0.01}(r-1,n-r) \geqslant F > F_{0.05}(r-1,n-r)$,则称因子 A 的影响显著,用星号"*"标示;如取 $\alpha = 0.10$ 时拒绝 H_0,但取 $\alpha = 0.05$ 时不拒绝 H_0,即 $F_{0.05}(r-1,n-r) \geqslant F > F_{0.10}(r-1,n-r)$,则称因子 A 有一定的影响,用符号"(*)"标示;如取 $\alpha = 0.10$ 时不拒绝 H_0,即 $F \leqslant F_{0.90}(r-1,n-r)$,则称因子 A 无显著影响,即认为因子 A 的各个水平效应为零.

例 7.1.2　某灯泡厂用四种不同配料方案制成的灯丝生产了四批灯泡,每批灯泡中随机抽取若干个灯泡测其使用寿命(单位:h),所得数据列于表 7.3 中,试问这四种灯丝生产的灯泡的使用寿命有无显著差异?

表 7.3　灯泡使用寿命的数据

灯丝 \ 灯泡使用寿命	1	2	3	4	5	6	7	8
甲	1 600	1 610	1 650	1 680	1 700	1 700	1 780	
乙	1 500	1 640	1 400	1 700	1 750			
丙	1 640	1 550	1 600	1 620	1 640	1 600	1 740	1 800
丁	1 510	1 520	1 530	1 570	1 640	1 680		

解　设 X_{ij} 表示第 i 种灯丝,第 j 个样品的寿命,令 $X_{ij} = \mu + \alpha_i + \varepsilon_{ij}$,其中 α_i 表示因子的第 i 水平的效应,满足 $\sum_{i=1}^{r} n_i\alpha_i = 0$,而 $\varepsilon_{ij} \sim N(0,\sigma^2)$,且相互独立($j = 1,2,\cdots,n_i$;$i = 1,2,\cdots,r$),这里 $r = 4, n_1 = 7, n_2 = 5, n_3 = 8, n_4 = 6, n = 26$.

(1) 原假设 $H_0: \alpha_1 = \alpha_2 = \cdots = \alpha_r = 0$;

(2) 计算 S_T, S_e, S_A,并填写方差分析表 7.4.

表 7.4　灯丝使用寿命的方差分析表

方差来源	平方和	自由度	均值	F 值
因子 A	39 776.4	3	13 258.8	1.638
误差	178 089	22	8 095	
总和	217 865.4	25		

给定显著性水平 $\alpha = 0.10$,得 $F_{0.10}(3,22) = 2.35$,因 $1.638 < 2.35$,故接受 H_0,认为四种灯丝生产的灯泡其平均使用寿命无显著差异.而对于灯泡厂来说一个有意义的指导就是:选择灯丝配料时可以从方便和降低成本方面考虑.

7.1.2　双因素方差分析

在实际生产实践中,影响试验结果的因子往往不只一个,而是有两个或更多.考察它们的作用时,要做完备的交叉试验,并对试验结果进行分析形成统计推断.本小节中仅就双因子多水平等重复试验的情况进行讨论.

1. 双因子方差分析的数学模型

在某项试验中,有两个因素 A 和 B 在变化,因素 A 有 r 个不同水平 $A_1,A_2,\cdots,A_r$,因素 B 有 s 个不同水平 $B_1,B_2,\cdots,B_s$,这样共有 rs 个不同水平的组合 $(A_i,B_j)(i=1,2,\cdots,r;j=1,2,\cdots,s)$. 对每个水平组合 $(A_i,B_j)(i=1,2,\cdots,r;j=1,2,\cdots,s)$ 独立重复 t 次试验. 试验结果记作 $X_{ijk}(i=1,2,\cdots,r;j=1,2,\cdots,s;k=1,2,\cdots,t)$,这样双因子多水平等重复试验的结果数据可由表 7.5 列出.

表 7.5　双因子多水平等重复试验结果表

B / A	B_1	B_2	$\cdots$	B_s
A_1	$X_{111},\cdots,X_{11t}$	$X_{121},\cdots,X_{12t}$	$\cdots$	$X_{1s1},\cdots,X_{1st}$
A_2	$X_{211},\cdots,X_{21t}$	$X_{221},\cdots,X_{22t}$	$\cdots$	$X_{2s1},\cdots,X_{2st}$
$\vdots$	$\vdots$	$\vdots$	$\vdots$	$\vdots$
A_r	$X_{r11},\cdots,X_{r1t}$	$X_{r21},\cdots,X_{r2t}$	$\cdots$	$X_{rs1},\cdots,X_{rst}$

我们把每一水平组合 $(A_i,B_j)(i=1,2,\cdots,r;j=1,2,\cdots,s)$ 下的试验结果记作 X_{ij},则 X_{ij} 是一随机变量,并把它理解为一个总体,这样共有 rs 个总体 $X_{ij}(i=1,2,\cdots,r;j=1,2,\cdots,s)$,而把 $X_{ij1},X_{ij2},\cdots,X_{ijt}$ 看作是从总体 X_{ij} 中抽取的容量为 t 的样本.

我们假定 $X_{ij}\sim N(\mu_{ij},\sigma^2)$ 且 rs 个样本 $\{X_{ij1},X_{ij2},\cdots,X_{ijt}\}(i=1,2,\cdots,r;j=1,2,\cdots,s)$ 相互独立.

显然 $X_{ijk}\sim N(\mu_{ij},\sigma^2),k=1,2,\cdots,t$,其中 μ_{ij} 是水平组合 (A_i,B_j) 下试验结果的理论平均值. 令 $\varepsilon_{ijk}=X_{ijk}-\mu_{ij}$,则 ε_{ijk} 是水平组合 (A_i,B_j) 下第 k 次重复试验的随机误差,是不可观测的随机变量,有 $\varepsilon_{ijk}\sim N(0,\sigma^2)(i=1,2,\cdots,r;j=1,2,\cdots,s;k=1,2,\cdots,t)$,且 ε_{ijk} 彼此相互独立.

定义 7.1.2　称模型

$$\begin{cases}X_{ijk}=\mu_{ij}+\varepsilon_{ijk}\\ \varepsilon_{ijk}\sim N(0,\sigma^2),\text{且相互独立}\end{cases}$$

$$(i=1,2,\cdots,r;j=1,2,\cdots,s;k=1,2,\cdots,t)$$

其中 μ_{ij} 和 σ^2 为未知的参数,称该模型为双因子方差分析模型.

为便于讨论,记

$$\mu=\frac{1}{rs}\sum_{i=1}^{r}\sum_{j=1}^{s}\mu_{ij}$$

$$\mu_{i\cdot}=\frac{1}{s}\sum_{j=1}^{s}\mu_{ij},\alpha_i=\mu_{i\cdot}-\mu\quad(i=1,2,\cdots,r)$$

$$\mu_{\cdot j}=\frac{1}{r}\sum_{i=1}^{r}\mu_{ij},\beta_j=\mu_{\cdot j}-\mu\quad(j=1,2,\cdots,s)$$

称 μ 为理论总均值,表示考虑的 rs 个总体数学期望的总平均;α_i 为因子 A 第 i 水平 A_i 对试验结果的效应;β_j 为因子 B 第 j 水平 B_j 对试验结果的效应. 易见

$$\sum_{i=1}^{r}\alpha_i = 0, \sum_{j=1}^{s}\beta_j = 0$$

记 $\gamma_{ij} = (\mu_{ij} - \mu) - \alpha_i - \beta_j$，称其为 A_i 与 B_j 对试验指标的交互效应，常被看作因子 A 和 B 交互作用 $A \times B$ 的效应．而将因子 A_i 的效应 α_i，因子 B_j 的效应 β_j 称为主效应．容易得到 $\sum_{i=1}^{r}\gamma_{ij} = \sum_{j=1}^{s}\gamma_{ij} = 0$，以及 $\mu_{ij} = \mu + \alpha_i + \beta_j + \gamma_{ij}$．于是双因子方差分析的数学模型可改写为

$$\begin{cases} X_{ijk} = \mu + \alpha_i + \beta_j + \gamma_{ij} + \varepsilon_{ijk} \\ \varepsilon_{ijk} \sim N(0,\sigma^2)\text{，且相互独立} \end{cases}$$

$$(i = 1,2,\cdots,r; j = 1,2,\cdots,s; k = 1,2,\cdots,t)$$

$$\sum_{i=1}^{r}\alpha_i = 0, \sum_{j=1}^{s}\beta_j = 0, \sum_{i=1}^{r}\gamma_{ij} = \sum_{j=1}^{s}\gamma_{ij} = 0$$

该双因子方差分析模型也称为两种方式分组模型．

相应的，提出的原假设为

$$H_{01}: \alpha_1 = \alpha_2 = \cdots = \alpha_r = 0$$

$$H_{02}: \beta_1 = \beta_2 = \cdots = \beta_s = 0$$

$$H_{03}: \gamma_{ij} = 0 (i = 1,2,\cdots,r; j = 1,2,\cdots,s)$$

为了对原假设进行检验，仍要用到平方和分解．

2.统计分析

为了检验原假设，先来定义以下符号

$$\overline{X}_{ij\cdot} = \frac{1}{t}\sum_{k=1}^{t}X_{ijk}; \overline{X}_{i\cdot\cdot} = \frac{1}{st}\sum_{j=1}^{s}\sum_{k=1}^{t}X_{ijk}; \overline{X}_{\cdot j\cdot} = \frac{1}{rt}\sum_{i=1}^{r}\sum_{k=1}^{t}X_{ijk}$$

样本总均值

$$\overline{X} = \frac{1}{rst}\sum_{i=1}^{r}\sum_{j=1}^{s}\sum_{k=1}^{t}X_{ijk}$$

样本总的偏差平方和(简称总的平方和)

$$S_T = \sum_{i=1}^{r}\sum_{j=1}^{s}\sum_{k=1}^{t}(X_{ijk} - \overline{X})^2$$

误差平方和

$$S_e = \sum_{i=1}^{r}\sum_{j=1}^{s}\sum_{k=1}^{t}(X_{ijk} - \overline{X}_{ij\cdot})^2$$

因子 A 和 B 的平方和

$$S_A = st\sum_{i=1}^{r}(\overline{X}_{i\cdot\cdot} - \overline{X})^2, S_B = rt\sum_{j=1}^{s}(\overline{X}_{\cdot j\cdot} - \overline{X})^2$$

交互作用 $A \times B$ 的平方和

$$S_{A\times B} = t\sum_{i=1}^{r}\sum_{j=1}^{s}(\overline{X}_{ij\cdot} - \overline{X}_{i\cdot\cdot} - \overline{X}_{\cdot j\cdot} + \overline{X})^2$$

其中，$i = 1,2,\cdots,r; j = 1,2,\cdots,s; k = 1,2,\cdots,t$，显然有：

总平方和 S_T 可以分解为：$S_T = S_e + S_A + S_B + S_{A\times B}$．

对于两种方式分组模型,我们有

(1) 当原假设 $H_{01}: \alpha_1 = \alpha_2 = \cdots = \alpha_r = 0$ 成立时,对应统计量

$$F_A = \frac{\frac{S_A}{(r-1)}}{\frac{S_e}{rs(t-1)}}$$

服从参数为 $r-1, rs(t-1)$ 的 F 分布,即

$$F_A = \frac{\frac{S_A}{(r-1)}}{\frac{S_e}{rs(t-1)}} \sim F(r-1, rs(t-1))$$

(2) 当原假设 $H_{02}: \beta_1 = \beta_2 = \cdots = \beta_s = 0$ 成立时,对应统计量

$$F_B = \frac{\frac{S_B}{(s-1)}}{\frac{S_e}{rs(t-1)}}$$

服从参数为 $s-1, rs(t-1)$ 的 F 分布,即

$$F_B = \frac{\frac{S_B}{(s-1)}}{\frac{S_e}{rs(t-1)}} \sim F(s-1, rs(t-1))$$

(3) 当原假设 $H_{03}: \gamma_{ij} = 0 (i = 1, \cdots, r; j = 1, \cdots, s)$ 成立时,对应统计量

$$F_{A\times B} = \frac{\frac{S_{A\times B}}{((r-1)(s-1))}}{\frac{S_e}{rs(t-1)}}$$

服从参数为$(r-1)(s-1), rs(t-1)$ 的 F 分布,即

$$F_{A\times B} = \frac{\frac{S_{A\times B}}{((r-1)(s-1))}}{\frac{S_e}{rs(t-1)}} \sim F((r-1)(s-1), rs(t-1))$$

至此为止,对于给定的显著性水平 α,关于原假设 H_{01}, H_{02}, H_{03} 检验规则为:

对原假设 H_{01} 的检验规则是:当统计量

$$F_A > F_\alpha(r-1, rs(t-1))$$

时,拒绝 H_{01},否则接受 H_{01};

对原假设 H_{02} 的检验规则是:当统计量

$$F_B > F_\alpha(s-1, rs(t-1))$$

时,拒绝 H_{02},否则接受 H_{02};

对原假设 H_{03} 的检验规则是:当统计量

$$F_{A\times B} > F_\alpha((r-1)(s-1), rs(t-1))$$

时,拒绝 H_{03},否则接受 H_{03}.

我们可以将双因子方差分析的方法总结如下：对于已测得的双因子试验结果（表 7.5），首先建立两种方式分组模型

$$
\begin{cases}
X_{ijk} = \mu + \alpha_i + \beta_j + \gamma_{ij} + \varepsilon_{ijk} \\
\sum_{i=1}^{r} \alpha_i = 0 \\
\sum_{j=1}^{s} \beta_j = 0 \\
\sum_{i=1}^{r} \gamma_{ij} = \sum_{j=1}^{s} \gamma_{ij} = 0 \\
\varepsilon_{ijk} \sim N(0, \sigma^2)\text{，且彼此相互独立} \\
i = 1,2,\cdots r; j = 1,2,\cdots,s; k = 1,2,\cdots,t
\end{cases}
$$

其次，提出原假设

$$H_{01}: \alpha_1 = \alpha_2 = \cdots = \alpha_r = 0$$

$$H_{02}: \beta_1 = \beta_2 = \cdots = \beta_s = 0$$

$$H_{03}: \gamma_{ij} = 0 (i = 1,2,\cdots,r; j = 1,2,\cdots,s)$$

第三，计算总平方和 S_T，误差平方和 S_e，因子平方和 S_A，S_B 和交互作用 $A \times B$ 的平方和 $S_{A\times B}$；进而求出统计量 $F_A = \dfrac{\frac{S_A}{(r-1)}}{\frac{S_e}{rs(t-1)}}$，$F_B = \dfrac{\frac{S_B}{(s-1)}}{\frac{S_e}{rs(t-1)}}$ 和 $F_{A\times B} = \dfrac{\frac{S_{A\times B}}{((r-1)(s-1))}}{\frac{S_e}{rs(t-1)}}$ 的值；

最后，在给定的显著性水平 α 下，根据检验规则（性质 7.1.5 ~ 7.1.7）得出是否接受原假设 H_{01}，H_{02}，H_{03} 的结论.

在双因子方差分析中我们常构造双因子方差分析表（表 7.6）直观地表达分析结果.

表 7.6　双因子等重复试验方差分析表

方差来源	平方和	自由度	均值	F 值
因子 A	S_A	$r-1$	$\overline{S}_A = \dfrac{S_A}{(r-1)}$	$\dfrac{\overline{S}_A}{\overline{S}_e}$
因子 B	S_B	$s-1$	$\overline{S}_B = \dfrac{S_B}{(s-1)}$	$F_B = \dfrac{\overline{S}_B}{\overline{S}_e}$
$A \times B$	$S_{A\times B}$	$(r-1)(s-1)$	$\overline{S}_{A\times B} = \dfrac{S_{A\times B}}{(r-1)(s-1)}$	$F_{A\times B} = \dfrac{\overline{S}_{A\times B}}{\overline{S}_e}$
误差	S_e	$rs(t-1)$	$\overline{S}_e = \dfrac{S_e}{rs(t-1)}$	
总和	S_T	$rst-1$		

为了便于计算，记

$$T_{ij\cdot} = \sum_{k=1}^{t} X_{ijk} = t\overline{X}_{ij\cdot}; T_{i\cdot\cdot} = \sum_{j=1}^{s}\sum_{k=1}^{t} X_{ijk} = xt\overline{X}_{i\cdot\cdot}$$

$$T_{\cdot j \cdot} = \sum_{i=1}^{r}\sum_{k=1}^{t} X_{ijk} = rt\overline{X}_{\cdot j \cdot}; T = \sum_{i=1}^{r}\sum_{j=1}^{s}\sum_{k=1}^{t} X_{ijk} = rst\overline{X} = \sum_{i=1}^{r} T_{i\cdot\cdot} = \sum_{j=1}^{s} T_{\cdot j \cdot}$$

$$W = \sum_{i=1}^{r}\sum_{j=1}^{s}\sum_{k=1}^{t} X_{ijk}^2$$

则有

$$S_T = W - \frac{T^2}{rst}, S_A = \frac{1}{st}\sum_{i=1}^{r} T_{i\cdot\cdot}^2 - \frac{T^2}{rst}, S_B = \frac{1}{rt}\sum_{j=1}^{s} T_{\cdot j \cdot}^2 - \frac{T^2}{rst}$$

$$S_{A\times B} = \frac{1}{t}\sum_{i=1}^{r}\sum_{j=1}^{s} T_{ij\cdot}^2 - \frac{T^2}{rst} - S_A - S_B$$

$$S_e = S_T - S_A - S_B - S_{A\times B}$$

例 7.1.3 某农业研究所对三种小麦 A_1,A_2,A_3 和四种农肥 B_1,B_2,B_3,B_4 在相同的实验田里作试验,结果列于表 7.7 中,表中数据是小麦的亩产量(单位:kg).问小麦的种子和农肥以及它们的交互作用对小麦的亩产量有无显著性的影响?($\alpha = 0.01$)

表 7.7 小麦种子和农肥等重复试验数据

农肥 / 亩产量 / 种子 p	B_1	B_2	B_3	B_4
A_1	173,172	174,176	177,179	172,173
A_2	175,173	178,177	174,175	170,171
A_3	177,175	174,174	174,173	169,169

解 设 X_{ijk} 表示第 i 种种子,第 j 个肥料,第 k 个试验观测值.建立两种方式分组模型

$$\begin{cases} X_{ijk} = \mu + \alpha_i + \beta_j + \gamma_{ij} + \varepsilon_{ijk} \\ \sum_{i=1}^{r}\alpha_i = 0, \sum_{j=1}^{s}\beta_j = 0 \\ \sum_{i=1}^{r}\gamma_{ij} = \sum_{j=1}^{s}\gamma_{ij} = 0 \\ \varepsilon_{ijk} \sim N(0,\sigma^2),\text{且彼此相互独立} \\ i = 1,2,\cdots r; j = 1,2,\cdots,s; k = 1,2,\cdots,t \end{cases}$$

这里 $r = 3, s = 4, t = 2$;

(1) 原假设 $H_{01}: \alpha_1 = \alpha_2 = \cdots = \alpha_r = 0$

$H_{02}: \beta_1 = \beta_2 = \cdots = \beta_s = 0$

$H_{03}: \gamma_{ij} = 0 \quad (i = 1,2,\cdots,r; j = 1,2,\cdots,s)$

(2) 计算 $S_T, S_e, S_A, S_B, S_{A\times B}$,并填写双因子方差分析表 7.8.

给定显著性水平 $\alpha = 0.01$,得

$$4.39 < F_{0.01}(2,12) = 6.93$$

$$32.91 > F_{0.01}(3,12) = 5.95$$

$$9.40 > F_{0.01}(6,12) = 4.82$$

因而,接受 H_{01},拒绝 H_{02} 和 H_{03}.

表 7.8 小麦亩产量的双因子等重复试验的方差分析表

方差来源	平方和	自由度	均值	F 值
因子 A	8.08	2	4.04	4.39
因子 B	90.83	3	30.28	32.91 * *
交互作用 $A \times B$	51.92	6	8.65	9.40 * *
误差	11.00	12	0.92	
总和	161.83	23		

试验分析结果表明:这个试验中小麦种子的品种对亩产量的影响不显著,而肥料和肥料与种子的交互作用对产量的影响是高度显著的.

7.2 回归分析

在自然界与生产实践中,许多现象存在着相互依存、相互制约的关系,这些关系表现量上主要有两种类型:一类是确定性关系,即函数关系;另一类是非确定性关系,即变量之间虽然存在着密切关系,但从一个(或一组)变量的每一确定的值,不能求出另一个变量的确定的值.但在大量试验中,这种不确定的关系,具有统计规律性,称这种关系为统计相关关系或简称统计相关或相关.回归分析就是研究相关关系的一种有力数学工具,本节与下节将介绍它的主要内容与方法.

7.2.1 一元回归分析

1.一元线性回归的数学模型

一元回归是研究两个变量之间相关关系的.通过下面一个具体例子来说明.

例 7.2.1 在某产品表面腐蚀刻线,表 7.9 是试验中获得的腐蚀时间 X 与腐蚀深度 Y 之间的一组数据.现在我们研究这两个变量 (X,Y) 之间的关系.

表 7.9 腐蚀时间 x 与腐蚀深度 y 之间的数据

腐蚀时间 x/s	5	5	10	20	30	40	50	60	65	90	120
腐蚀深度 y	4	6	8	13	16	17	19	25	25	29	46

将这些数据描于图 7.1 中,图形显示回归曲线是线性的假设是合理的.也就是说,在数据的变化范围里,该直线给出了非常好的逼近.这种描绘数据点对的图被称为散点图.

散点图可以帮助我们粗略了解用什么形式的函数估计随机变量 Y 的数学期望更好些,这里观测值点 (x_i, y_i) 大致落在一条直线附近,这意味着 X 与 Y 之间的关系基本上是线性关系,这些点与直线还有一定的偏差,可把这偏差看成是由随机误差引起的.因此,用 $a + bx$ 来估计 Y 的数学期望是适宜的.用线性函数 $y = a + bx$ 估计 Y 的数学期望问题,称为一元线性回归问题.一般的,若 X, Y 为具有相关关系的两个变量,且 $E(Y) = a + bX$ $(b \neq 0)$ 对于 X 的每个可取值,相应的 Y 是一个正态变量;Y 的方差与 X 无关,即 $D(Y) =$

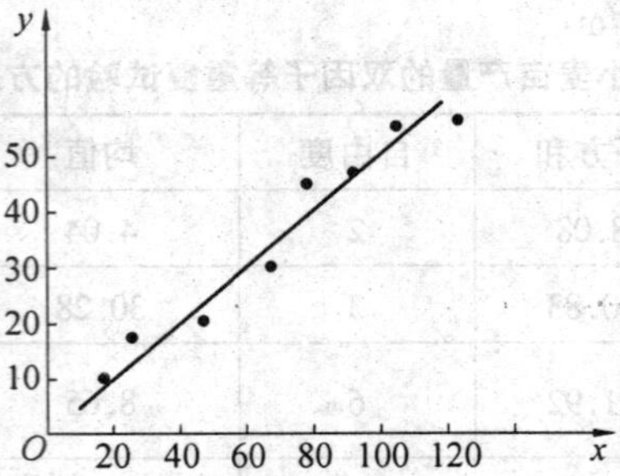

图 7.1　线性回归关系的散点图

σ^2,于是有

$$Y = a + bX + \varepsilon \tag{7.7}$$

其中 ε 为随机误差,$\varepsilon \sim N(0,\sigma^2)$,$a,b,\sigma^2$ 为与 x 无关未知常数.

$a + bX$ 称为回归方程也称为回归直线,b 称为回归系数.式(7.7)即为一元线性回归的数学模型.

2.一元线性回归的建立

为确定图 7.1 中回归直线 $Y = a + bX$ 的系数 a,b,由散点图中诸点(x_i,y_i),令

$$\varepsilon_i = y_i - (a + bx_i) \tag{7.8}$$

此处 ε_i 表示当 $x = x_i$ 时,Y 的观测值 y_i 与直线 $Y = a + bX$ 上的对应纵坐标$(a + bx)$的偏差,那么诸散点与直线 $Y = a + bX$ 得总偏差为(也称偏差平方和)

$$Q(a,b) = \sum \varepsilon_i^2 = \sum [y_i - (a + bx_i)]^2 \tag{7.9}$$

为使直线与诸散点拟合得最好,也就是要使上述总偏差 $Q(a,b)$ 为最小,由微分学的极值原理,可将 $Q(a,b)$ 分别对 a,b 求偏导数并令其为零,解此方程组即可求出 a,b

$$\begin{cases} \dfrac{\partial Q(a,b)}{\partial a} = -2\sum_{i=1}^{n}(y_i - bx_i - a) = 0 \\ \dfrac{\partial Q(a,b)}{\partial b} = -2\sum_{i=1}^{n}(y_i - bx_i - a)x_i = 0 \end{cases}$$

解此方程组得

$$\hat{b} = \frac{\sum_{i=1}^{n} x_i y_i - n\overline{x}\overline{y}}{\sum_{i=1}^{n} x_i^2 - n\overline{x}^2} \tag{7.10}$$

$$\hat{a} = \overline{y} - \hat{b}\overline{x} \tag{7.11}$$

这里 $$\overline{x} = \frac{1}{n}\sum_{i=1}^{n} x_i,\ \overline{y} = \frac{1}{n}\sum_{i=1}^{n} y_i$$

使偏差平方和 $Q(a,b)$ 达到最小值的 $\hat{a},\hat{b}$ 称为参数 a,b 的最小二乘估计,该方法称为最小二乘法.用最小二乘法求得经验回归方程

$$\hat{y} = \hat{a} + \hat{b}x$$

从理论上可以证明:$\hat{a},\hat{b}$ 是 a,b 的无偏估计,而且是所有用 Y 的线性函数作无偏估计

量中方差最小的.(证略)

为便于计算,令

$$L_{xx} = \sum_{i=1}^{n} x_i^2 - n\bar{x}^2 \tag{7.12}$$

$$L_{yy} = \sum_{i=1}^{n} y_i^2 - n\bar{y}^2 \tag{7.13}$$

$$L_{xy} = \sum_{i=1}^{n} x_i y_i - n\bar{x}\,\bar{y} \tag{7.14}$$

则式(7.10)可写为

$$\hat{b} = \frac{L_{xy}}{L_{xx}} \tag{7.15}$$

计算 $\hat{b}$ 时只需计算 $\sum_{i=1}^{n} x_i y_i, \bar{x}, \bar{y}$.代入上式即可.

例7.2.2　继例7.2.1,用上述方法求例7.2.1中的腐蚀时间 x 与腐蚀深度 y 之间的回归方程,列表7.11计算.

表7.11

序号	x_i	y_i	x_i^2	y_i^2	$x_i y_i$
1	5	4	25	16	20
2	5	6	25	36	30
3	10	8	100	64	80
4	20	13	400	169	260
5	30	16	900	256	480
6	40	17	1 600	289	680
7	50	19	2 500	361	950
8	60	25	3 600	625	1 500
9	65	25	4 225	625	1 625
10	90	29	8 100	841	2 610
11	120	46	14 400	2 116	5 520
$\sum$	495	208	35 875	5 398	13 755

由相应公式得

$$\bar{x} = \frac{495}{11}, \bar{y} = \frac{208}{11}, n = 11$$

$$L_{xy} = 13\,755 - \frac{1}{11} \times 495 \times 208 = \frac{48\,345}{11}$$

$$L_{xx} = 35\,875 - \frac{1}{11} \times 495^2 = \frac{149\,600}{11}$$

$$L_{yy} = 5\,398 - \frac{1}{11} \times 208^2 = 1\,465$$

$$\hat{b} = \bar{y} - b\bar{x} = \frac{208}{11} - 0.323 \times \frac{495}{11} = 4.37$$

所求回归直线为

$$Y = 4.37 + 0.32X$$

这就是腐蚀时间 X 与腐蚀深度 Y 的关系的回归方程.

3. 相关性检验

从上述回归方程建立中可以看出,对一组试验数据$(x_i, y_i)(i = 1,2,\cdots,n)$均可用最小二乘法配制一条 Y 对 X 的回归直线,若 Y 与 X 不具备线性关系时,求得的回归直线便不能反映它们的实际关系,回归直线便无意义.因此,我们在建立回归方程后,必须对其进行线性相关性的检验.为此,我们对总偏差 $Q(a,b)$ 进行分解

$$Q_{总} = \sum_{i=1}^{n}(y_i - \overline{y})^2 = \sum_{i=1}^{n}[(y_i - \hat{y}_i) + (\hat{y}_i - \overline{y})]^2 =$$

$$\sum_{i=1}^{n}(y_i - \hat{y}_i)^2 + \sum_{i=1}^{n}(\hat{y}_i - \overline{y})^2 + 2\sum_{i=1}^{n}(y_i - \hat{y}_i)(\hat{y}_i - \overline{y})$$

因为

$$\sum_{i=1}^{n}(y_i - \hat{y}_i)(\hat{y}_i - \overline{y}) = 0$$

所以

$$Q_{总} = \sum_{i=1}^{n}(y_i - \hat{y}_i)^2 + \sum_{i=1}^{n}(\hat{y}_i - \overline{y})^2 \tag{7.16}$$

令

$$Q_{剩} = \sum_{i=1}^{n}(y_i - \hat{y}_i)^2, Q_{回} = \sum_{i=1}^{n}(\hat{y}_i - \overline{y})^2 \tag{7.17}$$

则

$$Q_{总} = Q_{剩} + Q_{回} \tag{7.18}$$

$Q_{剩}$ 称为剩余平方和,反映了观测值 y_i 偏离回归直线的程度,$Q_{回}$ 称为回归平方和,它反映了回归值 $\hat{y}_i(i = 1,2,\cdots,n)$ 的分散程度.

为便于计算常采用下式

$$Q_{总} = L_{YY}$$

可以证明

$$L_{YY} = \sum_{i=1}^{n}(y_i - \overline{y})^2 = \sum_{i=1}^{n}y_i^{\,2} - n\overline{y}^2 \tag{7.19}$$

$$Q_{回} = \frac{L^2_{XY}}{L_{XX}}$$

因为

$$Q_{回} = \sum_{i=1}^{n}(\hat{y}_i - \overline{y})^2 = \hat{b}^2\sum_{i=1}^{n}(x_i - \overline{x})^2 = \hat{b}^2 L_{XX} = \frac{L^2_{XY}}{L_{XX}}$$

$$Q_{剩} = L_{YY} - \frac{L_{XY}^2}{L_{XX}} \tag{7.20}$$

一个回归方程的效果如何,主要取决于 X 对 Y 的线性相关关系是否显著.若 X 与 Y 之间无线性关系,则回归直线方程中的 $b = 0$,反之亦然.因此,检验 X 与 Y 是否又线性相关关系就检验 b 是否为零即可,即检验 $H_0: b = 0$.

可以证明:当 H_0 成立时,$\frac{Q_{回}}{\sigma^2}$ 服从自由度为1的 χ^2 分布,$\frac{Q_{剩}}{\sigma^2}$ 是服从自由度为 $n-2$ 的

χ^2分布,即

$$\frac{Q_{回}}{\sigma^2} \sim \chi^2(1), \frac{Q_{剩}}{\sigma^2} \sim \chi^2(n-2)$$

且$Q_{回}$与$Q_{剩}$时相互独立的,则统计量

$$F = \frac{\frac{Q_{回}}{1}}{\frac{Q_{剩}}{n-2}} \tag{7.21}$$

是服从第一自由度为1,第二自由度为$n-2$的F分布.

对给定α,查F分布表临界值F_α,由观测值计算F,若$F \geqslant F_\alpha$,拒绝假设$H_0: b = 0$,线性关系显著;若$F < F_\alpha$,接受假设$H_0: b = 0$,此方程无线性关系.

检验时,可用如下方差分析表(表7.12).

表7.12　一元线性回归方差分析表

方差来源	平方和	自由度	平均平方和	F	F_α	显著性
回归	$Q_{回}$	1	$\frac{Q_{回}}{1}$	$F = \frac{\frac{Q_{回}}{1}}{\frac{Q_{剩}}{n-2}}$		
剩余	$Q_{剩}$	$(n-2)$	$\frac{Q_{剩}}{n-2}$			
总和	$Q_{总}$	$n-1$				

例7.2.3　继例7.2.2,对本章的例7.2.2所得回归方程进行检验:利用已得结果与公式(7.19)

$$L_{YY} = 1\,465, Q_{回} = \frac{\left(\frac{48\,345}{11}\right)^2}{\frac{149\,600}{11}} = 1\,420$$

$$Q_{剩} = L_{YY} - Q_{回} = 1\,465 - 1\,420 = 45$$

其自由度分别为10,1,9,列出下面方差分析表(表7.13).

表7.13　一元线性回归方差分析表

方差来源	平方和	自由度	平均平方和	F	F_α	显著性
回归	1 420	1	1 420	284	$F_{0.01} = 10.56$	* *
剩余	45	9	45			
总和	1 465	10				

由表7.13可知,例7.2.2所建立的回归直线$Y = 4.37 + 0.32X$是特别显著的.

另外,检验回归直线是否显著还可以用X与Y之间的相关系数R来检验,定义

$$R = \frac{L_{XY}}{\sqrt{L_{XX}}\sqrt{L_{YY}}}$$

由于

$$\frac{Q_{回}}{Q_{总}} = \frac{L_{XY}^2}{L_{XX}L_{YY}} = R^2 \quad (|R| \leqslant 1)$$

这便是相关系数的由来. 由上式可知,当$|R|$的值越接近1时,则$Q_{回}$在$Q_{总}$中的比重就越大,这时回归直线的效果就越好.

4. 一元非线性回归

在许多实际中,有时两个变量的关系并不是线性关系而是某种非线性关系,这就需要我们根据有关的专业知识或散点图的趋势,选择适当的曲线方程,通过适当的换元,把非线性回归转化为线性回归来处理.

为方便读者选择适当的曲线类型,下面列举一些常用的曲线方程及其图形,同时给出了相应的换元公式化为线性回归处理.

1. 双曲线$\frac{1}{Y} = a + \frac{b}{X}$(图 7.2)

令 $Y' = \frac{1}{Y}, X' = \frac{1}{X}$,则有 $Y' = a + bX'$.

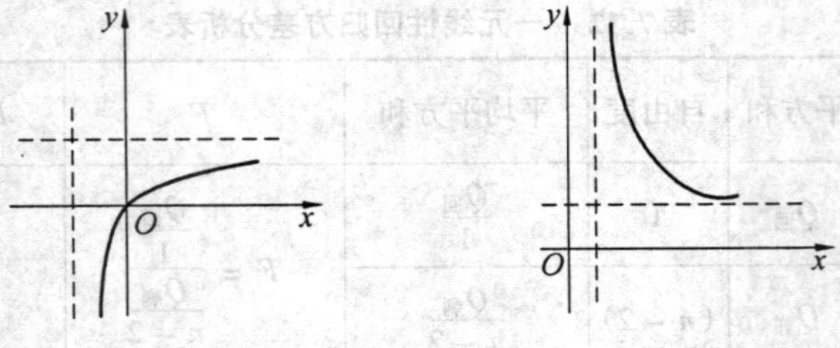

(a)$b>0$　　(b)$b<0$

图 7.2

2. 幂函数曲线 $y = ax^b$(图 7.3)

令 $Y' = \ln Y, X' = \ln X, a' = \ln a$,则有 $Y' = a' + bX'$.

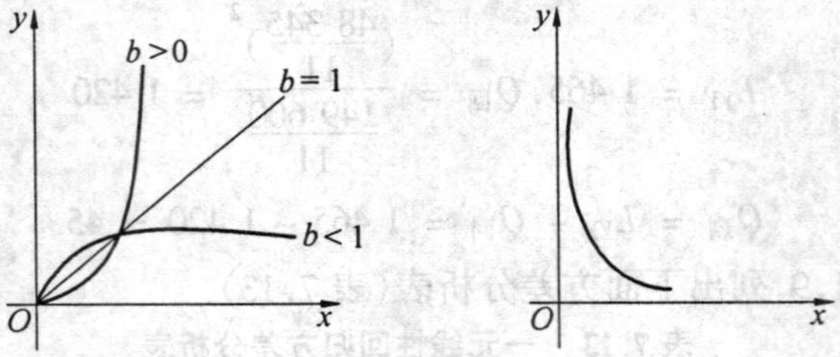

(a)$b>0$　　(b)$b<0$

图 7.3

3. 指数函数曲线 $Y = ae^{bx}$(图 7.4)

令 $Y' = \ln y, X' = X, a' = \ln a$,则有 $Y' = a' + bX'$.

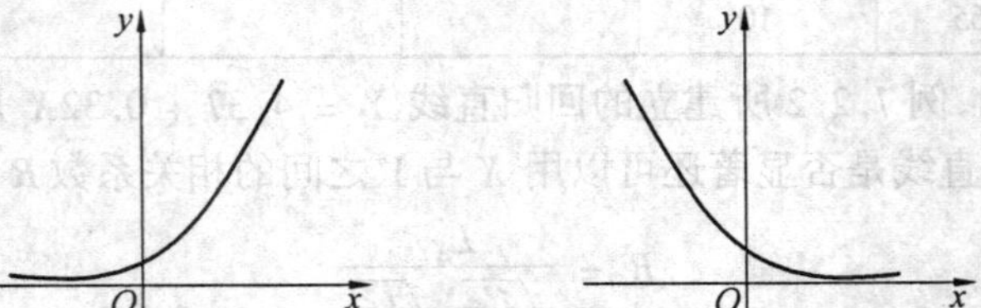

(a)$b>0$　　(b)$b<0$

图 7.4

4. 负指函数曲线 $Y = ae^{\frac{b}{x}}$(图 7.5)

令 $Y' = \ln Y, X' = \frac{1}{X}, a' = \ln a$,则有 $Y' = a' + bX'$.

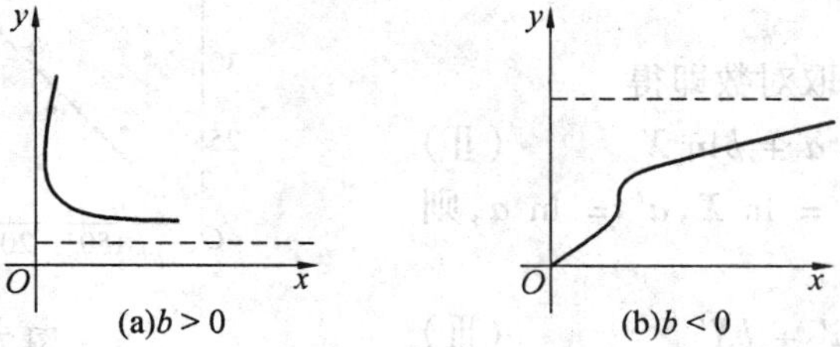

图 7.5

5. 对数曲线 $Y = a + b\ln X$(图 7.6)

令 $Y' = Y, X' = \ln X$,则有 $Y' = a + bX'$.

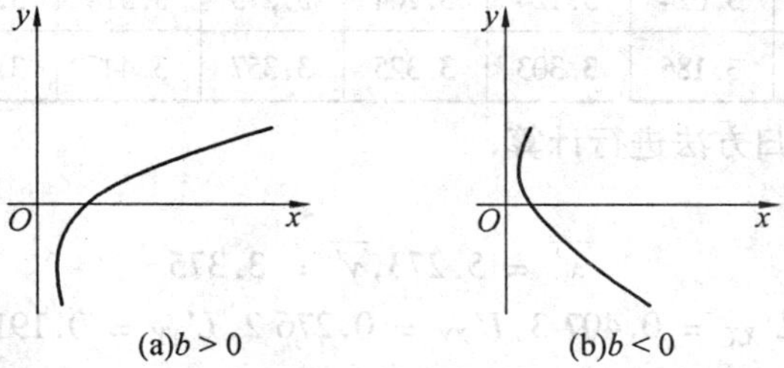

图 7.6

6. S 型曲线 $Y = \frac{1}{a + be^{-x}}$(图 7.7)

令 $Y' = \frac{1}{Y}, X' = e^{-x}$,则有 $Y' = a + bX'$.

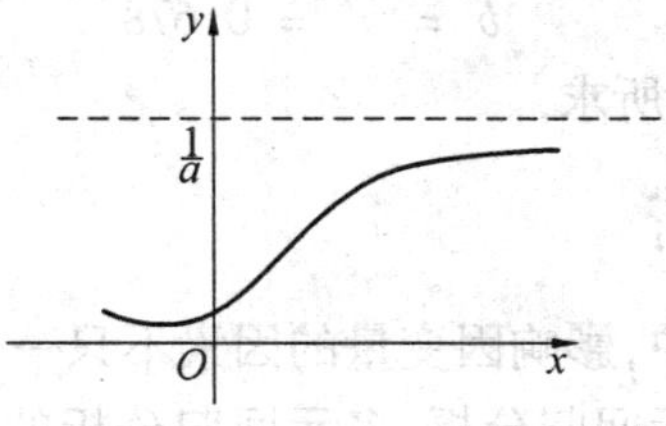

图 7.7

例 7.2.4　混凝土的抗压强度 X 较易测定,其抗剪强度 Y 不易测定,工程中希望能由 X 估算出 Y,以便应用. 已测一批数据如表 7.14,求 Y 与 X 的关系式.

表 7.14

$X(kg/cm^2)$	141	152	168	182	195	204	223	254	277
$Y(kg/cm^2)$	23.1	24.2	27.2	27.8	28.7	31.4	32.5	34.8	36.2

解　(1) 确定 X 与 Y 之间的函数类型.

按已知数据做散点图(图 7.8),从散点图看出不像直线关系,选用幂函数曲线

$$Y = aX^b,\cdots \qquad (\text{Ⅰ})$$

(2) 确定 a 与 b.

对 $Y = aX^b$ 两边取对数即得

$$\ln Y = \ln a + b\ln X \qquad (\text{Ⅱ})$$

令 $Y' = \ln Y, X' = \ln X, a' = \ln a$,则(Ⅱ)化为

$$Y' = a' + bX' \qquad (\text{Ⅲ})$$

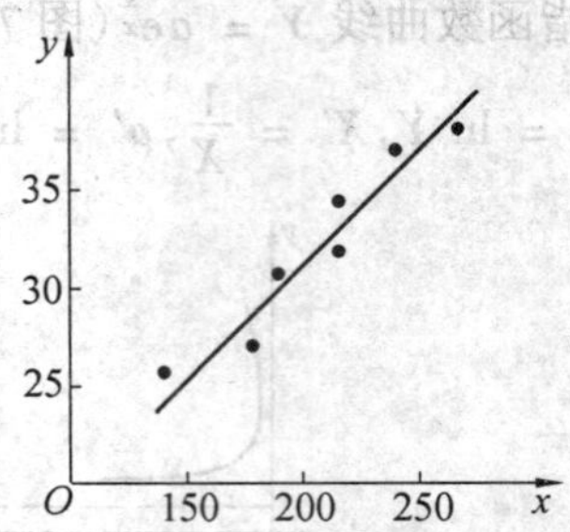

图 7.8

则将(Ⅰ)转化为一元线性回归(Ⅲ)来处理,

先将表 7.15 数据由变换式 $X' = \ln X, Y' = \ln Y$ 化为 X' 与 Y',如表 7.15 所示.

表 7.15

$X' = \ln X$	4.949	5.024	5.124	5.204	5.273	5.318	5.407	5.537	5.624
$Y' = \ln Y$	3.140	3.186	3.303	3.325	3.357	3.447	3.481	3.550	3.589

然后再按上述线性回归方法进行计算.

经计算

$$\overline{x'} = 5.273, \overline{y'} = 3.375$$

$$L'_{XX} = 0.4073, L'_{XY} = 0.2762, L'_{YY} = 0.1916$$

$$\hat{b}' = 0.678, \hat{a}' = -0.2005$$

所以

$$\hat{y} = -0.2005 + 0.678x'$$

相关系数 $R = 0.9886 > R_{0.01} = 0.7977$.经检验可知,回归直线是特别显著的,由变换式化为原来关系式

$$a = e^{\hat{a}'} = e^{-0.2005} = 0.818$$

$$\hat{b} = \hat{b}' = 0.678$$

则 $Y = 0.818X^{0.678}$,即为所求.

7.2.2 多元回归分析

在生产实践和科学试验中,影响因变量的因素不只一个而是多个,研究两个或两个以上因变量的回归分析称为多元回归分析,多元回归分析的原理与一元回归分析原理是一致的,但在计算上复杂得多.可用计算机来实现,现通过一个二元线性回归例子说明方法,然后简介多元回归.

1.二元线性回归

例 7.2.5 春季 4 月中旬至 5 月中旬降雨量的多少,对农作物的生长的影响较大,为了配合春耕生产,某县气象站利用历史资料进行回归分析,预报春季降雨量,选择与春季降雨量密切的因素:

x_1:前一年 1,3,5 月平均气温之和和 9 月份平均气温的差

x_2:前一年 10 与 11 月份平均气压之差

共有 16 年资料，如表 7.16 所示.

表 7.16　降雨量与平均气温和平均气压数据表

变量＼年份	60	61	62	63	64	65	66	67	68	69	70	71	72	73	74	75
x_1	23	25	17	26	22	21	19	16	21	21	15	18	29	16	22	16
x_2	8	5	8	6	6	5	5	11	8	8	10	4	1	8.6	6	9
y	39	53	39	60	44	46	43	6	28	41	24	55	89	5	51	7

试求出 $Y = a + b_1X_1 + b_2X_2$ 回归方程并预测 y.

像本例这样，用线性函数 $Y = a + b_1X_1 + b_2X_2$ 来估计 Y 的数学期望问题称为二元线性回归问题. 一般的，对 X_1, X_2 的任一对值，有

$$E(Y) = a + b_1X_1 + b_2X_2$$

假定 $D(Y) = \sigma^2$ 与 x_1, x_2 无关，且 Y 为正态分布，有

$$Y = a + b_1X_1 + b_2X_2 + \varepsilon, \varepsilon \sim (0, \sigma^2)$$

则 $y = a + b_1x_1 + b_2x_2$ 称为二元线性回归方程，也称回归平面方程.

同求回归直线方程一样，记

$$Q(a, b_1, b_2) = \sum_{i=1}^{n} (Y_i - a - b_ix_{1i} - b_2x_{2i})^2$$

由极值原理求$\frac{\partial Q}{\partial a}, \frac{\partial Q}{\partial b_1}, \frac{\partial Q}{\partial b_2}$，并令之为 0 得到正规方程组(以下 $\sum$ 代表 $\sum\limits_{i=1}^{n}$)

$$\begin{cases} na + b_1\sum x_{1i} + b_2\sum x_{2i} = \sum y_i \\ a\sum x_{1i} + b_1\sum x_{2i}^2 + b_2\sum x_{1i}\cdot x_{2i} = \sum x_{1i}y_i \\ a\sum x_{2i} + b_1\sum x_{1i}x_{2i} + b_2\sum x_{2i}^2 = \sum x_{2i}y_i \end{cases} \tag{7.22}$$

设

$$\bar{x}_1 = \frac{1}{n}\sum x_{1i}, \bar{x}_2 = \frac{1}{n}\sum x_{2i}, \bar{y} = \frac{1}{n}\sum y_i$$

$$L_{11} = \sum (x_{1i} - \bar{x}_1)^2, L_{12} = \sum (x_{1i} - \bar{x}_1)(x_{2i} - \bar{x}_2)$$

$$L_{22} = \sum (x_{2i} - \bar{x}_2)^2, L_{1y} = \sum (x_{1i} - \bar{x}_1)(y_i - \bar{y})$$

$$L_{2y} = \sum (x_{2i} - x_2)(y_i - \bar{y})$$

那么上述方程组可变为(记方程组解为 $\hat{a}, \hat{b}_1, \hat{b}_2$)

$$\begin{cases} \hat{a} = \bar{y} - \hat{b}_1\bar{x}_1 - \hat{b}_2\bar{x} \\ L_{11}\hat{b}_1 + L_{12}\hat{b}_2 = L_{1y}y \\ L_{21}\hat{b}_1 + L_{22}\hat{b}_2 = L_{2y}y \end{cases} \tag{7.23}$$

解出

$$\begin{cases} \hat{b}_1 = \dfrac{L_{1y}L_{22} - L_{12}L_{2y}}{L_{11}L_{22} - L_{12}^2} \\ \hat{b}_2 = \dfrac{L_{2y}L_{11} - L_{21}L_{1y}}{L_{11}L_{22} - L_{12}^2} \end{cases} \tag{7.24}$$

再将 $\hat{b}_1, \hat{b}_2$ 代入式(7.23) 即得 $\hat{a}$,即得回归方程

$$\hat{y} = \hat{a} + \hat{b}_1 x_1 + \hat{b}_2 x_2$$

再进行显著性检验.

检验假设 $$H_0: b_1 = b_2 = 0$$

将总偏差平方和进行分解

$$Q_{总} = \sum (y_i - \overline{y})^2 = Q_{回} + Q_{剩}$$

其中

$$Q_{回} = \sum (y_i - \overline{y}_i)^2, f_{回} = 2$$

$$Q_{剩} = \sum (y_i - \hat{y}_i)^2, f_{剩} = n - 2 - 1$$

可以证明,当 H_0 成立时

$$F = \frac{\dfrac{Q_{回}}{2}}{\dfrac{Q_{剩}}{n - 3}} \tag{7.25}$$

是服从第一自由度为 2,第二自由度为 $n - 3$ 的 F 分布.

根据给定显著性水平 α 及自由度$(2, n - 3)$,查 F 分布表得 F_α,再根据已知数据算出 F 值.若 $F > F_\alpha$,则拒绝假设 H_0;若 $F < F_\alpha$,则接受 H_0.

用上述方法求解例 7.2.4.

通过有关计算建立起正规方程组

$$\begin{cases} 245.94\hat{b}_1 - 109.35\hat{b}_2 = 1\,110.37 \\ -109.35\hat{b}_1 + 98.20\hat{b}_2 = -750.5 \\ \hat{a} = \overline{y} - \hat{b}_1\overline{x}_1 - \hat{b}_2\overline{x}_2 \end{cases}$$

解出 $\hat{b}_1 = 2.22, \hat{b}_2 = -5.16$ 进一步得

$$\hat{a} = 39.37 - 2.22 \times 20.44 - (-5.16) \times 6.85 = 29.339$$

因此所求二元回归方程为

$$Y = 29.339 + 2.22X_1 - 5.16X_2$$

由回归平方和 $Q_{回} = 6\,338.6$,剩余平方和 $Q_{剩} = 904.77$ 得

$$F = \frac{\dfrac{Q_{回}}{2}}{\dfrac{Q_{剩}}{n - 3}} = \frac{\dfrac{6\,338.6}{2}}{\dfrac{904.77}{13}} = 44.54$$

因为 $F > F_{0.01} = 6.70$,所以建立的回归方程的效果是良好的,可用此方程预报春季降雨量.

2. 多元线性回归

(1) 模型

若随机变量 Y 与 k 个变量有关,且 $E(Y) = a + b_1X_1 + \cdots + b_kX_k$,又 $D(Y) = \sigma^2$ 与

X_i 无关，Y 为正态分布，有

$$Y = a + b_1X_1 + \cdots + b_kX_k + \varepsilon \tag{7.26}$$

$\varepsilon \sim N(0,\sigma^2)$，则称(8.14)为 k 元线性回归方程，又称回归超平面方程.

设有 n 组数据

$$\begin{gathered}(y_1:x_{11},x_{21},\cdots,x_{k1})\\(y_2:x_{12},x_{22},\cdots,x_{k2})\\\vdots\\(y_n:x_{1n},x_{2n},\cdots,x_{kn})\end{gathered}$$

假定

$$\begin{cases}y_1 = a_0 + b_1x_{11} + b_2x_{21} + \cdots + b_kx_{k1} + \varepsilon_1\\y_2 = a_0 + b_1x_{12} + b_2x_{22} + \cdots + b_kx_{k2} + \varepsilon_2\\\vdots\\y_n = a_0 + b_1x_{1n} + b_2x_{2n} + \cdots + b_kx_{kn} + \varepsilon_n\end{cases} \tag{7.27}$$

其中 $a_0,b_1,b_2,\cdots,b_k$ 是待估参数，而 $\varepsilon_1,\varepsilon_2,\cdots,\varepsilon_n$ 相互独立且服从相同分布 $N(0,\sigma^2)$.

(2) 最小二乘法与正规方程

用下面方法对式(7.27)参数进行估计.

我们称使

$$Q(a,b_1,b_2,\cdots b_k) \triangleq \sum_{i=1}^{n}[y_i - (a + b_1x_{1i} + b_2x_{2i} + \cdots + b_kx_{ki})]^2$$

达到最小的 $\hat{a},\hat{b}_1,\hat{b}_2,\cdots,\hat{b}_k$ 为参数 $a,b_1,b_2,\cdots,b_k$ 的最小二乘估计.

可以证明，最小二乘估计也就是下列方程组的解

$$\begin{cases}L_{11}b_1 + L_{12}b_2 + \cdots + L_{1k}b_k = L_{1y}\\L_{21}b_1 + L_{22}b_2 + \cdots + L_{2k}b_k = L_{2y}\\\vdots\\L_{k1}b_1 + L_{k2}b_2 + \cdots + L_{kk}b_k = L_{ky}\\a_0 = \overline{y} - y_1\overline{x}_1 - \cdots - b_k\overline{x}_k\end{cases} \tag{7.28}$$

其中
$$\overline{y} = \frac{1}{n}\sum y_i,\ \overline{x}_i = \frac{1}{n}\sum x_{ik}\quad (i = 1,2,\cdots,k)$$

$$L_{ij} = L_{ji} = \sum(x_{ik} - \overline{x}_i)(x_{jk} - \overline{x}_j)\quad (i,j = 1,2,\cdots,k)$$

$$L_{iy} = \sum(x_{ik} - \overline{x}_i)(y_i - \overline{y})\quad (i = 1,2,\cdots,k)$$

方程组(7.28)称为正规方程组.

(3) 平方和分解公式与 σ^2 的无偏估计

与一元回归的情形类似，有下列平方和分解公式

$$L_{yy} = Q_{回} + Q_{剩} \tag{7.29}$$

其中 $L_{yy} = \sum(y_i - \overline{y})^2$ 称总平方和

$$Q_{回} = \sum(\hat{y} - y_i)^2\qquad 称回归平方和$$

$$Q_{剩} = \sum (y_i - \hat{y}_i)^2 \qquad 称剩余平方和$$

我们有

$$E\left[\frac{Q}{(n-k-1)}\right] = \sigma^2 \tag{7.30}$$

(实际上,可以证明$\frac{Q}{\sigma^2}$服从自由度为$(n-k-1)$的χ^2分布)记

$$\hat{\sigma}^2 = \frac{Q}{(n-k-1)}$$

式(7.30)表明,$\hat{\sigma}^2$是σ^2的无偏估计,有时$\hat{\sigma}^2$也用S^2来记.

(4) 相关性检验

与一元回归情形类似,Y与$X_1,X_2,\cdots,X_k$间是否存在线性相关关系的问题,在模型(7.27)的假设下,也就是一个假设检验的问题,要检验的是假设$H_0: b_1 = b_2 = \cdots = b_k = 0$.若经检验否定假设$H_0$,则认为它们之间存在线性相关关系.其统计量是

$$F = \frac{\frac{Q_{回}}{k}}{\frac{Q_{剩}}{n-k-1}} \tag{7.31}$$

式(7.31)与一元比较,便发现它是一元情形的推广.可以证明,在(8.19)给出的统计量F服从自由度为$k,n-k-1$的F分布.于是,对给定的α,由式(7.31)算出的F值跟查表得到的临界值F_α作比较,若$F > F_\alpha$,则否定H_0;否则,接受H_0.

(5) 偏回归平方和与因素主次的判别

以上多元回归的几个方面内容,基本上是一元回归的推广,只不过形式上复杂而已.下面介绍的内容则是多元回归所特有的.

先说一下判别因素的主次.在实际工作中,我们对于Y与$X_1,X_2,\cdots,X_k$的线性回归中,哪些因素(即自变量)更重要些,哪些不重要,怎样来衡量某个特定因素$X_i(i=1,2,\cdots,k)$的影响呢?我们知道,回归平方和$Q_{回}$这个量,刻画了全体自变量$X_1,X_2,\cdots,X_k$,对于Y的总的线性影响,为研究X_i的作用,可以这样来考虑:从原来的k个自变量中扣除X_k,我们知道这$k-1$个自变量$X_1,X_2,\cdots,X_k$对于Y的总的线性影响也是一个回归平方和,记作$Q_{(k)}$称

$$u_k \triangleq Q_{回} - Q_{(k)}$$

为$X_1,X_2,\cdots,X_k$中X_k的偏回归平方和.这个偏回归平方和就可看作X_k产生的作用,类似地,可定义$Q_{(i)}$.

一般的,称

$$u_k \triangleq Q - Q_{(i)} \quad (i = 1,2,\cdots,k) \tag{7.32}$$

为$X_1,X_2,\cdots,X_k$的偏回归平方和.用它来衡量X_i在Y对$X_1,X_2,\cdots,X_k$的线性回归的作用的大小.

对于μ_k的计算,有下式

$$\mu_k = \frac{\hat{b}_i^2}{c_{ii}} \tag{7.33}$$

c_{ii} 是矩阵 $(L_{ij})_{k\times k}$ 的逆矩阵的对角线上的第 i 个元素.

另外,我们还应指出,从理论上说,对于假设 $H_0: b_i = 0$.可用统计量 $F_i = \frac{u_K}{S^2}$ 来检验,这个统计量在 H_0 成立时服从自由度为 $1, n-k-1$ 的 F 分布,实用上,若根据观测值算出 F_i 的数值大于 $\alpha = 0.05$ 的临界值,称变量 X_i 是显著的;而若算出得到的 F_i 的数值还大于 $\alpha = 0.01$ 的临界值,则称变量 X_i 是高度显著的;当 F_i 得值很小时,应从回归方程中将 X_i 剔除,从而建立最优的回归方程.

总之,回归分析在数据处理,曲线拟合,建立经验公式及各类预报等领域内有广泛应用,内容十分丰富.因篇幅所限,这里就不一一列举了,有兴趣的读者可看有关专著.

7.2.3　岭回归分析

在多元线性回归分析应用中,在一些情况下最小二乘法估计(Least Squares estimate)简称 LS 估计表现较差,线性模型 $y = \beta x + \varepsilon$ 中的回归系数 β 由 LS 估计,得估计量为

$$\beta = (x'x)^{-1}x'y \tag{7.34}$$

估计量 β 依赖于 x 的协方差之逆,若协方差矩阵退化,估计量是不确定的,若协方差矩阵的行列式值很小时,估计量也是不十分可靠.

对 β 的任何估计量 $\hat{\beta}$,以 $L(\hat{\beta})$ 记其均方误差

$$L(\hat{\beta}) = E(\|\hat{\beta} - \beta\|^2) \tag{7.35}$$

$L(\hat{\beta})$ 称为"风险".我们计算一下,当 $\hat{\beta}$ 为 β 的 LS 估计时,$L(\hat{\beta})$ 的值为多少?

由于

$$\begin{aligned}\hat{\beta} - \beta = (x'x)^{-1}x'(x\beta + e) - \beta = \\ (x'x)^{-1}(x'x)\beta + (x'x)^{-1}x'e - \beta = \\ (x'x)^{-1}x'e = S^{-1}x'e\end{aligned}$$

(其中 $S = x'x$) 因此有

$$\|\hat{\beta} - \beta\|^2 = e'xs^{-1}\cdot s^{-1}x'e = e'xs^{-1}x'e$$

在 Ls 估计下,随机误差 e 服从正态分布,即 $e \sim N(0,1)$,所以有

$$\begin{aligned}L(\hat{\beta}) = E(e'xs^{-1}x'e) = \sigma^2 t_r(xs^{-1}x') = \\ \sigma^2 t_r(s^{-1}x'x) = \sigma^2 t_r(s^{-1}s) = \sigma^2 t_r(s^{-1}) = \\ \sigma^2 \sum_{i=1}^{p} \frac{1}{\lambda_i}\end{aligned} \tag{7.36}$$

$t_r(s^{-1})$ 表示 s^{-1} 的迹,即 S^{-1} 的全部特征根的和.$\lambda_1, \lambda_2, \cdots, \lambda_p$ 是 $s = x'x$ 的全部特征根,如果 s 接近于降秩时,则 $\min \lambda_i \approx 0$,这时风险 $L(\hat{\beta})$ 很大,这种情况下,Ls 估计的 $\hat{\beta}$ 就不会给出 β 的良好估计.这个分析说明了在某些情况下 Ls 估计不够好,S 阵接近退化时,β 接近不可估,基于这种情况,近些年来,一些科技统计工作者在为提出更好的估计方面作了些工作,提出了岭回归分析方法,现介绍如下.

1.岭回归的方法原理

岭回归分析的基本思想是当 S 的最小特征根接近于0时 $E(\|\hat{\beta} - \beta\|^2)$ 很大,为试图克服这一点,用 $S + KI$ 来代替 S,人为地把最小特征根由 $\min \lambda_i$ 提高到 $\min \lambda_i + k$,希望这

样有助于降低均方误差.即

$$\hat{\beta}(k) = (s + kI)^{-1} x'y \tag{7.37}$$

上式作为 β 的岭估计($k \geqslant 0$),当 $k = 0$ 即为通常所说的最小二乘估计(Ls 估计).

用如式(7.37)的 $\hat{\beta}(k)$ 来估计 β,以及与之有关的一套处理方法,称为岭回归分析.

岭回归分析中关键问题是如何选择 k 值,适当地选择 k 值可降低均匀误差,但是 k 值与未知参数的 β 和 σ 有关,要找到一个不依赖于 β,σ 的 $k > 0$,使得均方误差降低是不可能的,但是它确能提供一个途径,使有可能若 k 不取为常数而与样本有关,这样它将能缩小均方误差,所以有用的岭回归估计必然是非线性估计.

2. 选择 k 值的方法

若关系 $0 < k < \dfrac{\sigma^2}{\max \gamma_i^2}$ 成立,则由式 $\hat{\beta}(k) = (S + KI)$ 定义的岭估计便优于最小二乘估计,其中 $r = \dfrac{p'\beta - (r_1, r_2, \cdots, r_n)'}{p'}$ 为一正交矩阵,由 $x'x = P'\Lambda P$ 得出,这里 Λ 为一对角阵,其主对角线元素为 $x'x$ 的特征根.

由于 σ^2 和 β 在实际中是不可测得,为了得到数值结果,需要字样估计,我们以最小二乘估计的 $\hat{\beta}$ 代替 β,而 σ^2 由下式估计

$$\hat{\sigma}^2 = \frac{(y - x\hat{\beta})'(y - x\hat{\beta})}{(n - p)}$$

令

$$k_i = \frac{\sigma^2}{\max\ r_i^2}$$

这样得到岭回归分析的 k 值.在实际处理过程中,在 $0 \sim k_i$ 之间取 $k = \dfrac{k_i}{4}, \dfrac{k_i}{2}, \dfrac{3k_i}{4}$ 进行计算,以供比较,确定较优的 k 值.

3. 计算步骤

设原始数据矩阵为

$$X = \begin{bmatrix} x_{11} & x_{12} & \cdots & x_{1p} & y_1 \\ x_{21} & x_{22} & \cdots & x_{2p} & y_2 \\ \vdots & \vdots & & \vdots & \vdots \\ x_{n1} & x_{n2} & \cdots & x_{np} & y_n \end{bmatrix}_{n \times (p+1)}$$

n 为样本数,p 为自变量个数,因变量 y 放在原始数据矩阵 x 的最后一列.

(1) 用最小二乘法求解回归系数,正规方程为

$$(x'x)\hat{\beta} = x'y \tag{7.38}$$

最小二乘估计值为 $\hat{\beta} = (x'x)^{-1}x'y$

(2) 计算因变量的方差

$$\hat{\sigma}^2 = \frac{(y - x\hat{\beta})'(y - x\hat{\beta})}{(n - p)}$$

(3) 将实对称矩阵 $x'x$ 对角化,并计算对角化矩阵的特征值和特征向量,即有 $x'x = p'\Lambda p$,p 为正交矩阵,Λ 为其对角矩阵,其主对角线元素为 $x'x$ 的特征值.

(4) 计算岭回归的控制值

$$k_i = \frac{\hat{\sigma}^2}{\max r_i^2}, r = p'\hat{\beta} = (r_1, r_2, \cdots, r_n)'$$

(5) 以 $k = \frac{k_i}{4}, \frac{k_i}{2}, \frac{3k_i}{4}, k_i$ 建立新的岭估计正规方程组

$$(x'x + kI)\hat{\beta} = x'y \tag{7.39}$$

(6) 再用最小二乘估计求解,由式(7.39) 得到岭估计量

$$\hat{\beta}(k) = (x'x + kI)^{-1}x'y$$

(7) 利用岭估计值 $\hat{\beta}(k)$ 计算回归值和剩余值.

7.3　时序分析

时间序列分析简称时序分析,它所研究的对象是一串随时间变化又相互关联的数字序列,工程上称为时间序列或动态数据.客观世界与工程实际中,会遇到各种各样的时间序列,要通过对这种时间序列的分析,达到认识事物,掌握事物的目的.所用的基本方法是给定的时间序列选择合适的数学模型.这样的数学模型通常含有有限个未知参数,通过对这些参数的估计,建立适当的数学模型.这一过程通常称为"建模".当数学模型建立以后,就可以根据实际需要进行预报或控制.时间序列分析是应用概率统计的重要分支,近年来发展非常迅速,在气象、天文、水文、机械、电力、生物、经济等领域已有广泛的应用,显示出强大的生命力.

时间序列分析主要包括时域分析、频域分析及滤波理论.其中时域分析是最核心的内容,它重点讨论 ARMA 模型的建模,预测与控制.本节将要介绍它的基本内容.

7.3.1　随机序列

1. 随机序列的定义

在概率论和数理统计中仅仅涉及一个随机变量 X 或一个随机向量 x,而时间序列分析所考察的对象,常常不是单个随机变量或随机向量,而是一族随机变量或一族随机向量.例如,X_t 表示 t 时刻的气温,显然是一个随机变量,当 t 在某时间段$[a,b]$内考察的话,便得到一族随机变量为$\{X_t; t \in [a,b]\}$.又如 X_t 表示某商场在 t 时刻的营业额,将 t 从某年某月某时(以小时为单位) 开始记录下来,就可以得到一列随机变量.因此,一般的需要引进随机过程和随机序列的概念.

设 T 是某个集合,俗称足标集,对任意固定 $t \in T$, X_t 是随机变量,当 t 在 T 中跑遍时,得到随机变量的全体$\{X_t; t \in T\}$,记为 X_T 或$\{X_t\}$,称 X_T 为 T 上的随机函数,通常 T 取为

1° $T = \{-\infty, +\infty\}$, $T = [0, +\infty)$

2° $T = \{\cdots, -2, -1, 0, 1, 2, \cdots\}$, $T = \{1, 2, \cdots\}$

随机函数 X_T 中 T 取 1° 的情形,称 X_T 为随机过程;T 取 2° 的情形,称 X_T 为随机序列,后者有时简记为$\{X_k\}$,许多实际问题,随机序列是从随机过程按某一采样间隔 Δ 得到,故 2° 的 T 实际上是:$T = \{\cdots, -2\Delta, -1\Delta, 0, \Delta, 2\Delta, \cdots\}$ 等.

从概率统计便知,若 X 为某一实验结果的随机变量,那么每做一次实验,就能获得 X 的一个取值 x,称 x 为 X 的一个样本值.对于随机过程 X_T 而言,它的一个样本函数 x_T 是 T 上的函数,在 1° 的情形就是一条曲线或称轨迹,在很多实际情形,可由自动记录仪记录下来,有时常称这函数为随机过程 X_T 的一个现实.例如,信息传播中接收机的噪音电压就是随时间变化的随机变量,即随机过程 X_T.当我们接收机的输出电压(或电流)作单次观测时,可能看到起伏波形 $x_i(t)$.实际上,在试验结果中出现的噪音电压的具体波形也可能是另外的样子,如 $x_2(t)$,$x_3(t)$ 等.所有这些一定概率的可能的 $x_1(t)$,$x_2(t)$,$x_3(t)$,⋯ 的集合就构成了随机过程 X_T,而 $x_1(t)$,$x_2(t)$,$x_3(t)$,⋯ 都是随机过程的一个个样本函数或现实,它们都是确定的时间函数.

对于随机序列而言,样本函数$\{x_k\}$是一普通实数列,称$\{x_k\}$为随机序列$\{X_k\}$的一个现实.在实际问题中,因为随时间 t 的流逝不能重复,所以我们往往能获得随机序列(过程)的一个现实,而长度为 N 的动态数 $x_1,x_2,\cdots,x_N$ 常常是随机过程 X_T 按一定的采样间隔 Δ 而获得的样本值,今后称 $x_1,x_2,\cdots,x_N$ 为随机序列$\{x_k\}$的长度为 N 的样本值,有时作为长度为 N 的样本值时,以大写 $X_1,X_2,\cdots,X_N$ 表示,但经常大写 X_k 与小写 x_k 不加区别,读者根据上下文会自明.另外,随机序列$\{X_k\}$的整数变量 k,通常表示采样间隔 Δ 的 k 倍,例如 $k\Delta$ 表示第 k h,第 k 天,生物学上表示第 k 代,地质学上表示第 k 层等,但大量的问题与时间有关,所以常称$\{X_k\}$为时间序列.

2. 随机序列的概率分布

一个随机变量的统计特性完全由它的分布函数 $F(x)$ 或分布密度函数 $p(x)$ 所确定.同样,一个随机向量 $x=(X_1,X_2,\cdots,X_n)^\tau$ 的统计特性完全由它的联合分布函数 $F(x_1,x_2,\cdots,x_n)$ 或联合分布密度函数 $p(x_1,x_2,\cdots,x_n)$ 所确定,其中 τ 表示转置.对于随机序列而言,由于它是可列个随机变量构成.因此,对于任意 $t\in T$,X_t 由分布函数 $F_t(x)$ 来描述,对于任意 $t_1,t_2\in T$,$(X_{t1},X_{t2})^\tau$ 由联合分布函数 $F_{t1,t2}(x_1,x_2)$ 来描述,⋯⋯,对于任意正整数 n 和任意 $t_1,t_2,\cdots,t_n\in T$,$(x_{t1},x_{t2},\cdots,x_{tn})$ 由联合分布函数来描述,其中

$$F_{t_1,\cdots,t_n}(x_1,x_2,\cdots,x_n)=P(X_{t_1}<x_1,\cdots,X_{t_n}<x_n) \tag{7.40}$$

这样得到的任意正整数 k 相应 k 维联合分布族

$$\{F_{t_1\cdots t_k}(x_1,\cdots x_k):k;t_1\cdots t_k\in T,k=1,2,\cdots\}$$

我们称上述分布族为随机序列$\{X_k\}$的有穷维分布族.如果随机序列$\{X_k\}$任意有穷维分布满足

$$F_{t1,t2\cdots,tn}(x_1,x_2,\cdots,x_n)=F_{t1}(x_1)F_{t2}(x_2)\cdots F_{tn}(x_n) \tag{7.41}$$

即序列中任意个随机变量 $X_{t1},X_{t2},\cdots,X_{tn}$ 都相互独立,则称$\{X_k\}$为独立随机序列,实际应用中,常见的电路中热噪声往往近似于独立随机序列.

下面将引入随机序列或随机过程的基本参数特征:均值函数、自协方差函数、自相关函数等.

3. 随机序列的参数特征

如果对于每个 k 而言,二阶原点矩 $EX_k^2<+\infty$,称$\{x_k\}$为二阶矩有穷的随机序列.对二阶矩有穷的随机序列可定义它的均值函数、自协方差函数和自相关函数.

(1) 均值函数

$\{x_t\}$ 为随机序列,称 $EX_t = \mu_t$ 为 X_i 的均值,称 $\{\mu_t\}$ 为 $\{X_t\}$ 的均值函数,若 X_i 得分布函数为 $F_t(x)$,分布密度为 $p_i(x)$,则

$$\mu_t = \int_{-\infty}^{+\infty} x\mathrm{d}F_t(x) = \int_{-\infty}^{+\infty} xp(t)\mathrm{d}x \tag{7.42}$$

(2) 自协方差函数

为了分析随机序列 $\{X_i\}$ 中在不同时刻随机变量之间的统计关系,需要对任意不同的整数 t,s,考虑 X_t,X_s 的相互关系.令

$$\begin{aligned}\gamma_u &= E(X_t - \mu_t)(X_s - \mu_s) = \\ &\int_{-\infty}^{+\infty}\int_{-\infty}^{+\infty}(x_1 - \mu_1)(x_2 - \mu_2)aF_{t,s}(x_1,x_2) = \\ &\int_{-\infty}^{+\infty}\int_{-\infty}^{+\infty}(x_1 - \mu_t)(x_2 - \mu_s)p_{i,s}(x_1,x_2)\mathrm{d}x_1\mathrm{d}x_2\end{aligned} \tag{7.43}$$

其中 $F_{t,s}(x_1,x_2)$ 和 $p_{t,s}(x_1,x_2)$ 分别为 X_t 与 X_s 得联合分布函数和分布密度,称 $\{\gamma_{t,s}\}$ 为随机序列 $\{X_t\}$ 的自协方差函数,今后记为 $\gamma_{ts} = \mathrm{cov}(X_t,X_s)$,显然 γ_{ts} 是二元对称函数,特别当 $t = s$ 时,$\gamma_{ts} = E(X_t - \mu_t)^2$ 称 $\{\gamma_{ts}\}$ 为随机序列 $\{X_t\}$ 的方差函数,记为 $\gamma_{ts} = \mathrm{var}\ X_t$.

(3) 自相关函数

设 $\{\gamma_{ts}\}$ 为随机序列 $\{X_t\}$ 的自协方差函数,令

$$\rho_{ts} = \frac{\gamma_{ts}}{\sqrt{\gamma_{tt}\gamma_{ss}}} = \frac{\mathrm{cov}(X_t,X_s)}{\sqrt{\mathrm{var}X_t\mathrm{var}X_s}} \tag{7.44}$$

称 $\{\rho_{ts}\}$ 为随机序列 $\{X_t\}$ 的自相关函数,这里 ρ_{ts} 是无量纲并依赖 t,s 的,它同 γ_{is} 一样刻画了 $\{X_i\}$ 中不同时刻 t 与 s 得随机变量 X_t 与 X_s 得统计相关程度.

若随机 $\{X_t\}$ 满足:对任意整数 t,s,当 $t \neq s$ 时,$\rho_{ts} = 0$,则称 X_t 为不相关随机序列.

由柯西－许瓦兹不等式,可以证明对于任意 t,s,ρ_{ts} 具有下列性质:

1) $|\rho_{ts} \leqslant 1|$.

2) $|\rho_{ts}| = 1$ 的充分必要条件是 X_t 与 X_s 依赖概率 1 线性相关,即

$$\rho\{X_s = aX_t + b\} = 1$$

其中 $a \neq 0, b$ 为常数.

显然,$\{\mu_t\},\{\gamma_{ts}\},\{\rho_{ts}\}$ 都由随机序列 $\{X_i\}$ 的一维和二维分布族唯一确定,但是由它们都不能确定 $\{X_t\}$ 的有穷维分布族.从理论角度看,仅仅研究均值函数和自协方差函数或自相关函数当然是不能代替整个随机序列的研究,但由于它们刻画了随机序列的主要特性,而且易于测算,故能起到极为重要的作用.

7.3.2 ARMA 模型

1. ARMA 模型的定义

在数理统计里,我们学过多元线性回归模型

$$y_t = \beta_1 x_{1t} + \beta_2 x_{2t} + \cdots + \beta_r x_{rt} + \varepsilon \tag{7.45}$$

$$t = 1,2,\cdots,N,\quad \varepsilon \sim N(0,\sigma_t^2)$$

其中 N 表示独立的观测次数.模型(7.45)是大家都很熟悉的,它表示人们关注的指标在 t 时的观测值 y_t 对另一组的观测值($x_{1t},\cdots,x_{rt}$)的相关性.多元线性回归模型(7.45)将随机变量 y_t 分解成两部分,前一部分是自变量($x_{1t},\cdots,x_{rt}$),它们表示与 y_t 有关的某些已知的可变化因素,通常看为非随机因素,后一部分 ε_t 是残量,它是由模型误差、测量误差及一些难以掌握的随机因素所产生,通常可以假定$\{\varepsilon_t\}$是零均值正态白噪声随机序列,且与前一部分也是相互独立的.由此可见,序列$\{y_t\}$在不同 t 时也是相互独立的.

对多元线性回归模型(7.45)作适当修改后,就可以得到一类崭新的线性模型,它用以描述某些平稳时间序列$\{x_t\}$,这类模型表示为

$$x_t = \varphi_1 x_{t-1} + \varphi_2 x_{t-2} + \cdots + \varphi_p x_{t-p} + a_t \tag{7.46}$$

其中$\{a_t\}$是白噪声序列,模型(7.45)与(7.46)形式类似,但这两类模型有着本质的区别.在多元线性回归模型(7.45)中,自变量($x_{1t},\cdots,x_{rt}$)是与 y_t 有关的确定性因素,它们表示同一次抽样,$\{y_t\}$的统计性质由$\{\varepsilon_t\}$来确定,因此 y_t 描述随机序列是相互独立的,它们都是同一总体 y 的不同次独立随机变量.线性模型(7.45)是不考虑随时间变化而演变,我们称它为静态模型.而模型(7.46)中,x_t 和 $x_{t-1},\cdots,x_{t-p}$ 是同属于时间序列$\{x_t\}$在不同时刻的随机变量之间的统计关系,它描述的是在 t 时刻与前 p 个时刻有关,x_t 部分地依赖于 $x_{t-1},\cdots,x_{t-p}$,而部分地依赖于随机干扰(白噪声)a_t,或者说 x_t"线性回归"到 $x_{t-1},\cdots,x_{t-p}$,而 a_t 为误差项.由于 x_t 具有对自身过去的 p 个时间 $x_{t-1},\cdots,x_{t-p}$ 的回归,因此称之为 p 阶自回归.

定义 7.3.1 设$\{X_t\}$为零均值平稳序列,若满足如下的 p 阶随机差分方程

$$x_t = \varphi_1 x_{t-1} + \varphi_2 x_{t-2} + \cdots + \varphi_p x_{t-p} + a_t \tag{7.47}$$

且满足下列条件:(1)$\{a_t\}$是白噪声序列;(2)$\varphi_p \neq 0$ 且 $Ex_ta_t = 0,t < s$,且 s 时刻的白噪声与前时刻 $x_t(t < s)$ 不相关;称模型(7.46)为 p 阶自回归模型,记为 AR(p).非负整数 p 称为自回归阶数,实数系 $\varphi_1,\varphi_2,\cdots,\varphi_p$ 称为自回归系数.满足模型(7.46)的序列$\{x_t\}$称为 AR(p)序列.

在实际工作中,经常使用的是一阶自回归模型

$$\mathrm{AR}(1)\ x_t = \varphi_1 x_{t-1} + a_t$$

和二阶自回归模型

$$\mathrm{AR}(2)\ x_t = \varphi_1 x_{t-1} + \varphi_2 x_{t-2} + a_t$$

由于自回归模型不存在其他自变量,不受模型变量之间"相互独立"的假定条件的约束,因此用 AR 模型及其原理可以构成多种模型以消除或改进普通回归预测中由于自变量选择、多重共线性、序列相关(自相关)等原因所造成的困难.此外,在 AR 模型中,各种因素对预测目标的影响是通过他们在时间过程中的综合体现被考察的,并将序列的历史观察值,作为诸因素影响与作用的结果,用于建立其本身的历史序列线性回归模型.从而,用普通最小二乘法就可以对模型进行估计和求解.这一点,AR 模型比其他类型的时间序列模型都优越.正因为如此,AR 模型应用的范围是最广泛的.在模型(7.46)中,$\{a_t\}$是白噪声序列,它们在不同时刻是不相关.但是实际问题中,往往(7.47)中残量序列$\{a_t\}$不是白噪声,而是有色噪声,那么采用AR模型描述动态数据$\{x_t\}$是不合适的.但为了简便地在

线性范围内去近似有色噪声，即采用白噪声 a_t 的线性组合来近似描述．将模型修改为

$$x_t = \varphi_1 x_{t-1} + \varphi_2 x_{t-2} + \cdots + \varphi_p x_{t-p} + \varepsilon_t, \varepsilon_t = a_t - \theta_1 a_{t-1} - \cdots - \theta_q a_{t-q}$$

其中 $\{a_t\}$ 为白噪声序列，$q > 0$ 为整数．这样一来，得到更广泛的一类线性模型

$$x_t = \varphi_1 x_{t-1} + \varphi_2 x_{t-2} + \cdots + \varphi_p x_{t-p} + a_t - \theta_1 a_{t-1} - \cdots - \theta_q a_{t-q} \tag{7.48}$$

引进线性推移算子 B，对描述时间序列模型更为方便．令

$$Bx_t = x_{t-k}, B^k x_t = x_{t-k}, Ba_t = a_{t-1}, B^k a_t = a_{t-k}, Bc = c, B^k c = c$$

（c 为常数）

并令

$$\varphi(B) = 1 - \varphi_1 B - \varphi_2 B^2 - \cdots - \varphi_P B^P$$
$$\theta(B) = 1 - \theta_1 B - \theta_2 B^2 - \cdots - \theta_q B^q \tag{7.49}$$

有(7.49)记号，可把模型(7.48)简记为

$$\varphi(B) = \theta(B) a_t \tag{7.50}$$

把 $\varphi(B)$ 和 $\theta(B)$ 称作算子 B 的多项式．

定义 7.3.2　设 $\{X_t\}$ 为零均值平稳序列，满足(7.50)和如下条件

(1) $\varphi(B)$ 和 $\theta(B)$ 无公共因子；

(2) $\varphi_p \neq 0, \theta_q \neq 0$；

(3) $\{a_t\}$ 为白噪声序列；

(4) $Ex_t a_t = 0, t < s$，

称模型(7.50)为 p 阶自回归 - q 阶滑动平均混合型，简记为 ARMA(p,q) 模型，称 $\{x_t\}$ 为 ARMA(p,q) 序列，称(7.50)等式左边是模型的自回归部分，右边是模型的滑动平均部分；非负整数 p 称为自回归阶数，实参数 $\theta_1, \theta_2, \cdots, \theta_q$ 称为滑动平均系数．

特别情形，若 $p = 0$，则 ARMA(0, q) 模型为

$$x_t = a_t - \theta_1 a_{t-1} - \theta_2 a_{t-2} - \cdots - \theta_q a_{t-q} \tag{7.51}$$

称(7.51)模型为 q 阶滑动平均型，记为 MA(q)．它表明此时的 x_t 都是过去前 q 个时刻随机扰动项的加权平均，故称为滑动平均模型，相应的 $\{x_t\}$ 称为滑动平均序列．

若 $p = 0, q = 0$，则(7.50)变为 $x_t = a_t$，即 $\{x_t\}$ 退化为白噪声．如果 ARMA(p,q) 模型对应的算子方程

$$\varphi(B) = 0 \tag{7.52}$$

的根全部在单位圆外，称该模型是平稳的．对于 ARMA(p,q) 模型，称

$$\lambda^p - \varphi_1 \lambda^{p-1} - \cdots - \varphi_p = 0 \tag{7.53}$$

为模型(7.52)对应的特征方程．显然特征方程的根同 $\varphi(B) = 0$ 的根互为倒数，所以特征方程(7.53)的根全部在单位圆内．$|\lambda| < 1 (i = 1,2,\cdots,p)$ 是模型的平稳条件．

如果 ARMA(p,q) 模型对应的算子方程 $\varphi(B) = 0$ 的根全部在单位圆外，称该模型是可逆的．同理，可逆条件为方程

$$\lambda_q - \theta_1 \lambda^{q-1} - \cdots - \theta_q = 0 \tag{7.54}$$

的根全部在单位圆内．

今后，讨论 AR(p) 模型、MA(q) 模型、ARMA(p,q) 模型都分别满足平稳条件、可逆条

件、平稳可逆条件.它们分别称为具有平稳性的 AR(p) 模型、具有可逆性的 MA(q) 模型、具有平稳可逆性的 ARMA(p,q) 模型.不过,为简便起见,分别称它们为 AR(p) 模型、MA(q) 模型、ARMA(p,q) 模型,把平稳性和可逆性省略掉了.

采用推移算子 B 符号,上述三种模型可简写为

$$\varphi(B)x_t = a_t, x_t = \theta(B)a_t, \varphi(B)x_t = \theta(B)a_t$$

满足 ARMA(p,q) 模型的序列$\{x_t\}$,称为 ARMA(p,q) 序列,类似称满足 AR(p) 模型的序列$\{x_t\}$,称为 AR(p) 序列,而称满足 MA(q) 模型的序列$\{x_t\}$,称为 MA(q) 序列.

7.3.3 ARMA 模型的定阶、改进与建模

1. 模型定阶

模型定阶的方法较多,这里我们介绍一下检验准则确定模型的阶数,我们现在应用 F - 检验准则为 ARMA(p,q) 模型定阶.设原假设

$H_0: \varphi_p = 0, \theta_q = 0$,令 A_0 为 ARMA(p,q) 模型的残差平方和,A_1 为 ARMA($p-1, q-1$) 模型的残差平方和,那么当 N 充分大时,渐近地有

$$F = \frac{\dfrac{A_1 - A_0}{2}}{\dfrac{A_0}{N-(p+q)}} \sim F(2, N-p-q) \tag{7.55}$$

其中 N 为样本长度,$r = p + q$ 为模型参数个数,$s = 2$ 为被检验的参数个数.给定置信度 α,由 F 分布表查出 F_α 值使得 $P(F \geqslant F_\alpha) = \alpha$.

若由(7.55) 计算出 F 值大于等于 F_α 值时,则拒绝 H_0,即模型阶数仍要上升,取模型 ARMA(p,q) 更为合适,否则取 ARMA($p-1,q-1$) 模型为合适模型.依次类似地由低阶向高阶逐次检验,F 检验准则应用到时间序列定阶上是由潘迪特 - 吴贤铭提出的.

2. 动态数据的系统建模方法

我们认为用 ARMA($2n,2n-1$) 形式的时序模型由低阶到高阶地拟合数据,最后选择合适的模型,这种思想是简便的,合理的,具有一定的科学依据.这种建模方案的最大优点,就在于无需人机配合,能够在计算机上自动实现.当然,我们可以根据具体情况适当修改建模方案,例如根据实践经验可知,当观测值数目小的时候,模型的阶数不宜过高,因而可用 ARMA($n,n-1$) 序列而不必用 ARMA($2n,2n-1$) 序列来对数据进行拟合.下面,我们来讨论用吴贤铭建模方法对数据 $x_1, x_2, \cdots, x_N$ 建立模型的具体步骤.

(1) 从 ARMA(2,1) 模型开始,以 2 为步长,建立如下形式的 ARMA($2n,2n-1$) 模型

$$\tilde{x}_t - \varphi_1\tilde{x}_{t-1} - \cdots - \varphi_{2n}\tilde{x}_{t-2n} = a_t - \theta_1 a_{t-1} - \cdots - \theta_{2n-1}a_{t-2n+1}$$

式中

$$\tilde{x}_t = x_t - \frac{1}{N}\sum_{i=1}^{N} x_t$$

或
$$x_t = u + \varphi_1 x_{t-1} + \cdots + \varphi_{2n}x_{t-2n} + a_t - \theta_1 a_{t-1} - \cdots - \theta_{2n-1}a_{t-2n+1}$$

其中 $u = (1 - \varphi_1 - \cdots - \varphi_{2n})\mu, \mu = Ex_t$. u 和 μ 作为待估参数具体做法是:

① 对于给定的模型阶数和形式 ARMA($2n,2n-1$) 用前面所述方法确定相应的模型

参数初值.

② 将上述初值所对应的模型按前面所述方法进行根的置换,使新产生的模型具有可逆性.

③ 以上两步得到的模型参数为初值,用非线性阻尼最小二乘方法迭代得到模型参数的精估计值.

④ 每当 n 增加时,用 F - 准则去检验 ARMA$(2n,2n-1)$ 与 ARMA$(2n+2,2n+1)$ 模型残差平方和得差异.如果在给定的置信水平上 F - 检验下降不显著,就令阶数停止增加,选择 ARMA$(2n,2n-1)$ 为所要模型,否则,就要阶数增加,对于 ARMA$(2n+2,2n+1)$ 模型,再依次进行前面各步.

(2) 用 F - 检验和置信区间原则修改模型

通常取95% 置信区间,以估计值为中心,区间左、右端为 1.96 乘以参数估计的标准差.本阶段具体分以下几步:

① 若 $\hat{\varphi}_{2n}$ 很小,且它的置信区间包括零,而 $\hat{\theta}_{2n-1}$ 不满足相应的条件,则需对 ARMA$(2n-1,2n-1)$ 和 ARMA$(2n,2n-1)$ 模型进行 F - 检验,以决定取哪种模型.检验显著,则取 ARMA$(2n-1,2n)$ 模型,否则取 ARMA$(2n-3,2n-1)$,同理,逐次检验 ARMA$(2n-1,m)(m \leqslant 2n-2)$ 模型是否适合.

② 若 $\hat{\theta}_{2n-1}$ 很小,且置信区间包括零,而 $\hat{\varphi}_{2n}$ 不满足相应的条件,则需对 ARMA$(2n,2n-2)$ 和 ARMA$(2n,2n-1)$ 两模型进行 F - 检验.若检验显著,则取 ARMA$(2n,2n-1)$ 为合适模型.同理,还需要进一步逐次检验 ARMA$(2n,m)(m \leqslant 2n-2)$ 是否使用.

③ 若 $\hat{\varphi}_{2n},\hat{\theta}_{2n}$ 都很小,而置信区间都包括零,则需要对 ARMA$(2n,2n-1)$ 和 ARMA$(2n-1,2n-2)$ 两模型进行 F - 检验,若检验后 ARMA$(2n-1,2n-2)$ 模型合适,还需要逐次检验 ARMA$(2n-1,m)(m \leqslant 2n-3)$ 模型是否使用;若 ARMA$(2n,2n-1)$ 模型适合,则逐次检验 ARMA$(2n,m)(m \leqslant 2n-2)$ 是否使用.

④ 若模型降阶后,发现有可能进一步简化成 $AR(n)$ 或 $MA(m)$ 等形式,则可动用类似于以上的方法,对数据拟合这类简化模型,阶数的增加仍用 F - 检验,直到检验不显著为止.

(3) 求出模型特征方程的根(可引用多项式求根的专专用程序),进一步合理改进模型.以下三种情形为例:

① 如果已拟合得到的 ARMA(n,m) 模型,相应的算子多项式 $\varphi(B)$ 有 d 个实根近似于1,不妨设

$$\varphi(B)=(1-\lambda_1 B)(1-\lambda_2 B)\cdots(1-\lambda_d B)(1-\lambda_{d+1}B)\cdots(1-\lambda_n B)$$

其中 $\lambda_1,\lambda_2,\cdots,\lambda_d$ 近似于1,则设

$$\varphi^*(B)=(1-\lambda_{d+1}B)(1-\lambda_{d+2}B)\cdots(1-\lambda_n B)$$

以 $(1-B)^d\varphi^*(B)$ 作为自回归部分的算子多项式,$\theta(B)$ 作为滑动部分的 B 算子多项式,分别以原参数作为初值,对简化模型 ARMA$(n-d,d,m)$ 进行参数的精估计,并与原模型 ARMA(n,m) 通过 F - 检验来决定取舍.检验后,若 ARMA$(n-d,d,m)$ 是合适模型,则认为动态数据中含有趋势性.

② 若果已拟合得到的 ARMA(n,m) 模型,相应的算子多项式 $\varphi(B)$ 有 s 个根幅角基

本均匀地近似分布在单位圆周附近，则用类似于 ① 中的方法，可将模型简化为带有因子 $(1-B^s)$ 形式的乘积模型

$$(n-s,0,m)\times(0,1,0)_s\varphi^*(B)(1-B^s)\tilde{x}_t=\theta(B)a_t$$

并以原模型的相应参数为初值，对此模型进行参数精估计，再与原模型通过 F - 检验来决定取舍.

③ 若 ① 和 ② 两种情形都出现，且经 F - 检验不显著，则合适模型为乘积模型 $(n-s-d,d,m)\times(0,1,0)_s$. 如果在参数 $\hat{\varphi}_i(1\leqslant i\leqslant n)$ 或 $\hat{\theta}_j(1\leqslant j\leqslant m)$ 中，有一些值很小且它们的置信区间也包括零，那么，可以用取消这些小参数后所得的相应疏系数形式来拟合数据，建立简化的疏系数模型或季节性乘积模型.

④ 如果已拟合得模型为 ARMA$(n,m)(n\leqslant m)$ 时，若自回归多项式 $\varphi(B)$ 能分解为 $\varphi(B)=\varphi^*(B)(1-b_1B-b_2B^2)$，设

$$(1-b_1B-b_2B^2)=(1-a_1B)(1-a_2B)$$

a_1,a_2 为共轭复根，且在单位圆附近，即 $a_1=\overline{a_2}=\rho e^{i\omega},\rho\approx1$，若二次多项式 $(1-b_1B-b_2B^2)$ 最接近二次多项式代替，那么 $\varphi(B)$ 可用 $\varphi^{**}(B)(1-b_1^{(0)}B-b_2^{(0)}B^2)$ 代替，即对原有 ARMA(n,m) 模型与 $\varphi^{**}(B)(1-b_1^{(0)}B-b_2^{(0)}B^2)x_t=\theta^*(B)a_t$ 模型，用 F - 检验比较它们的残差平方和是否显著，若 F - 检验显著，取原模型，即认为动态数据中不含周期，若 F - 检验不显著，选择后面模型(简称简化模型) 合适，这时可查表得出动态数据中含有隐含周期数与 $(1-b_1^{(0)}B-b_2^{(0)}B^2)$ 相对的值，事实上

$$(1-b_1^{(0)}B-b_2^{(0)}B^2)=(1-a_1^{(0)}B)(1-a_2^{(0)}B),a_1^{(0)}=a_2^{(0)}=e^{i\omega}=\cos\omega+i\sin\omega$$

由根于系数的关系得到

$$b_1^{(0)}=a_1^{(0)}+a_2^{(0)}=2\cos\omega+i\sin\omega$$

所以

$$\omega=\cos^{-1}\left(\frac{b_1^{(0)}}{2}\right)$$

$\dfrac{2\pi}{\omega}$ 为周期.

在拟合具有季节性模型时，Box-Jenkins 统计方法是用差分法 $\nabla s=1-B^s$，s 为季节，但采用 Pandit - Wu 的统计方法时，仅有一对接近单位圆上相应的二次多项式，而被 F - 检验通过的简化模型，显然要简单得多，并且事前不需要知道周期多少，完全由数据中分析得出.

习题七

1. 现有某种型号的电池三批，他们分别是甲、乙、丙三个工厂生产的，为评论其质量，各随机地抽取 5 只电池作寿命试验，数据如表 7.17 所示.

表 7.17

工　厂	寿		命/h		
甲	40	48	38	42	45
乙	26	34	30	28	32
丙	39	40	43	50	50

试在显著性水平 $\alpha = 0.05$ 下，检验电池的平均寿命有无显著性差异？并求 $\mu_1 - \mu_2, \mu_1 - \mu_3$ 及 $\mu_2 - \mu_3$ 的 95% 置信区间．这里假定第 i 种电池的寿命 $X_i \sim N(\mu_i, \sigma^2)(i = 1,2,3)$．

2. 在化工生产中为了提高效率，选了三种不同浓度，在四种不同温度情况下做试验．为了考察浓度与温度的交互作用，在浓度与温度的每一种水平组合下各做两次试验，实验得率数据如表 7.18 所示(数据均减去 75)：

表 7.18

温度 \ 浓度	B_1	B_2	B_3
A_1	14,10	9,7	5,11
A_2	11,11	10,8	13,14
A_3	13,9	7,11	12,13
A_4	10,12	6,10	14,10

假定数据来自方差相等的正态分布，试在显著性水平 $\alpha = 0.05$ 下检验不同浓度、不同温度以及它们之间的交互作用对浓度有无显著性影响．

3. 一位教师想要检查三种不同的教学方法的效果，为此随机地选取了水平相当的 15 位学生，把他们分成三组，每组五人，每组用一种教学方法．一段时间后，这位教师给这 15 位学生进行统考，成绩如表 7.19 所示．

表 7.19

方法	成		绩		
甲	75	62	71	58	73
乙	81	85	68	92	90
丙	73	79	60	75	81

试问在显著性水平 $\alpha = 0.10$ 下，这三种教学方法的效果有无显著差异？这里假定学生成绩服从方差相等的正态分布．

4. 在发动机试车前，必须找到应变放大器输出电压与叶片的应变之间的数量关系，设输出电压为 Y，叶片应变为 X，得到的 15 对实验数据如表 7.20 所示．

表 7.20

序号	1	2	3	4	5	6	7	8	9	10	11	12	13	14	15
x_i	35.8	71.7	107.6	143.5	179.3	215.2	287	394.6	430.5	502.2	574	638.5	845.7	703.1	717.5
y_j	0.1	0.2	0.25	0.4	0.47	0.55	0.8	1.05	1.15	1.35	1.6	1.6	1.68	1.82	1.9

(1) 求 Y 对 X 的回归直线方程；

(2) 检验线性关系的显著性；

(3) 当 $x = 100$ 事,求 Y 的 95% 的预测区间.

5. 表 7.21 的数据是退火温度 x(℃) 对黄铜延性 Y 效应的实验结果,Y 是以延长度计算得. 画出散点图并求 Y 对于 x 的线性回归方程.

表 7.21

x/℃	300	400	500	600	700	800
Y/%	40	50	55	60	67	70

6. 在钢线碳含量对电阻的效应的研究中,得到如表 7.22 所示的数据:

表 7.22

碳含量 x%	0.10	0.30	0.40	0.55	0.70	0.80	0.95
电阻 y(20℃) 时 /μΩ	15	18	19	21	22.6	23.8	26

(1) 画出散点图;

(2) 求线性回归方程;

(3) 求 ε 的方差 σ^2 的无偏估计;

(4) 检验假设 $H_0: b = 0, H_1: b \neq 0$;

(5) 若回归效果显著,求 b 的置信水平为 0.95 的置信区间;

(6) 求 $x = 0.50$ 处 $\mu(x)$ 的置信水平为 0.95 的置信区间;

(7) 求 $x = 0.50$ 处观察值 Y 的置信水平为 0.95 的预测区间.

7. 求 MA(3) 模型 $x_i = a_t - 1.5a_{t-1} + 0.66a_{t-2} - 0.08a_{t-3}, \sigma_a^2 = 1$ 的自协方差函数和自相关函数.

8. 求 MA(2) 模型 $x_t = x_{t-1} - 0.5x_{t-2} + a_t$ 的偏相关函数.

第 8 章

上机计算(IV)

随着现代科技的飞速发展,计算手段日趋"电算化".因此在数学教学中引进计算机辅助教学,培养学生电算能力已成为数学教学改革的一个当务之急.我们开设了"上机计算(IV)"这一章,将概率统计中数据统计、样本、数字特征、参数估计、假设检验、方差分析、回归分析等运算,结合本书理论与内容设计了计算机程序,并结合实际问题给出了计算实例,从而指导学生上机,也可供工程技术人员参考.

8.1 数据统计

8.1.1 基本命令

通过调用统计软件包命令和作图软件包命令,进行常用的一些数据统计上机计算与直观绘图.

1.调用统计软件包的命令 < < Statistics′

进行统计数据的处理,必须调用相应的软件包,首先要输入并执行命令

< < Statistics′

以完成相应的数据统计的准备工作.

2.调用作图软件的命令 < < Graphics \ Graphics.m

用 Mathematica 作直方图,必须调用相应的作图软件包,输入并执行

< < Graphics′

这时可以查询这个软件包中的一些作图命令的用法.如输入

?? BarChart

则得到命令 BarChart 的用法说明;如果没有,则说明调用软件包不成功,必须重新启动计算机,再次调用软件包.

8.1.2 数据统计

掌握利用 Mathematica 求来自某个总体的一个样本的样本均值、中位数、样本方差、偏度、峰度、样本分位数和其他数字特征,并能由样本作出直方图.

基本命令

1.求样本数字特征的命令

(1)求样本 list 均值的命令 Mean[list];

(2)求样本 list 的中位数的命令 Median[list];

(3)求样本 list 的最小值的命令 Min[list];

(4)求样本 list 的最大值的命令 Max[list];

(5)求样本 list 方差的命令 Variance [list];

(6)求样本 list 的标准差的命令 StandardDeviation[list];

(7)求样本 list 的分位数的命令 Quantile[list];

(8)求样本 list 的 n 阶中心矩的命令 CentralMoment[list,n].

2.求分组后各组内含有的数据个数的命令 BinCounts

基本格式为

BinCounts[数据,{最小值,最大值,增量}]

例如,输入

BinCounts[{1,1,2,3,4,4,5,15,6,7,8,8,8,9,10,13},{0,15,3}]

则输出

{4,4,5,1,2}

它表示落入区间的数据个数分别是 4,4,5,1,2.

注:每个区间是左开右闭的.

3.作条形图的命令 BarChart

基本格式为

BarChart[数据,选项 1,选项 2,…]

其中数据是{{y_1,x_1},{y_2,x_2},…}或{y_1,y_2,…}的形式.y_1,y_2,…为条形的高度,而 x_1,x_2,…为条形的中心.在数据为{y_1,y_2,…}的形式时默认条形的中心是{1,2,…}.常用选项有 BarSpacing 数值 1,BarGroupSpacing 数值 2.例如,输入

BarChart[{{4,1.5},{4,4.5},{5,7.5},{1.10,5},{2,13.5}},BarGroupSpacing - >0.1]

则输出如图 8.1 所示的条形图.

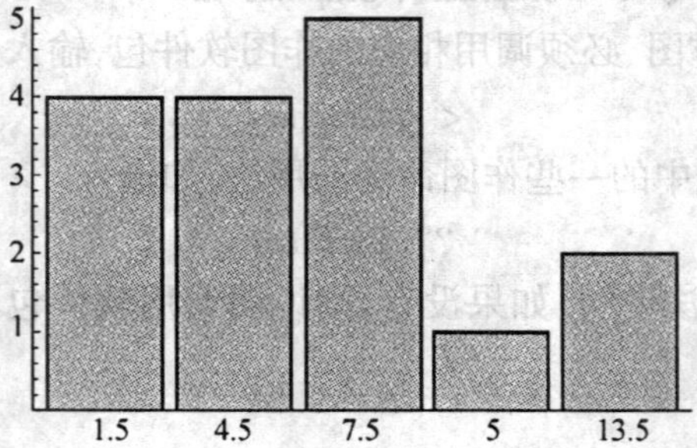

图 8.1

样本的数据统计

例 8.1.1　在某工厂生产的某种型号的圆轴中任取 20 个,测得其直径数据如下

15.28	15.63	15.13	15.46	15.40	15.56	15.35	15.56	15.38	15.21
15.48	15.58	15.57	15.36	15.48	15.46	15.52	15.29	15.42	15.69

求上述数据的样本均值,中位数,四分位数;样本方差,极差,变异系数,二阶、三阶和四阶中心矩;求偏度,峰度,并把数据中心化和标准化.

输入

```
< < Statistics'
data1 = {15.28,15.63,15.13,15.46,15.40,15.56,15.35,15.56,
        15.38,15.21,15.48,15.58,15.57,15.36,15.48,15.46,
        15.52,15.29,15.42,15.69}; (＊数据集记为 data1＊)
Mean[data1] (＊求样本均值＊)
Median[data1] (＊求样本中位数＊)
Quartiles[data1] (＊求样本的 0.25 分位数,中位数,0.75 分位数＊)
Quantile[data1,0.05] (＊求样本的 0.05 分位数＊)
Quantile[data1,0.95] (＊求样本的 0.95 分位数＊)
```

则输出

```
15.4405
15.46
{15.355,15.46,15.56}
15.13
15.63
```

即样本均值为 15.440 5,样本中位数为 15.46,样本的 0.25 分位数为 15.355,样本的 0.75 分位数为 15.56,样本的 0.05 分位数是 15.13,样本的 0.95 分位数是 15.63.

输入

```
Variance[data1] (＊求样本方差 ＊)
StandardDeviation[data1] (＊求样本标准差＊)
VarianceMLE[data1] (＊求样本方差＊)
StandardDeviationMLE[data1] (＊求样本标准差＊)
SampleRange[data1] (＊求样本极差 ＊)
```

则输出

```
0.020605
0.143544
0.0195748
0.13991
0.56
```

即样本方差 s^2 为 0.020 605,样本标准差 s 为 0.143 544,样本方差 s^{*2} 为 0.019 574 8 样本标准差 s^* 为 0.139 91,极差 R 为 0.56.

注 Variance 给出的是无偏估计时的方差，计算公式为$\frac{1}{n-1}\sum_{i=1}^{n}(x_i-\tilde{x})^2$，而VarianceMLE 给出的是总体方差的极大似然估计，计算公式为$\frac{1}{n-1}\sum_{i=1}^{n}(x_i-\tilde{x})^2$，它比前者稍微小些.

输入

CoefficientOfVariation[data1]

(*求变异系数.变异系数的定义是样本标准差与样本均值之比*)

则输出

0.00929662

输入

CentralMoment[data1,2] (*求样本二阶中心矩*)

CentralMoment[data1,3] (*求样本三阶中心矩*)

CentralMoment[data1,4] (*求样本四阶中心矩*)

输出为

0.0195748

-0.00100041

0.000984863

输入

Skewness[data1](*求偏度,偏度的定义是三阶中心矩除以标准差的立方*)

Kurtosis[data1](*求峰度,峰度的定义是四阶中心矩除以方差的平方*)

则输出

-0.365287

2.5703

上述结果表明:数据(data1)的偏度(Skewness)是-0.365 287,负的偏度表明总体分布密度有较长的右尾,即分布向左偏斜.数据(data1)的峰度(Kurtosis)为2.570 3.峰度大于3时表明总体的分布密度比有相同方差的正态分布的密度更尖锐和有更重的尾部.峰度小于3时表明总体的分布密度比正态分布的密度更平坦或者有更粗的腰部.

输入

ZeroMean[data1](*把数据中心化,即每个数据减去均值*)

则输出

{-0.1605,0.1895,-0.3105,0.0195,-0.0405,0.1195,-0.0905,
0.1195,-0.0605,-0.2305,0.0395,0.1395,0.1295,-0.0805,
0.0395,0.0195,0.0795,-0.1505,-0.0205,0.2495}

输入

Standardize[data1] (*把数据标准化,即每个数据减去均值,再除以标准差,从而使新的数据的均值为0,方差为1*)

则输出

{-1.11812,1.32015,-2.16309,0.135846,-0.282143,0.832495,-0.630467,
0.832495,-0.421472,-1.60577,0.275176,0.971825,0.90216,-0.560802,
0.275176,0.135846,0.553836,-1.04846,-0.142813,1.73814}

读者可验算上述新数据的均值为 0,标准差为 1.

例 8.1.2　从某厂生产的某种零件中随机抽取 120 个,测得其质量(单位:g)如下所示.列出分组表,并作频率直方图.

200,202,203,208,216,206,222,213,209,219,216,203,197,208,206,
209,206,208,202,203,206,213,218,207,208,202,194,203,213,211,
193,213,208,208,204,206,204,206,208,209,213,203,206,207,196,
201,208,207,213,208,210,208,211,211,214,220,211,203,216,221,
211,209,218,214,219,211,208,221,211,218,218,190,219,211,208,
199,214,207,207,214,206,217,214,201,212,213,211,212,216,206,
210,216,204,221,208,209,214,214,199,204,211,201,216,211,209,
208,209,202,211,207,220,205,206,216,213,206,206,207,200,198.

输入

```
<<Statistics'
<<Graphics'
data2 = {200,202,203,208,216,206,222,213,209,219,216,203,197,208,206,
    209,206,208,202,203,206,213,218,207,208,202,194,203,213,211,
    193,213,208,208,204,206,204,206,208,209,213,203,206,207,196,
    201,208,207,213,208,210,208,211,211,214,220,211,203,216,221,
    211,209,218,214,219,211,208,221,211,218,218,190,219,211,208,
    199,214,207,207,214,206,217,214,201,212,213,211,212,216,206,
    210,216,204,221,208,209,214,214,199,204,211,201,216,211,209,
    208,209,202,211,207,220,205,206,216,213,206,206,207,200,198};
```

先求数据的最小和最大值.输入

```
Min[data2]
Max[data2]
```

得到最小值 190,最大值 222.取区间[189.5,222.5],它能覆盖所有数据.将[189.5,222.5]等分为 11 个小区间,设小区间的长度为 3.0.数出落在每个小区间内的数据个数,即频数 $f_i(i=1,2,\cdots,7)$,这可以由 BinCount 命令来完成.

输入

```
f1 = BinCounts[data2,{189.5,222.5,3}]
```

则输出

```
{1,2,3,7,14,20,23,22,14,8,6}
```

输入

```
gc = Table[189.5 + j * 3 - 1.5,{j,1,11}](* 产生 11 个小区间的中心的集合 gc *)
bc = Transpose[{f1/Length[data2],gc}](* Length[data2]为数据 data2 的总个数即样本
```

的容量 n,f1/Length[data2]为频率 fi/n,Transpose 是求矩阵转置的命令,这里 bc 为数据对,第一个数是频率,第二个是组中心 *)

则输出结果

$\{\{\frac{1}{120},191\},\{\frac{1}{60},194\},\{\frac{1}{40},197\},\{\frac{7}{120},200\},\{\frac{7}{60},203\},\{\frac{1}{60},206\},$

$\{\frac{23}{120},209\},\{\frac{11}{60},212\},\{\frac{7}{60},215\},\{\frac{1}{15},218\},\{\frac{1}{20},221\}\}$

输入作频率 f_i/n 对组中心的条形图.

命令

BarChart[bc]

则输出所求条形图(图 8.2).

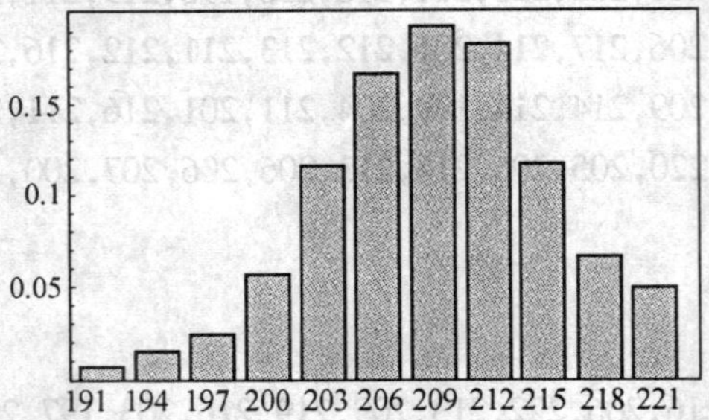

图 8.2

8.1.3 上机实验习题

1.在某省一"夫妻对电视传播媒介观念的研究"项目中,访问了 30 对夫妻,其中丈夫所受教育(单位:年)的数据如下

18	20	16	6	16	17	12	14	16	18	14	14	16	9	20
18	12	15	13	16	16	21	21	9	16	20	14	14	16	16

(1)求样本均值、中位数、四分位数;样本方差、样本标准差、极差、变异系数,二阶、三阶和四阶中心矩;求偏度、峰度;

(2)将数据分组,使组中值分别为 6,9,12,15,18,21 作出频数分布表;作出频率分布的直方图.

2.下面的数据是某大学某专业 50 名新生在数学素质测验中所得到的分数

88	74	67	49	69	38	86	77	66	75	94	67	78	69	89	84
50	39	58	79	70	90	79	97	75	98	77	64	69	82	71	65
51	68	84	73	58	78	75	89	91	62	72	74	81	79	81	86
52	78	90	81	53	62										

将这组数据分成 6~8 个组,画出频率直方图,并求出样本均值、样本方差,以及偏度、峰度.

8.2　区间估计

掌握利用 Mathematica 软件求一个正态总体的均值、方差的置信区间的方法;求两个正态总体的均值差和方差比的置信区间的方法.通过实验加深对统计推断的基本概念和基本思想的理解.

8.2.1　基本命令

1.调用区间估计软件包的命令 < < Statistics \ ConfidenceIntervals.m

用 Mathematica 作区间估计,必须先调用相应的软件包.要输入并执行命令

< < Statistics'

或

< < Statistics \ ConfidenceIntervals.m

2.求单正态总体求均值的置信区间的命令 MeanCi

命令的基本格式为

MeanCI[样本观察值,选项 1,选项 2,…]

其中选项 1 用于选定置信度,形式为 ConfidenceLevel - > ,缺省默认值为 ConfidenceLeve1 - > 0.95.选项 2 用于说明方差是已知还是未知,其形式为 knownVariance - > 或 None,缺省默认值为 knownVariance - > None.也可以用说明标准差的选项 knownStandardDeviation - > None,来代替这个选项.

3.求双正态总体求均值差的置信区间的命令 MeanDifferenceCI

命令的基本格式为

MeanDifferenceCI[样本 1 的观察值,样本 2 的观察值,选项 1,选项 2,选项 3,……]

其中选项 1 用于选定置信度,规定同 2 中的说明.选项 2 用于说明两个总体的方差是已知还是未知,其形式为 knownVariance - > 或 None,缺省默认值为 knownVariance - > None.选项 3 用于说明两个总体的方差是否相等,形式为 EqualVariance - > False 或 True,缺省默认值为 EqualVariance - > False,即默认方差不相等.

4.求单正态总体方差的置信区间的命令 VarianceCI

命令的基本格式为

VarianceCI[样本观察值,选项]

其中选项 1 用于选定置信度,规定同 2 中的说明.

5.求双正态总体方差比的置信区间的命令 VarianceRatioCI

命令的基本格式为

VarianceRatioCI[样本 1 的观察值,样本 2 的观察值,选项]

其中选项 1 用于选定置信度,规定同 2 中的说明.

6.当数据为概括数据时求置信区间的命令

(1)求正态总体方差已知时总体均值的置信区间的命令

NormalCI[样本均值,样本均值的标准差,置信度选项]

(2)求正态总体方差未知时总体均值的置信区间的命令

StudentTCI[样本均值,样本均值的标准差的估计,自由度,置信度选项]

(3)求总体方差的置信区间的命令

ChiSquareCI[样本方差,自由度,置信度选项]

(4)求方差比的置信区间的命令

FRatioCI[方差比的值,分子自由度,分母自由度,置信度选项]

8.2.2 正态总体的置信区间

上机举例

单正态总体的均值的置信区间(方差已知情形)

例 8.2.1 某车间生产滚珠,从长期实践中知道,滚珠直径可以认为服从正态分布.从某天产品中任取 6 个测得直径如下(单位:mm)

15.6　　16.3　　15.9　　15.8　　16.2　　16.1

若已知直径的方差是 0.06,试求总体均值 μ 的置信度为 0.95 的置信区间与置信度为 0.90 的置信区间.

输入

```
<<Statistics\ConfidenceIntervals.m
data1 = {15.6,16.3,15.9,15.8,16.2,16.1};
MeanCI[data1,KnownVariance->0.06] (*置信度采取缺省值*)
```

则输出

{15.7873,16.1793}

即均值 μ 的置信度为 0.95 的置信区间是(15.706 3,16.260 3).

为求出置信度为 0.90 的置信区间,输入

```
MeanCI[data1,ConfidenceLevel->0.90,KnownVariance->0.06]
```

则输出

{15.8188,16.1478}

即均值 μ 的置信度为 0.90 的置信区间是(15.787 3,16.179 3).比较两个不同置信度所对应的置信区间可以看出置信度越大所作出的置信区间也越大.

例 8.2.2 某旅行社为调查当地旅游者的平均消费额,随机访问了 100 名旅游者,得知平均消费额 $\bar{x}=80$ 元,根据经验,已知旅游者消费服从正态分布,且标准差 $\sigma=12$ 元,求该地旅游者平均消费额 μ 的置信度为 95% 的置信区间.

输入

```
NormalCI[80,12/25]
```

输出为

{77.648,82.352}

单正态总体的均值的置信区间(方差未知情形)

例 8.2.4 有一大批袋装糖果,现从中随机地取出 16 袋,称得重量(单位:g)如下

506　508　499　503　504　510　497　512

514　505　493　496　506　502　509　496

设袋装糖果的重量近似地服从正态分布,试求置信度分别为 0.95 与 0.90 的总体均值 μ 的置信区间.

输入

data2 = {506,508,499,503,504,510,497,512,514,505,493,496,506,502,509,496};

MeanCI[data2] (*因为置信度是 0.95,省略选项 ConfidenceLevel->0.95;又方差未知,选项 knownVariance->None 也可以省略*)

则输出

{500.445,507.055}

即 μ 的置信度为 0.95 的置信区间是(500.445,507.055).

再输入

MeanCI[data2,ConfidenceLevel->0.90]

则输出

{501.032,506.468}

即 μ 的置信度为 0.90 的置信区间是(501.032,506.468).

例 8.2.5 从一批袋装食品中抽取 16 袋,重量的平均值为 $\bar{x}=503.75$ g,样本标准差为 $s=6.200\,2$.假设袋装重量近似服从正态分布,求总体均值 μ 的置信区间($\alpha=0.05$).

这里,样本均值为 503.75,样本均值的标准差的估计为 $\frac{s}{\sqrt{n}}=\frac{6.200\,2}{4}$,自由度为 15,($\alpha=0.05$),因此关于置信度的选项可省略.

输入

StudentTCI[503.75,6.2002/Sqrt[16],15]

则输出置信区间为

{500.446,507.054}

双正态总体均值差的置信区间

例 8.2.6 A,B 两个地区种植同一型号的小麦,现抽取了 19 块面积相同的麦田,其中 9 块属于地区 A,另外 10 块属于地区 B,测得它们的小麦产量(单位:kg)分别如下:

地区 A:	100	105	110	125	110	98	105	116	112	
地区 B:	101	100	105	115	111	107	106	121	102	92

设地区 A 的小麦产量 $X\sim N(\mu_1,\sigma_1^2)$,地区 B 的小麦产量 $Y\sim N(\mu_2,\sigma_2^2)$,$\mu_1,\mu_2,\sigma^2$ 均未知,试求这两个地区小麦的平均产量之差 $\mu_1-\mu_2$ 的 95%和 90%的置信区间.

输入

list1 = {100,105,110,125,110,98,105,116,112};

list2 = {101,100,105,115,111,107,106,121,102,92};

MeanDifferenceCI[list1,list2] (*默认定方差相等*)

则输出

{-5.00755,11.0075}

即 $\mu_1-\mu_2$ 的置信度为 95%的置信区间是(-5.007 55,11.007 5).

输入

MeanDifferenceCI[list1,list2,EqualVariances - > True]　(*假定方差相等*)

则输出

{ - 4.99382,10.9938}

这时 $\mu_1 - \mu_2$ 的置信度为0.95 的置信区间是(- 4.993 82,10.993 8).两种情况得到的结果基本一致.

输入

MeanDifferenceCI[list1,list2,ConfidenceLevel - > 0.90,EqualVariances - > True]

则输出

{ - 3.59115,9.59115}

即 $\mu_1 - \mu_2$ 的置信度为90%的置信区间是(- 3.591 15,9.591 15).这与前面结果是一致的.

例 8.2.7　比较 A,B 两种灯泡的寿命,从 A 种取 80 只作为样本,计算出样本均值 $\bar{x} = 2\,000$,样本标准差 $s_1 = 80$.从 B 种取 100 只作为样本,计算出样本均值 $\bar{y} = 1\,900$,样本标准差 $s_2 = 100$.假设灯泡寿命服从正态分布,方差相同且相互独立,求均值差 $\mu_1 - \mu_2$ 的置信区间($\alpha = 0.05$).

根据命令 StudentTCI 的使用格式,第一项为两个正态总体的均值差;第二项为两个正态总体的均值差的标准差的估计,由方差相等的假定,通常取为 $S_W\sqrt{\frac{1}{n_1} + \frac{1}{n_2}}$,其中

$$S_W = \sqrt{\frac{(n_1 - 1)S_1^2 + (n_2 - 1)S_2^2}{n_1 + n_2 - 2}}$$

第三项为自由度 $df = n_1 + n_2 - 2$;第四项为关于置信度的选项.正确输入第二个和第三个对象是计算的关键.

输入

sp = Sqrt[(79 * 80^2 + 99 * 100^2)/(80 + 100 - 2)];

StudentTCI[2 000 - 1 900,sp * Sqrt[1/80 + 1/100],80 + 100 - 2]

则输出

{72.866 9,127.133}

即所求均值差的置信区间为(72.866 9,127.133).

单正态总体的方差的置信区间

例 8.2.8　有一大批袋装糖果,现从中随机地取出 16 袋,称得重量(单位:g)如下

506	508	499	503	504	510	497	512
514	505	493	496	506	502	509	496

设袋装糖果的重量近似地服从正态分布,试求置信度分别为 0.95 与 0.90 的总体方差 σ^2 的置信区间.

输入

data7 = {506.0,508,499,503,504,510,497,512,514,505,493,496,506,502,509,496};

VarianceCI[data7]

则输出

{20.9907,92.1411}

即总体方差 σ^2 的置信度为 0.95 的置信区间是(20.990 7,92.141 1).

又输入

```
VarianceCI[data7,ConfidenceLevel->0.90]
```

则可以得到 σ^2 的置信度为 0.90 的置信区间(23.083 9,79.466 3).

例 8.2.9 假设导线电阻近似服从正态分布,取 9 根,得样本标准差 $s=0.007$,求电阻标准差的置信区间($\alpha=0.05$).

输入

```
ChiSquareCI[0.007^2,8]
```

输出置信区间

{0.0000223559,0.000179839}

双正态总体方差比的置信区间

例 8.2.10 设两个工厂生产的灯泡寿命近似服从正态分布 $N(\mu_1,\sigma_1^2)$和 $N(\mu_2,\sigma_2^2)$,样本分别为

工厂甲:1 600　1 610　1 650　1 680　1 700　1 720　1 800

工厂乙:1 460　1 550　1 600　1 620　1 640　1 660　1 740　1 820

设两样本相互独立,且 $\mu_1,\mu_2,\sigma_1^2,\sigma_2^2$ 均未知,求置信度分别为 0.95 与 0.90 的方差比 σ_1^2/σ_2^2 的置信区间.

输入

```
Clear[list1,list2];
list1 = {1600,1610,1650,1680,1700,1720,1800};
list2 = {1460,1550,1600,1620,1640,1660,1740,1820};
VarianceRatioCI[list1,list2]
```

则输出

{0.076522,2.23083}

这是置信度为 0.95 时方差比的置信区间.

为了求置信度为 0.90 时的置信区间,输入

```
VarianceRatioCI[list1,list2,ConfidenceLevel->0.90]
```

则输出结果为

{0.101316,1.64769}

例 8.2.11 某钢铁公司的管理人员为比较新旧两个电炉的温度状况,他们抽取了新电炉的 31 个温度数据及旧电炉的 25 个温度数据,并计算得样本方差分别为 $s_1^2=75$ 及 $s_2^2=100$.设新电炉的温度 $X\sim N(\mu_1,\sigma_1^2)$,旧电炉的温度 $Y\sim N(\mu_2,\sigma_2^2)$.试求 σ_1^2/σ_2^2 的 95%的置信区间.

输入

```
FRatioCI[75/100,30,24]
```

则输出所求结果

{0.339 524,1.601 91}

8.2.3 上机实验习题

1.对某种型号飞机的飞行速度进行15次试验,测得最大飞行速度如下

422.2 417.2 425.6 420.3 425.8 423.1 418.7 428.2

438.3 434.0 312.3 431.5 413.5 441.3 423.0

假设最大飞行速度服从正态分布,试求总体均值 μ(最大飞行速度的期望)的置信区间($\alpha=0.05$ 与 $\alpha=0.10$).

2.从自动机床加工的同类零件中抽取16件,测得长度值(单位:mm)为

12.15 12.12 12.01 12.08 12.09 12.16 12.03 12.06

12.06 12.13 12.07 12.11 12.08 12.01 12.03 12.01

求方差的置信区间($\alpha=0.05$).

3.有一大批袋装化肥,现从中随机地取出16袋,称得重量(单位:kg)如下

50.6 50.8 49.9 50.3 50.4 51.0 49.7 51.2

51.4 50.5 49.3 49.6 50.6 50.2 50.9 49.6

设袋装化肥的重量近似地服从正态分布,试求总体均值 μ 的置信区间与总体方差 σ^2 的置信区间(分别在置信度为0.95与0.90两种情况下计算).

4.某种磁铁矿的磁化率近似服从正态分布.从中取出容量为42的样本测试,计算样本均值为0.132,样本标准差为0.072 8,求磁化率的均值的区间估计($\alpha=0.05$).

5.两台机床加工同一产品,从甲机床加工的产品中抽取100件,测得样本均值为19.8,标准差0.37.从乙机床加工的产品中抽取80件,测得样本均值20.0,标准差0.40.求均值差 $\mu_1-\mu_2$ 的置信区间($\alpha=0.05$).

6.设某种电子管的寿命近似服从正态分布,取15只进行试验,得平均寿命为1 950 h,标准差为300 h,以90%的可靠性对使用寿命的方差进行区间估计.

7.随机地从A批导线中抽取4根,从B批导线中抽取5根,测得电阻为

A批导线: 0.143 0.142 0.143 0.137

B批导线: 0.140 0.142 0.136 0.138 0.140

设测定数据分别来自分布 $N(\mu_1,\sigma_1^2)$ 和 $N(\mu_2,\sigma_2^2)$,且两样本相互独立.$\mu_1,\mu_2,\sigma_1^2,\sigma_2^2$ 均未知,求 $\mu_1-\mu_2$ 的置信度为0.95的置信区间.

8.研究由机器 A 和机器 B 生产的钢管的内径,随机地抽取机器 A 生产的管子18只,测得样本方差 $s_1^2=0.34\ \text{mm}^2$;抽取机器 B 生产的管子13只,测得样本方差 $s_2^2=0.29\ \text{mm}^2$.设两样本相互独立,且设两机器生产的管子的内径分别服从正态分布 $N(\mu_1,\sigma_1^2)$ 和 $N(\mu_2,\sigma_2^2)$,这里 $\mu_1,\mu_2,\sigma_1^2,\sigma_2^2$ 均未知,求方差比 σ_1^2/σ_2^2 的置信度为0.90的置信区间.

8.3 假设检验

掌握用Mathematica作单正态总体均值、方差的假设检验,双正态总体的均值差、方差比的假设检验方法,了解用Mathematica作分布拟合函数检验的方法.

8.3.1　基本命令

1. 调用假设检验软件包的命令 < < Statistics \ HypothesisTests.m

输入并执行命令

< < Statistics \ HypothesisTests.m

2. 检验单正态总体均值的命令 MeanTest

命令的基本格式为

MeanTest[样本观察值, H_0 中均值 μ_0 的值, TwoSided - > False(或 True), KnownVariance - > None(或方差的已知值 σ_0^2), SignificanceLevel - > 检验的显著性水平 α, FullReport - > True]

该命令无论对总体的均值是已知还是未知的情形均适用.

命令 MeanTest 有几个重要的选项. 选项 Twosided - > False 缺省时作单边检验. 选项 Known Variance - > None 时为方差未知, 所作的检验为 t 检验. 选项 Known Variance - > σ_0^2 时为方差已知(σ_0^2 是已知方差的值), 所作的检验为 U 检验. 选项 Known Variance - > None 缺省时作方差未知的假设检验. 选项 SignificanceLevel - > 0.05 表示选定检验的水平为 0.05. 选项 FullReport - > True 表示全面报告检验结果.

3. 检验双正态总体均值差的命令 MeanDifferenceTest

命令的基本格式为

MeanDifferenceTest[样本 1 的观察值, 样本 2 的观察值, H_0 中的均值 $\mu_1 - \mu_2$, 选项 1, 选项 2, …]

其中选项 TwoSided - > False(或 True), SignificanceLevel - > 检验的显著性水平 α, FullReport - > True 的用法同命令 MeanTest 中的用法. 选项 EqualVariances - > False(或 True)表示两个正态总体的方差不相等(或相等).

4. 检验单正态总体方差的命令 VarianceTest

命令的基本格式为

VarianceTest[样本观察值, H_0 中的方差 σ_0^2 的值, 选项 1, 选项 2, …]

该命令的选项与命令 MeanTest 中的选项相同.

5. 检验双正态总体方差比的命令 VarianceRatioTest

命令的基本格式为

VarianceRatioTest[样本 1 的观察值, 样本 2 的观察值, H_0 中方差比 $\frac{\sigma_1^2}{\sigma_2^2}$ 的值, 选项 1, 选项 2, …]

该命令的选项也与命令 MeanTest 中的选项相同.

注: 在使用上述几个假设检验命令的输出报告中会遇到像 OneSidedPValue - > 0.000 217 593这样的项, 它报告了单边检验的 P 值为0.000 217 593. P值的定义是: 在原假设成立的条件下, 检验统计量取其观察值及比观察值更极端的值(沿着对立假设方向)的概率. P 值也称作"观察"到的显著性水平. P 值越小, 反对原假设的证据越强. 通常若 P 低于 5%, 称此结果为统计显著; 若 P 低于 1%, 称此结果为高度显著.

6. 当数据为概括数据时的假设检验命令

当数据为概括数据时，要根据假设检验的理论，计算统计量的观察值，再查表作出结论.

用以下命令可以代替查表与计算，直接计算得到检验结果.

(1) 统计量服从正态分布时，求正态分布 P 值的命令 NormalPValue. 其格式为

NormalPValue[统计量观察值，显著性选项，单边或双边检验选项]

(2) 统计量服从 t 分布时，求 t 分布 P 值的命令 StudentTPValue. 其格式为

StudentTPValue[统计量观察值，自由度，显著性选项，单边或双边检验选项]

(3) 统计量服从 χ^2 分布时，求 χ^2 分布 P 值的命令 ChiSquarePValue. 其格式为

ChiSquarePValue[统计量观察值，自由度，显著性选项，单边或双边检验选项]

(4) 统计量服从 F 分布时，求 F 分布 P 值的命令 FratioPValue. 其格式为

FratioPValue[统计量观察值，分子自由度，分母自由度，显著性选项，单边或双边检验选项]

(5) 报告检验结果的命令 ResultOfTest. 其格式为

ResultOfTest[P 值，显著性选项，单边或双边检验选项，FullReport - > True]

注：上述命令中，缺省默认的显著性水平都是 0.05，默认的检验都是单边检验.

8.3.2 假设检验

单正态总体均值的假设检验(方差已知情形)

例 8.3.1 某车间生产钢丝，用 X 表示钢丝的折断力，由经验判断 $X \sim N(\mu, \sigma^2)$，其中 $\mu = 570, \sigma^2 = 8^2$，今换了一批材料，从性能上看，估计折断力的方差 σ^2 不会有什么变化(即仍有 $\sigma^2 = 8^2$)，但不知折断力的均值 μ 和原先有无差别. 现抽得样本，测得其折断力为

578　572　570　568　572　570　570　572　596　584

取 $\alpha = 0.05$，试检验折断力均值有无变化?

根据题意，要对均值作双侧假设检验

$$H_0: \mu = 570, H_1: \mu \neq 570$$

输入

< < Statistics \ HypothesisTests. m

执行后，再输入

data1 = {578,572,570,568,572,570,570,572,596,584};

MeanTest[data1,570,SignificanceLevel - > 0.05,

KnownVariance - > 64, TwoSided - > True, FullReport - > True]

(* 检验均值，显著性水平 $\alpha = 0.05$，方差 $\sigma^2 = 0.083$ 已知 *)

则输出结果

{FullReport - >

Mean	TestStat	Distribution
575.2	2.055	48

NormalDistribution[ ]

TwoSidedPValue - > 0.039 832 6,

Reject null hypothesis at significance level - > 0.05}

即结果给出检验报告：样本均值 $\overline{x}=575.2$,所用的检验统计量为 u 统计量(正态分布),检验统计量的观测值为 2.055 48,双侧检验的 P 值为 0.039 832 6,在显著性水平 $\alpha=0.05$ 下,拒绝原假设,即认为折断力的均值发生了变化.

例 8.3.2　有一工厂生产一种灯管,已知灯管的寿命 X 服从正态分布 $N(\mu,40\ 000)$,根据以往的生产经验,知道灯管的平均寿命不会超过 1 500 h.为了提高灯管的平均寿命,工厂采用了新的工艺.为了弄清楚新工艺是否真的能提高灯管的平均寿命,他们测试了采用新工艺生产的 25 只灯管的寿命.其平均值是 1 575 h,尽管样本的平均值大于 1 500 h,试问:可否由此判定这恰是新工艺的效应,而非偶然的原因使得抽出的这 25 只灯管的平均寿命较长呢?

根据题意,需对均值的作单侧假设检验

$$H_0:\mu\leqslant 1\ 500,H_1:\mu>1\ 500$$

检验的统计量为 $U=\dfrac{\overline{X}-\mu_0}{\dfrac{\sigma}{\sqrt{n}}}$,输入

```
p1 = NormalPValue[(1 575 - 1 500)/200 * Sqrt[25]]
ResultOfTest[p1[[2]],SignificanceLevel - > 0.05,FullReport - > True]
```

执行后的输出结果为

```
OneSidedPValue - > 0.030 396 4
{OneSidedPValue - > 0.030 396 4,
Fail to reject null hypothesis at significance level - > 0.05}
```

即输出结果拒绝原假设.

单正态总体均值的假设检验(方差未知情形)

例 8.3.3　水泥厂用自动包装机包装水泥,每袋额定重量是 50 kg,某日开工后随机抽查了 9 袋,称得重量如下

49.6　49.3　50.1　50.0　49.2　49.9　49.8　51.0　50.2

设每袋重量服从正态分布,问包装机工作是否正常($\alpha=0.05$)?

根据题意,要对均值作双侧假设检验

$$H_0:\mu=50;H_1:\mu\neq 50$$

输入

```
data2 = {49.6,49.3,50.1,50.0,49.2,49.9,49.8,51.0,50.2};
MeanTest[data2,50.0,SignificanceLevel - > 0.05,FullReport - > True]
(* 单边检验且未知方差,故选项 TwoSided,KnownVariance 均采用缺省值 *)
```

执行后的输出结果为

```
{FullReport - >
Mean      TestStat       Distribution,
49.9      - 0.559 503      StudentTDistribution[8]
```

OneSidedPValue - > 0.295 567,

Fail to reject null hypothesis at significance level - > 0.05}

即结果给出检验报告：样本均值 $\overline{X}=49.9$,所用的检验统计量为自由度 8 的 t 分布(t 检验),检验统计量的观测值为 $-0.559\ 503$,双侧检验的 F 值为 0.295 567,在显著性水平 $\alpha=0.05$ 下,不拒绝原假设,即认为包装机工作正常.

例 8.3.4 从一批零件中任取 100 件,测其直径,得平均直径为 5.2,标准差为 1.6.在显著性水平 $\alpha=0.05$ 下,判定这批零件的直径是否符合 5 的标准.

根据题意,要对均值作假设检验

$$H_0:\mu=5;H_1:\mu\neq 5$$

检验的统计量为 $T=\dfrac{\overline{X}-\mu_0}{\dfrac{s}{\sqrt{n}}}$,它服从自由度为 $n-1$ 的 t 分布.已知样本容量 $n=100$,样本均值 $\overline{X}=5.2$,样本标准差 $s=1.6$.

输入

```
StudentTPValue[(5.2 - 5)/1.6 * Sqrt[100],100 - 1,
TwoSided - > True]
```

则输出

```
TwoSidedPValue - > 0.214246
```

即 P 值等于 0.214 246,大于 0.05,故不拒绝原假设,认为这批零件的直径符合 5 的标准.

单正态总体的方差的假设检验

例 8.3.5 某工厂生产金属丝,产品指标为折断力.折断力的方差被用作工厂生产精度的表征.方差越小,表明精度越高.以往工厂一直把该方差保持在 64(kg^2)与 64 以下.最近从一批产品中抽取 10 根做折断力试验,测得的结果(单位:kg) 如下

578 572 570 568 572 570 572 596 584 570

由上述样本数据算得 $\bar{x}=575.2,s^2=75.74$.

为此,厂方怀疑金属丝折断力的方差是否变大了.如确实增大了,表明生产精度不如以前,就需对生产流程作一番检验,以发现生产环节中存在的问题.

根据题意,要对方差作双边假设检验

$$H_0:\sigma^2\leqslant 64;H_1:\sigma^2>64$$

输入

```
data3 = {578,572,570,568,572,570,572,596,584,570};
VarianceTest[data3,64,SignificanceLevel - > 0.05,FullReport - > True]
( * 方差检验,使用双边检验,α = 0.05 * )
```

则输出

```
{FullReport - >
Variance      TestStat      Distribution
75.733 3      10.65         ChiSquareDistribution[9]
OneSidedPValue - > 0.300464,
```

Fail to reject null hypothesis at significance level - > 0.05}

即检验报告给出:样本方差 $s^2 = 75.7333$,所用检验统计量为自由度 4 的 χ^2 分布统计量(χ^2 检验),检验统计量的观测值为 10.65,双边检验的 P 值为 0.300 464,在显著性水平 $\alpha = 0.05$ 时,接受原假设,即认为样本方差的偏大系偶然因素,生产流程正常,故不需再作进一步的检查.

例 8.3.6 某厂生产的某种型号的电池,其寿命(以小时计)长期以来服从方差 $\sigma^2 =$ 5 000的正态分布,现有一批这种电池,从它的生产情况来看,寿命的波动性有所改变.现随机取 26 只电池,测出其寿命的样本方差 $s^2 = 9\ 200$.问根据这一数据能否推断这批电池的寿命的波动性较以往的有显著的变化(取 $\alpha = 0.02$)?

根据题意,要对方差作双边假设检验

$$H_0:\sigma^2 = 5\ 000;H_1:\sigma^2 \neq 5\ 000$$

所用的检验统计量为 $\chi^2 = \dfrac{(n-1)S^2}{\sigma_0^2}$,它服从自由度为 $n-1$ 的 χ^2 分布.已知样本容量 $n = 26$,样本方差 $s^2 = 9\ 200$.

输入

```
ChiSquarePValue[(26 - 1) * 9 200/5 000,26 - 1,TwoSided - > True]
```

则输出

```
TwoSidedPValue - > 0.012835 7.
```

即 P 值小于 0.05,故拒绝原假设.认为这批电池寿命的波动性较以往有显著的变化.

双正态总体均值差的检验(方差未知但相等)

例 8.3.7 某地某年高考后随机抽得 15 名男生、12 名女生的物理考试成绩如下:

男生:49 48 47 53 51 43 39 57 56 46 42 44 55 44 40

女生:46 40 47 51 43 36 43 38 48 54 48 34

从这 27 名学生的成绩能说明这个地区男女生的物理考试成绩不相上下吗(显著性水平 $\alpha = 0.05$)?

根据题意,要对均值差作单边假设检验

$$H_0:\mu_1 = \mu_2,H_1:\mu_1 \neq \mu_2$$

输入

```
data4 = {49.0,48,47,53,51,43,39,57,56,46,42,44,55,44,40};
data5 = {46,40,47,51,43,36,43,38,48,54,48,34};
MeanDifferenceTest[data4,data5,0,SignificanceLevel - > 0.05,
TwoSided - > True,FullReport - > True,EqualVariances - > True,FullReport - > True]
(* 指定显著性水平 α = 0.05,且方差相等 *)
```

则输出

```
{FullReport - >
MeanDiff        TestStat        Distribution
3.6             1.56528         tudentTDistribution[25],
OneSidedPValue - > 0.13009,
```

Fail to reject null hypothesis at significance level - > 0.05}

即检验报告给出：两个正态总体的均值差为3.6，检验统计量为自由度25的 t 分布（t 检验），检验统计量的观察值为1.565 28，单边检验的 P 值为0.130 09，从而没有充分理由否认原假设，即认为这一地区男女生的物理考试成绩不相上下．

双正态总体方差比的假设检验

例 8.3.8 为比较甲、乙两种安眠药的疗效，将20名患者分成两组，每组10人，如服药后延长的睡眠时间分别服从正态分布，其数据为（单位：h）

甲：5.5　4.6　4.4　3.4　1.9　1.6　1.1　0.8　0.1　-0.1

乙：3.7　3.4　2.0　2.0　0.8　0.7　0　-0.1　-0.2　-1.6

问在显著性水平 $\alpha=0.05$ 下两重要的疗效有无显著差别．

根据题意，先在 μ_1,μ_2 未知的条件下检验假设

$$H_0:\sigma_1^2=\sigma_2^2;H_1:\sigma_1^2\neq\sigma_2^2$$

输入

```
list1 = {5.5,4.6,4.4,3.4,1.9,1.6,1.1,0.8,0.1, -0.1};
list2 = {3.7,3.4,2.0,2.0,0.8,0.7,0, -0.1, -0.2, -1.6};
VarianceRatioTest[list1,list2,1,SignificanceLevel - > 0.05,
TwoSided - > True,FullReport - > True]
  (* 方差比检验,使用双边检验,α = 0.05 *)
```

则输出

```
{FullReport - >
Ratio        TestStat       Distribution
1.41267      1.41267        FratioDistribution[9,9],
TwoSidedPValue - > 0.615073,
Fail to reject null hypothesis at significancelevel - > 0.05}
```

即检验报告给出：两个正态总体的样本方差之比 $\frac{s_1^2}{s_2^2}$ 为1.412 67，检验统计量的分布为 $F(9,9)$ 分布（F 检验），检验统计量的观察值为1.412 67，双侧检验的 P 值为0.615 073．由检验报告知两总体方差相等的假设成立．

其次，要在方差相等的条件下作均值是否相等的假设检验

$$H'_0:\mu_1=\mu_2;H'_1:\mu_1\neq\mu_2$$

输入

```
MeanDifferenceTest[list1,list2,0,EqualVariances - > True,
SignificanceLevel - > 0.05,TwoSided - > True,FullReport - > True]
(* 均值差是否为零的检验,已知方差相等,α = 0.05,双边检验 *)
```

则输出

```
{FullReport - >
MeanDiff     TestStat      Distribution
1.26         1.52273       StudentTDistribution[18],
```

TwoSidedPValue - > 0.1452,

Fail to reject null hypothesis at significance level - > 0.05}

根据输出的检验报告,应接受原假设 $H'_0:\mu_1=\mu_2$,因此,在显著性水平 $\alpha=0.05$ 下可认为 $\mu_1=\mu_2$.

综合上述讨论结果,可以认为两种安眠药疗效无显著差异.

例 8.3.9 甲、乙两厂生产同一种电阻,现从甲乙两厂的产品中分别随机抽取12个和10个样品,测得它们的电阻值后,计算出样本方差分别为 $s_1^2=1.40$,$s_2^2=4.38$.假设电阻值服从正态分布,在显著性水平 $\varepsilon=0.10$ 下,我们是否可以认为两厂生产的电阻值的方差相等.

根据题意,检验统计量为 $F=\dfrac{S_1^2}{S_2^2}$,它服从自由度(n_1-1,n_2-1)的 F 分布.已知样本容量 $n_1=12,n_2=10$,样本方差 $s_1^2=1.40,s_2^2=4.38$.该问题即检验假设

$$H_0:\sigma_1^2=\sigma_2^2;H_1:\sigma_1^2\neq\sigma_2^2$$

输入

FRatioPValue[1.40/4.38,12 - 1,10 - 1,TwoSided - > True,SignificanceLevel - > 0.1]

则输出

{TwoSidedPValue - > 0.0785523,

Reject null hypothesis at significance level - > 0.1}

所以,我们拒绝原假设,即认为两厂生产的电阻阻值的方差不同分布拟合检验——χ^2 检验法.

例 8.3.10 下面列出84个伊特拉斯坎男子头颅的最大宽度(单位:mm)

141 148 132 138 154 142 150 146 155 158 150 140 147 148 144
150 149 145 149 158 143 141 144 144 126 140 144 142 141 140
145 135 147 146 141 136 140 146 142 137 148 154 137 139 143
140 131 143 141 149 148 135 148 152 143 144 141 143 147 146
150 132 142 142 143 153 149 146 149 138 142 149 142 137 134
144 146 147 140 142 140 137 152 145

试检验上述头颅的最大宽度数据是否来自正态总体($\alpha=0.1$)?

输入数据

data2 = {141,148,132,138,154,142,150,146,155,158,150,140,147,148,
144,150,149,145,149,158,143,141,144,144,126,140,144,142,141,140,
145,135,147,146,141,136,140,146,142,137,148,154,137,139,143,140,
131,143,141,149,148,135,148,152,143,144,141,143,147,146,150,132,
142,142,143,153,149,146,149,138,142,149,142,137,134,144,146,147,
140,142,140,137,152,145};

输入

Min[data2] | Max[data2]

则输出

126|158

即头颅宽度数据的最小值为 126,最大值为 158.考虑区间[124.5,159.5],它包括了所有的数据.以 5 为间隔,划分小区间.计算落入每个小区间的频数,输入

pshu = BinCounts[data2,{124.5,159.5,5}]

则输出

{1,4,10,33,24,9,3}

因为出现了两个区间内的频数小于 5,所以要合并小区间.现在把频数为 1,4 的两个区间合并,再把频数为 9,3 的两个区间合并.这样只有 5 个小区间.这些区间为

$$(-\infty,134.5),(134.5,139.5],\cdots,(154.5,+\infty)$$

为了计算分布函数在端点的值,输入

zu = Table[129.5 + j * 5,{j,1,4}]

则输出

{134.5,139.5,144.5,149.5}

以这 4 个数为分点,把$(-\infty,+\infty)$分成 5 个区间后,落入 5 个小区间的频数分别为 5,10,33,24,12.它们除以数据的总个数就得到频率.输入

plv = {5,10,33,24,12}/Length[data2]

则输出

$$\left\{\frac{5}{84},\frac{5}{42},\frac{11}{28},\frac{2}{7},\frac{1}{7}\right\}$$

下面计算在 H_0 成立条件下,数据落入 5 个小区间的概率.输入

nor = NormalDistribution[Mean[data2],StandardDeviationMLE[data2]];

(* Mean[data2]是总体均值的极大似然估计,StandardDeviationMLE[data2]是总体标准差的极大似然估计,NormalDistribution 是正态分布,因此 nor 是由极大似然估计得到的正态分布 *)

Fhat = CDF[nor,zu] (* CDF 是分布函数的值 *)

则输出

{0.059 073 6,0.235 726,0.548 693,0.832 687}

此即 H_0 成立条件下分布函数在分点的值.再求相邻两个端点的分布函数值之差,输入

Fhat2 = Join[{0},Fhat,{1}];

glv = Table[Fhat2[[j]] - Fhat2[[j - 1]],{j,2,Length[Fhat2]}]

则输出

{0.059 073 6,0.176 652,0.312 967,0.283 994,0.167 313}

输入计算检验统计量 χ^2 值的命令

chi = Apply[Plus,(plv - glv)^2/glv * Length[data2]]

则输出

3.59235

再输入求 χ^2 分布的 P 值命令

ChiSquarePValue[chi,2] (* 5 - 2 - 1 = 2 为 χ^2 分布的自由度 *)

则输出

OneSidedPValue－＞0.165 932

这个结果表明 H_0 成立条件下,统计量 χ^2 取 3.592 35 及比它更大的概率为 0.165 932,因此不拒绝 H_0,即头颅的最大宽度数据服从正态分布.

8.3.3　上机实验习题

1.设某种电子元件的寿命 X(单位:h)服从正态分布 $N(\mu,\sigma^2)$,μ,σ^2 均未知.现测得 16 只元件的寿命如下

159　280　101　212　224　379　179　264

222　362　168　250　149　260　485　170

问是否有理由认为元件的平均寿命 225 h? 是否有理由认为这种元件寿命的方差$\leqslant 85^2$?

2.某化肥厂采用自动流水生产线,装袋记录表明,实际包重 $X\sim N(100,2^2)$,打包机必须定期进行检查,确定机器是否需要调整,以确保所打的包不至过轻或过重,现随机抽取 9 包,测得数据(单位:kg)如下

102　100　105　103　98　99　100　97　105

若要求完好率为 95%,问机器是否需要调整?

3.某炼铁厂的铁水的含碳量 X 在正常情况下服从正态分布.现对操作工艺进行了某些改进,从中抽取 5 炉铁水测得含碳量百分比的数据如下

4.421　4.0524.357　4.287　4.683

据此是否可以认为新工艺炼出的铁水含碳量的方差仍为$0.108^2(\alpha=0.05)$?

4.机器包装食盐,假设每袋盐的净重服从正态分布,规定每袋标准重量为 500 g,标准差不能超过 0.02.某天开工后,为检验机械工作是否正常,从装好的食盐中随机地抽取 9 袋,则其净重(单位:500 g)为

0.994　1.014　1.02　0.95　0.968　0.968　1.048　0.982　1.03

问这天包装机工作是否正常$(\alpha=0.05)$?

5.(1)某切割机在正常工作时,切割每段金属棒的平均长度为 10.5 cm.今从一批产品中随机地抽取 15 段,测得其长度(单位:cm)如下

10.4　10.6　10.1　10.4　10.5　10.3　10.3　10.2

10.9　10.6　10.8　10.5　10.7　10.2　10.7

设金属棒长度服从正态分布,且标准差没有变化,试问该机工作是否正常$(\alpha=0.05)$?

(2)上题中假定切割的长度服从正态分布,问该机切割的金属棒的平均长度有无显著变化$(\alpha=0.05)$?

(3)如果只假定切割的长度服从正态分布,问该机切割的金属棒长度的标准差有无显著变化$(\alpha=0.05)$?

6.在平炉上进行一项试验以确定改变操作方法的建议是否会增加钢的得率,试验是在同一平炉进行的,每炼一炉钢时除操作方法外,其他方法都尽可能做到相同.先用标准方法炼一炉,然后用建议的新方法炼一炉,以后交替进行,各炼了 10 炉,其得率分别为

(1)标准方法　78.1　72.4　76.2　74.3　77.4　78.4　76.0　75.5　76.7　77.3

(2)新方法　79.1　81.0　77.3　79.1　80.0　79.1　79.1　77.3　80.2　82.1

设这两个样本相互独立,且分别来自正态总体 $N(\mu_1,\sigma^2)$ 和 $N(\mu_2,\sigma^2)$,μ_1,μ_2 和 σ^2 均未知.问建议的新操作方法能否提高得率($\alpha=0.05$).

7.某自动机床加工同一种类型的零件.现从甲、乙两班加工的零件中各抽验了5个,测得它们的直径(单位:cm)分别为

甲　2.066,2.063,2.068,2.060,2.067

乙　2.058,2.057,2.063,2.059,2.060

已知甲、乙两车床加工的零件其直径分别为 $X\sim N(\mu_1,\sigma^2)$,$Y\sim N(\mu_2,\sigma^2)$,试根据抽样结果来说明两车床加工的零件的平均直径有无显著性差异($\alpha=0.05$)?

8.设某产品的使用寿命近似服从正态分布,要求平均使用寿命不低于1 000 h.现从一批产品中任取25只,测得平均使用寿命为950 h,样本方差为100,在 $\alpha=0.05$ 下,检验这批产品是否合格.

9.两台机器生产某种部件的重量近似服从正态分布.分别抽取60与30个部件进行检测,样本方差分别为 $s_1^2=15.46$,$s_2^2=9.66$.试在 $\alpha=0.05$ 下检验假设

$$H_0:\sigma_1^2=\sigma_2^2;H_1:\sigma_1^2>\sigma_2^2$$

10.设某电子元件的可靠性指标服从正态分布,合格标准之一为标准差 $\sigma_0=0.05$.现检测15次,测得指标的平均值 $\bar{x}=0.95$,指标的标准差 $s=0.03$.试在 $\alpha=0.1$ 下检验假设

$$H_0:\sigma^2=0.05^2;H_1:\sigma^2\neq0.05^2$$

11.对两种香烟中尼古丁含量进行6次测试,得到样本均值与样本方差分别为

$$\bar{x}=25.5,\bar{y}=25.67,s_1^2=6.25,s_2^2=9.22$$

设尼古丁含量都近似服从正态分布,且方差相等.取显著性水平 $\alpha=0.05$,检验香烟中尼古丁含量的方差有无显著差异.

8.4　回归分析

学习利用 Mathematica 求解一元线性回归问题,学会正确使用命令线性回归 Regress,并从输出表中读懂线性回归模型中各参数的估计,回归方程,线性假设的显著性检验结果,因变量 Y 在预察点 x_0 的预测区间等.

8.4.1　基本命令

1.调用线性回归软件包的命令 < <Statistics \ LinearRegression.m

输入并执行调用线性回归软件包的命令

< <Statistics \ LinearRegression.m

或调用整个统计软件包的命令

< <Statistics'

2.线性回归的命令 Regress

一元和多元线性回归的命令都是 Regress.其格式是

Regress[数据,回归函数的简略形式,自变量,

RegressionReport(回归报告) - > {选项 1,选项 2,选项 3,…}]

注:回归报告中包含 BestFit(最佳拟合,即回归函数),ParameterCITable(参数的置信区间表),PredictedResponse(因变量的预测值),SinglePredictionCITable(因变量的预测区间),FitResiduals(拟合的残差),SummaryReport(总结性报告)等.

3.抹平"集合的集合"的命令 Flatten

命令 Flatten[A]将集合的集合 A 抹平为只有一个层次的集合.例如,输入

Flatten[{{1,2,3},{1,{3}}}]

则输出

{1,2,3,1,3}

4.非线性拟合的命令 NonlinearFit

使用的基本格式为

NonlinearFit[数据,拟合函数,(拟合函数中的)变量集,(拟合函数中的)参数,选项]

注:拟合函数中既有变量又有参数,变量的个数要与数据的形式相应.参数集中往往需要给出各参数的初值.选项的内容主要是指定拟合算法、迭代次数和精度.

8.4.2 一元线性回归分析

例 8.4.1 某建材实验室做陶粒混凝土实验室中,考察每立方米(m^3)混凝土的水泥用量(kg)对混凝土抗压强度(kg/cm^2)的影响,测得下列数据(表 8.1):

表 8.1

水泥用量 x	150	160	170	180	190	200
抗压强度 y	56.9	58.3	61.6	64.6	68.1	71.3
水泥用量 x	210	220	230	240	250	260
抗压强度 y	74.1	77.4	80.2	82.6	86.4	89.7

(1)画出散点图;

(2)求 y 关于 x 的线性回归方程 $\hat{y} = \hat{a} + \hat{b}x$,并作回归分析;

(3)设 $x_0 = 225$ kg,求 y 的预测值及置信水平为 0.95 的预测区间.

先输入数据

aa =

{{150,56.9},{160,58.3},{170,61.6},{180,64.6},{190,68.1},{200,71.3},

{210,74.1},{220,77.4},{230,80.2},{240,82.6},{250,86.4},{260,89.7}};

(1)作出数据表的散点图.输入

ListPlot[aa,PlotRange - > {{140,270},{50,90}}]

则输出图 8.3.

(2)作一元回归分析,输入

Regress[aa,{1,x},x,RegressionReport - > {BestFit,

ParameterCITable,SummaryReport}]

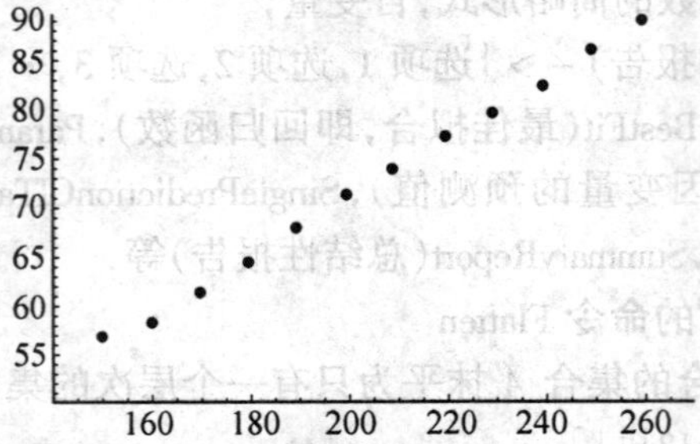

图 8.3

则输出

{BestFit - > 10.282 9 + 0.303986x, ParameterCITable - >

	Estimate	SE	CI
1	10.282 9	0.850 375	{8.388 111, 12.177 6},
x	0.303 986	0. 004 090 58	{0.294 872, 0.3131}

ParameterTable - >

	Esimate	SE	Tstat	PValue
1	10.282 9	0.850 375	12.092 2	$2.7185\ 2 \times 10^{-7}$,
x	0.303 986	0. 004 090 58	74.313 7	$4.884\ 98 \times 10^{-15}$

Rsquared - > 0.998193, AdjustedRSquared - > 0.998012,

EstimatedVariance - > 0.0407025, ANOVATable - >

DF	SumOfSq	MeanSq	Fratio	PValue
Model1	1 321.43	1 321.43	5 522.52	$4.773\ 96 \times 10^{-15}$
Error10	2.392 8	0.239 28		
Total11	1 323.82			

现对上述回归分析报告说明如下：

BestFit(最优拟合) - > 10.2829 + 0.303986x 表示一元回归方程为

$$y = 10.2829 + 0.303986x$$

ParameterCITable(参数置信区间表)中：Estimate 这一列表示回归函数中参数 a, b 的点估计为 $\hat{a} = 10.282\ 9$(第一行), $\hat{b} = 0.303\ 986$(第二行)；SE 这一列的第一行表示估计量 $\hat{a}$ 的标准差为 0.850375，第二行表示估计量 $\hat{b}$ 的标准差为 0.004 090 58；CI 这一列分别表示 $\hat{a}$ 的置信水平为 0.95 的置信区间是(8.388 111, 12.177 6)，$\hat{b}$ 的置信水平为 0.95 的置信区间是(0.294 872, 0.313 1).

ParameterTable(参数表)中前两列的意义同参数置信区间表；Tstat 与 Pvalue 这两列的第一行表示作假设检验(t 检验)：$H_0: a = 0$, $H_1: a \neq 0$ 时，T 统计量的观察值为 12.092 2，检验统计量的 P 值为 $2.718\ 52 \times 10^{-7}$，这个 P 值非常小，检验结果强烈地否定 $H_0: a = 0$,

接受 $H_1: a \neq 0$;第二行表示作假设检验(t 检验):$H_0: b = 0, H_1: b \neq 0$ 时 T 统计量的观察值为 74.313 7,检验统计量的 P 值为 $4.884\ 98 \times 10^{-15}$,这个 P 值也非常小,检验结果强烈地否定 $H_0: b = 0$,接受 $H_1: b \neq 0$.

Rsquared－>0.998193,表示 $R^2 = \dfrac{SSR(\text{回归平方和})}{SST(\text{总平方和})} = 0.998\ 193$.它说明 y 的变化有 99.8%来自 x 的变化;AdjustedRSquared－>0.998 012,表示修正后的 $\bar{R}^2 = 0.998\ 012$.

EstimatedVariance－>0.0407025,表示线性模型 $y = a + bx + \varepsilon, \varepsilon \sim N(0, \sigma^2)$中方差 σ^2 的估计为 0.040 702 5.

ANOVATable(回归方差分析表)中的 DF 这一列为自由度:Model(一元线性回归模型)的自由度为 1,Error(残差)的自由度为 $n-2=10$,Total(总的)自由度为 $n-1=11$.

SumOfSq 这一列为平方和:回归平方和 SSR = 1 321.43,残差平方和 SSE = 2.392 8,总的平方和 SST = SSR + SSE = 1 323.82;

MeanSq 这一列是平方和的平均值,由 SumOfSq 这一列除以对应的 DF 得到,即

$$\text{MSR} = \frac{\text{SSR}}{1} = 1\ 321.43, \text{MSE} = \frac{\text{SSE}}{\text{n}-2} = 0.239\ 28$$

FRatio 这一列为统计量 $F = \dfrac{\text{MSR}}{\text{MSE}}$的值,即 $F = 5\ 522.52$.

最后一列表示统计量 F 的 P 值非常接近于 0.因此在作模型参数 $\beta(=b)$的假设检验(F 检验):$H_0: \beta = 0; H_1: \beta \neq 0$ 时,强烈地否定 $H_0: \beta = 0$,即模型的参数向量 $\beta \neq 0$.因此回归效果非常显著.

(3)在命令 RegressionReport 的选项中增加

RegressionReport－>{SinglePredictionCITable}

就可以得到在变量 x 的观察点处的 y 的预测值和预测区间.虽然 $x = 14.0$ 不是观察点,但是可以用线性插值的方法得到近似的置信区间.输入

aa = Sort[aa];(＊对数据 aa 按照水泥用量 x 的大小进行排序＊)

regress2 = Regress[aa,{1,x},x,RegressionReport－>{SinglePredictionCITable}]

(＊对数据 aa 作线性回归,回归报告输出 y 值的预测区间＊)

执行后输出

{SinglePredictionCITable－>

Observed	Predicted	SE	CI
56.9	55.8808	0.55663	{54.6405,57.121}
58.3	58.9206	0.541391	{57.7143,60.1269}
61.6	61.9605	0.528883	{60.7821,63.1389}
64.6	65.0003	0.519305	{63.8433,66.1574}
68.16	8.0402	0.51282	{66.8976,69.1828}
71.3	71.0801	0.509547	{69.9447,72.2154}
74.1	74.1199	0.509547	{72.9846,75.2553}

77.4	77.1598	0.51282	{76.0172,78.3024}
80.2	80.1997	0.519305	{79.0426,81.3567}
82.6	83.2395	0.528883	{82.0611,84.4179}
86.4	86.2794	0.541391	{85.0731,87.4857}
89.7	89.3192	0.55663	{88.079,90.5595}}

上表中第一列是观察到的 y 的值,第二列是 y 的预测值,第三列是标准差,第四列是相应的预测区间(置信度为 0.95).从上表可见在 $x=220(y=77.4)$ 时,y 的预测值为 77.159 8,置信度为 0.95 的预测区间为(76.017 2,75.255 3),在 $x=230(y=80.2)$ 时,y 的预测值为 80.199 7,置信度为 0.95 的预测区间为{79.042 6,81.356 7}.利用线性回归方程,可算得 $x_0=225$ 时,y 的预测值为 78.68,置信度为 0.95 的预测区间为(77.546,79.814).

利用上述插值思想,可以进一步作出预测区间的图形.

先输入调用图软件包命令

```
<<Graphics'
```

执行后再输入

```
{observed2,predicted2,se2,ci2}
  = Transpose[(SinglePredictionCITable/.regress2)[[1]]];
```

(＊取出上面输出表中的四组数据,分别记为 observed2,predicted2,se2,ci2＊)

```
xva12 = Map[First,aa];
```

(＊取出数据 aa 中的第一列,即数据中 x 的值,记作 xva12＊)

```
Predicted3 = Transpose[{xva12,predicted2}];
```

(＊把 x 的值 xva12 与相应的预测值 predicted2 配成数对,它们应该在一条回归直线上＊)

```
lowerCI2 = Transpose[{xva12,Map[First,ci2]}];
```

(＊Map[First,ci2]取出预测区间的第一个值,即置信下限.x 的值 xva12 与相应的置信下限配成数对＊)

```
upperCI2 = Transpose[{xva12,Map[Last,ci2]}];
```

(＊Map[Last,ci2]取出预测区间的第二个值,即置信上限.x 的值 xva12 与相应的置信上限配成数对＊)

```
MultipleListPlot[aa,Predicted3,lowerCI2,upperCI2,
PlotJoined->{False,True,True,True},
SymbolShape->{PlotSymbol[Diamond],None,None,None},
PlotStyle->{Automatic,Automatic,Dashing[{0.04,0.04}],
Dashing[{0.04,0.04}]}]
```

(＊把原始数据 aa 和上面命令得到的三组数对 predicted3,lowerCI2,upperCI2 用多重散点图命令 MultipleListPlot 在同一个坐标中画出来.图形中数据 aa 的散点图不用线段连接起来,其余的三组散点图用线段连接起来,而且最后两组数据的散点图用虚线连接.＊)

则输出图 8.4.

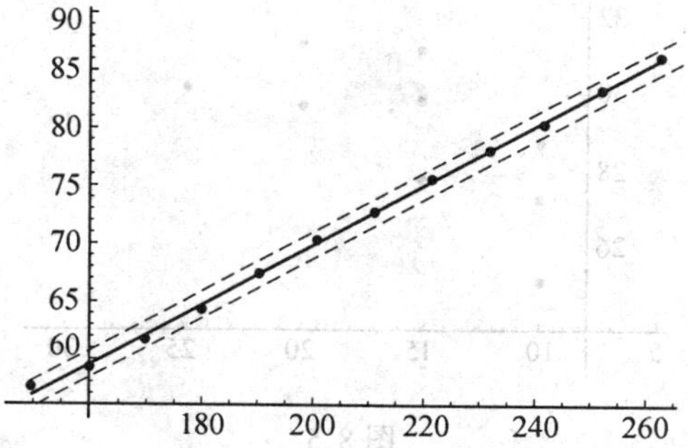

图 8.4

从图形中可以看到,由 Y 的预测值连接起来的实线就是回归直线.钻石形的点是原始数据.虚线构成预测区间.

8.4.3　多元线性回归分析

例 8.4.2　一种合金在某种添加剂的不同浓度下,各做三次试验,得到数据如表 8.2 所示.

表 8.2

浓度 x	10.0	15.0	20.0	25.0	30.0
抗压强度 Y	25.2	29.8	31.2	31.7	29.4
	27.3	31.1	32.6	30.1	30.8
	28.7	27.8	29.7	32.3	32.8

(1)作散点图;

(2)以模型 $Y = b_0 + b_1x + b_2x^2 + \varepsilon, \varepsilon \sim N(0, \sigma^2)$拟合数据,其中 b_0, b_1, b_2, σ^2 与 x 无关;

(3)求回归方程 $\hat{y} = \hat{b}_0 + \hat{b}_1x + \hat{b}_2x^2$,并作回归分析.

先输入数据

```
bb = {{10.0,25.2},{10.0,27.3},{10.0,28.7},{15.0,29.8},
    {15.0,31.1},{15.0,27.8},{20.0,31.2},{20.0,32.6},
    {20.0,29.7},{25.0,31.7},{25.0,30.1},{25.0,32.3},
    {30.0,29.4},{30.0,30.8},{30.0,32.8}};
```

(1)作散点图,输入

```
ListPlot[bb,PlotRange - > {{5,32},{23,33}},AxesOrigin - > {8,24}]
```

则输出图 8.5.

(2)作二元线性回归,输入

```
Regress[bb,{1,x,x^2},x,RegressionReport - > {BestFit,
ParameterCITable,SummaryReport}]
```

(* 对数据 bb 作回归分析,回归函数为 $b_0 + b_1x + b_2x^2$,用{1, x, x^2}表示,自变量

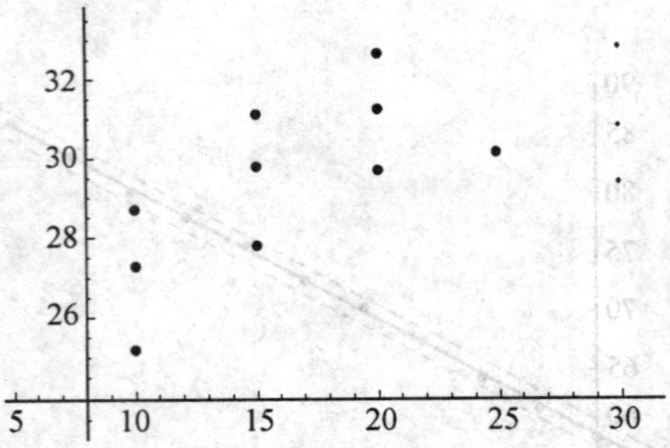

图 8.5

为 x,参数 b_0,b_1,b_2 的置信水平为 0.95 的置信区间)

执行后得到输出的结果

{bestFit - > 19.0333 + 1.00857x - 0.020381x^2,

ParameterCITable - >

	Estimate	SE	CI
1	19.0333	3.27755	{11.8922,26.1745}
x	1.00857	0.356431	{0.231975,1.78517}
x^2	-0.020381	0.00881488	{-0.0395869, -0.00117497}

ParameterTable - >

	Estimate	SE	Tstat	PValue
1	19.0333	3.27755	5.80718	0.0000837856
x	1.00857	0.356431	2.82964	0.0151859
x^2	-0.020381	0.00881488	-2.31211	0.0393258

Rsquared - > 0.614021, AdjustedRSquared - > 0.549692,

EstimatedVariance - > 2.03968, ANOVATable - >

DF	SumOfSq	MeanSq	Fratio	PValue
Mode12	38.9371	19.4686	9.5449	0.00330658
Error12	24.4762	2.03968		
Total14	63.4133			

从输出结果可见:回归方程为

$$Y = 19.033\,3 + 1.008\,57x - 0.020\,381x^2$$

$\hat{b}_0 = 19.033\,3, \hat{b}_1 = 1.008\,57, \hat{b}_2 = -0.020\,381$.它们的置信水平为 0.95 的置信区间分别是

(11.892 2,26.174 5),(0.231 975,1.785 17),(-0.039 586 9, -0.001 174 97)

假设检验的结果是:在显著性水平为 0.95 时它们都不等于零.模型

$$Y = b_0 + b_1x + b_2x^2 + \varepsilon, \varepsilon \sim N(0,\sigma^2)$$

中,σ^2的估计为 2.039 68.对模型参数 $\beta = (b_1, b_2)^{\mathrm{T}}$ 是否等于零的检验结果是:$\beta \neq 0$.因此

回归效果显著.

8.4.4　非线性回归分析

例 8.4.3　下面的数据来自对某种遗传特征的研究结果,一共有 2 723 对数据,把它们分成 8 类后归纳为表 8.3.

表 8.3

频率	579	1021	607	324	120	46	17	9
分类变量 x	1	2	3	4	5	6	7	8
遗传性指标 y	38.08	29.7	25.42	23.15	21.79	20.91	19.37	19.36

研究者通过散点图认为 y 和 x 符合指数关系:$y = ae^{bx} + c$,其中 a,b,c 是参数.求参数 a,b,c 的最小二乘估计.

因为 y 和 x 的关系不是能用 Fit 命令拟合的线性关系,也不能转换为线性回归模型.因此考虑用

(1)多元微积分的方法求 a,b,c 的最小二乘估计;

(2)非线性拟合命令 NonlinearFit 求 a,b,c 的最小二乘估计.

(1)微积分方法

输入

```
Off[General::spell]
Off[General::spell1]
Clear[x,y,a,b,c]
dataset = {{579,1,38.08},{1021,2,29.70},{607,3,25.42},{324,4,23.15},
{120,5,21.79},{46,6,20.91},{17,7,19.37},{9,8,19.36}};(* 输入数据集 *)
y[x_]:= a Exp[b x] + c  (* 定义函数关系 *)
```

下面一组命令先定义了曲线 $y = ae^{bx} + c$ 与 2 723 个数据点的垂直方向的距离平方和,记为 $g(a,b,c)$.再求 $g(a,b,c)$ 对 a,b,c 的偏导数$\frac{\partial g}{\partial a},\frac{\partial g}{\partial b},\frac{\partial g}{\partial c}$,分别记为 ga,gb,gc.用 FindRoot 命令解三个偏导数等于零组成的方程组(求解 a,b,c).其结果就是所要求的 a,b,c 的最小二乘估计.输入

```
Clear[a,b,c,f,fa,fb,fc]
g[a_,b_,c_]:= Sum[dataset[[i,1]] * (dataset[[i,3]] - a
* Exp[dataset[[i,2]] * b] - c)^2,{i,1,Length[dataset]}]
ga[a_,b_,c_] = D[g[a,b,c],a];
gb[a_,b_,c_] = D[g[a,b,c],b];
gc[a_,b_,c_] = D[g[a,b,c],c];
Clear[a,b,c]
oursolution = FindRoot[{ga[a,b,c] = = 0,gb[a,b,c] = = 0,
        gc[a,b,c] = = 0},{a,40.},{b, - 1.},{c,20.}]
(* 40 是 a 的初值, - 1 是 b 的初值,20 是 c 的初值 *)
```

则输出

```
{a->33.2221,b->-0.626855,c->20.2913}
```

再输入

```
yhat[x_] = y[x]/.oursolution
```

则输出

$20.2913 + 33.2221e^{-0.626855x}$

这就是 y 和 x 的最佳拟合关系.输入以下命令可以得到拟合函数和数据点的图形:

```
p1 = Plot[yhat[x],{x,0,12},PlotRange->{15,55},DisplayFunction->Identity];
pts = Table[{dataset[[i,2]],dataset[[i,3]]},{i,1,Length[dataset]}];
p2 = ListPlot[pts,PlotStyle->PointSize[.01],DisplayFunction->Identity];
Show[p1,p2,DisplayFunction->$DisplayFunction];
```

则输出图 8.6.

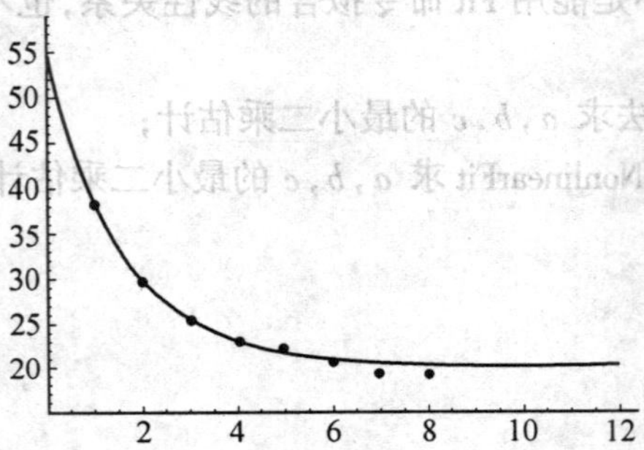

图 8.6

(2)直接用非线性拟合命令 NonlinearFit 方法

输入

```
data2 = Flatten[Table[Table[{dataset[[j,2]],dataset[[j,3]]}
{i,dataset[[j,1]]}],{j,1,Length[dataset]}],1];
(*把数据集恢复成 2 723 个数对的形式*)
<<Statistics'
w = NonlinearFit[data2,a*Exp[b*x]+c,{x},{{a,40},{b,-1},{c,20}}]
```

则输出

$20.2913 + 33.2221e^{-0.626855x}$

这个结果与(1)的结果完全相同.这里同样要注意的是参数 a,b,c 必须选择合适的初值.

如果要评价回归效果,则只要求出 2 723 个数据的残差平方和 $\sum(y_i - \hat{y}_i)^2$.输入

```
yest = Table[yhat[dataset[[i,2]]],{i,1,
Length[dataset]}];
yact = Table[dataset[[i,3]],{i,1,Length[dataset]}];
wts = Table[dataset[[i,1]],{i,1,Length[dataset]}];
sse = wts.(yact - yest)^2  (*作点乘运算*)
```

则输出

59.9664

即 2 723 个数据的残差平方和是 59.966 4. 再求出 2 723 个数据的总的相对误差的平方和 $\sum[(y_i-\hat{y}_i)^2/\hat{y}_i]$. 输入

```
sse2 = wts.((yact - yest)^2/yest)(* 作点乘运算 *)
```

则输出

2.74075

由此可见,回归效果是显著的.

8.4.5　上机实验习题

1. 某乡镇企业的产品年销售额 x 与所获纯利润 y 从 1984 年的数据(单位:百万元)如表 8.4 所示.

表 8.4

年度	84	85	86	87	88	89	90	91	92	93	94
销售额 x	6.1	7.5	9.4	10.7	14.6	17.4	21.1	24.4	29.8	32.9	34.3
纯利润 y	4.5	6.4	8.3	8.4	9.7	11.5	13.7	15.4	17.7	20.5	22.3

试求 y 对 x 的经验回归直线方程,并作回归分析.

2. 在钢线碳含量对于电阻的效应的研究中,得到以下数据如表 8.5 所示.

表 8.5

碳含量 $x/\%$	0.10	0.30	0.40	0.55	0.70	0.80	0.95
电阻 $y/\mu\Omega$	15	18	19	21	22.6	23.8	26

试求 y 对 x 的经验回归直线方程,并作简单回归分析.

3. 表 8.6 列出了 18 个 5~8 岁儿童的体重和体积.

表 8.6

体重 x/kg	17.1	10.5	13.8	15.7	11.9	10.4	15.0	16.0	17.8
体积 y/dm^3	16.7	10.4	13.5	15.7	11.6	10.2	14.5	15.8	17.6
体重 x/kg	15.8	15.1	12.1	18.4	17.1	16.7	16.5	15.1	15.1
体积 y/dm^3	15.2	14.8	11.9	18.3	16.7	16.6	15.9	15.1	14.5

(1)画出散点图;

(2)求 y 关于 x 的线性回归方程 $\hat{y}=\hat{a}+\hat{b}x$,并作回归分析;

(3)求 $x=14.0$ 时 y 的置信水平为 0.95 的预测区间.

4. 表 8.7 给出了某种产品每件平均单价 Y(单位:元)与批量 x(单位:件)之间的关系的一组数据

表 8.7

x	20	25	30	35	40	50	60	65	70	75	80	90
y	1.81	1.70	1.65	1.55	1.48	1.40	1.30	1.26	1.24	1.21	1.20	1.18

(1)作散点图;

(2)以模型 $Y=b_0+b_1x+b_2x^2+\varepsilon,\varepsilon\sim N(0,\sigma^2)$拟合数据,求回归方程 $Y=\hat{b}_0+\hat{b}_1x+\hat{b}_2x^2$,并作简单回归分析.

8.5 方差分析

学习利用 Mathematica 求单因素方差分析的方法.

8.5.1 基本命令

1.调用线性回归软件包的命令 < < Statistics \ LinearRegression.m

作方差分析时,必须调用线性回归软件包的命令

< < Statistics \ LinearRegression.m

或输入调用整个统计软件包命令

< < Statistics'

2.线性设计回归的命令 DesignedRegress

在线性回归模型

$$Y=X\beta+\varepsilon$$

中,向量 Y 是因变量,也称作响应变量.矩阵 X 称作设计矩阵,β 是参数向量,ε 是误差向量.

DesignedRegress 也是作一元和多元线性回归的命令,它的应用范围更广些.其格式与命令 Regress 的格式略有不同

DesignedRegress[设计矩阵 X,因变量 Y 的值集合,
RegressionReport - > {选项 1,选项 2,选项 3,…}]

RegressionReport(回归报告)可以包含:ParameterCITable(参数 β 的置信区间表),PredictedResponse(因变量的预测值),MeanPredictionCITable(均值的预测区间),FitResiduals(拟合的残差),SummaryReport(总结性报告)等,但不含 BestFit.

8.5.2 用回归分析作单因素方差分析

完成对模型的假设检验和对模型参数的区间估计任务.输入设计矩阵和数据

X1 = {{1.0,0,0},{1,0,0},{1,0,0},{1,0,0},{1,0,0},{1,1,0},{1,1,0},{1,1,0},
{1,1,0},{1,1,0},{1,0,1},{1,0,1},{1,0,1},{1,0,1},{1,0,1}};

Y1 = {40,42,48,45,38,26,28,34,32,30,39,50,40,50,43};

再输入设计回归命令

DesignedRegress[X1,Y1,RegressionReport - > {ParameterCITable,MeanPredictionCITable,

SummaryReport}]

(* 回归报告输出参数的置信区间,均值的置信区间和总结报告 *)

执行后得到输出

	Estimate	SE	CI
1	42.6	1.89912	{38.4622,46.7378}

{ParameterCITable－>2　－12.6　2.68576　{－18.4518,－6.74822}

3	1.8	2.68576	{－4.05178,7.65178}}

MeanPredictionCITable－>

Observed	Predicted	SE	CI
40.	42.6	1.89912	{38.4622,46.7378}
42.	42.6	1.89912	{38.4622,46.7378}
48.	42.6	1.89912	{38.4622,46.7378}
45.	42.6	1.89912	{38.4622,46.7378}
38.	42.6	1.89912	{38.4622,46.7378}
26.	30.	1.89912	{25.8622,34.1378}
28.	30.	1.89912	{25.8622,34.1378}
34.	30.	1.89912	{25.8622,34.1378}
32.	30.	1.89912	{25.8622,34.1378}
30.	30.	1.89912	{25.8622,34.1378}
39.	44.4	1.89912	{40.2622,48.5378}
50.	44.4	1.89912	{40.2622,48.5378}
40.	44.4	1.89912	{40.2622,48.5378}
50.	44.4	1.89912	{40.2622,48.5378}
43.	44.4	1.89912	{40.2622,48.5378}

	Estimate	SE	TStat	P-Value
1	42.6	1.89912	22.4314	3.63987×10^{-11}

{ParameterCITable－>2　－12.6　2.68576　－4.6914　0.00052196

3	1.8	2.68576	0.6702	0.515421

Rsquared－>0.739904, AdjustedRSquared－>0.696554,

EstimatedVariance－>18.0333, ANOVATable－>

	DF	SumOfsq	MeanSq	Fratio	Pvalue
Model	2	615.6	307.8	17.0684	0.000309602
Error	12	216.4	18.0333		
Total	14	832			

从参数置信区间表(ParameterCITable)可知:μ_A 的点估计是 42.6,估计量的标准差为

1.899 12, μ_A 的置信水平为 0.95 的置信区间是(38.462 2,46.737 8), $\mu_B-\mu_A$ 的点估计是 −12.6,标准差为 2.685 76, $\mu_B-\mu_A$ 的置信水平为 0.95 的置信区间是(−18.451 8, −6.748 22), $\mu_C-\mu_A$ 的点估计是 1.8,标准差为 2.685 76, $\mu_C-\mu_A$ 的置信水平为 0.95 的置信区间是(−4.051 78,7.651 78).

从均值置信区间表(MeanPredictionCITable)知: μ_A 的点估计, μ_A 的置信区间同参数置信区间表, μ_B 的点估计为 30.0,置信度为 0.95 的置信区间是(25.862 2,34.137 8), μ_C 的点估计为 44.4,置信度为 0.95 的置信区间是(40.262 2,48.537 8).

从参数表(ParameterTable)知:关于 $\mu_B-\mu_A$ 是否等于零的假设检验结果是否定的,即 $\mu_B-\mu_A$ 不等于零.关于 $\mu_C-\mu_A$ 是否等于零的假设检验结果是不否定原假设,即不否定 $\mu_C-\mu_A$ 等于零的假设.

从 Rsquared－＞0.739904 知 Y 的变化中的 74%是由模型引起的,26%是由误差引起的.

从 EstimatedVariance－＞18.0333 知模型中的误差项 e 的方差的估计是 18.033 3.

最后从方差分析表知平方和的分解结果是:总的平方和 = 832.0,模型引起的平方和(效应平方和) = 615.6,误差平方和 = 216.4.作假设检验

$$H_0: \mu_B-\mu_A=\mu_C-\mu_A=0; H_1: \mu_B-\mu_A, \mu_C-\mu_A$$

不全等于零时,统计量 F 的观察值为 17.068 4, F 的 P 值为 0.000 309 602,检验结果显然否定原假设,即三个工厂生产的电池的平均寿命有显著差异.

总结起来:三个工厂生产的电池的平均寿命有显著差异. $\mu_A-\mu_B$ 的置信水平为 0.95 的置信区间是(6.748 22,18.451 8); $\mu_A-\mu_C$ 的置信水平为 0.95 的置信区间是(−7.651 78,4.051 78).

看来只有 $\mu_B-\mu_C$ 的置信区间未能求得.只要改变设计矩阵 X,再作一次设计回归.输入

```
X2 = {{1.0,0,1},{1,0,1},{1,0,1},{1,0,1},{1,0,1},{0,1,1},{0,1,1},{0,1,1},
      {0,1,1},{0,1,1},{0,0,1},{0,0,1},{0,0,1},{0,0,1},{0,0,1}};
DesignedRegress[X2, Y1, RegressionReport - >
      {ParameterCITable, MeanPredictionCITable, SummaryReport}]
```

就能得到类似于对 x_1, y_1 的设计回归结果(输出结果省略了),从参数置信区间表可以得到 $\mu_B-\mu_C$ 的置信水平为 0.95 的置信区间是(−20.251 8, −8.5482 2).

例 8.5.1 将抗生素注入人体会产生抗生素与血浆蛋白质结合的现象,以致减少了药效.表 8.8 列出了 5 种常用的抗生素注入牛的体内时,抗生素与血浆蛋白质结合的百分比.试在水平 $\alpha=0.05$ 下检验这些百分比的均值有无显著的差异.

表 8.8

青霉素	四环素	链霉素	红霉素	氯霉素
29.6	27.3	5.8	21.6	29.2
24.3	32.6	6.2	17.4	32.8
28.5	30.8	11.0	18.3	25.0
32.0	34.8	8.3	19.0	24.2

本例也是单因素方差分析问题.输入

```
X3 = {{1.0,0,0,0,0},{1,0,0,0,0},{1,0,0,0,0},{1,0,0,0,0},{1,1,0,0,0},
    {1,1,0,0,0},{1,1,0,0,0},{1,1,0,0,0},{1,0,1,0,0},{1,0,1,0,0},
    {1,0,1,0,0},{1,0,1,0,0},{1,0,0,1,0},{1,0,0,1,0},{1,0,0,1,0},
    {1,0,0,1,0},{1,0,0,0,1},{1,0,0,0,1},{1,0,0,0,1},{1,0,0,0,1}};
Y3 = {29.6,24.3,28.5,32.0,27.3,32.6,30.8,34.8,5.8,6.2,11.0,8.3,21.6,17.4,
    18.3,19.0,29.2,32.8,25.0,24.2};
DesignedRegress[X3,Y3,RegressionReport - >
            {ParameterCITable,MeanPredictionCITable,SummaryReport}]
```

执行以后得到输出

{ParameterCITable - >

	Estimate	SE	CI
1	28.6	1.50456	{25.3931,31.8069}
2	2.775	2.12777	{-1.76024,731024}
3	-20.775	2.12777	{-25.3102, -16.2398}
4	-9.525	2.12777	{-14.0602, -4.98976}
5	-0.8	2.12777	{-5.33524,3.73524}

{ParameterTable - >

	Estimate	SE	TStat	PValue
1	28.6	1.50456	19.0088	6.58118×10^{-12}
2	2.775	2.12777	1.30418	0.21183
3	-20.775	2.12777	-9.76373	6.83788×10^{-8}
4	-9.525	2.12777	-4.47651	0.000443597
5	-0.8	2.12777	-0.37598	0.712196

Rsquared - > 0.915985, AdjustedRSquared - > 0.893581,

EstimatedVariance - > 9.05483, ANOVATable - >

	Pvalue	DF	Sumofsq	MeanSq	Fratio
Model	4	1480.82	370.206	40.8849	6.73978×10^{-8}
Error	15	135.822	9.05483		
Total	19	1616.65			

因为 F 检验的 P 值非常小,所以即使在检验的水平 $\alpha=0.01$ 时,这些百分比的均值有显著差异.

注　利用 Mathematica 语句,我们也可以直接编程计算方差分析表.有兴趣的读者可参考更高一级的实验教材.

8.5.3 上机实验习题

1.设有三台机器用来生产规格相同的铝合金薄板.取样,测量薄板的厚度精确至0.001 cm,得结果如表8.9所示.

表 8.9

机器1	0.236	0.238	0.248	0.245	0.243
机器2	0.257	0.253	0.255	0.254	0.261
机器3	0.258	0.264	0.259	0.267	0.262

考察机器这一因素对薄板厚度有无显著的影响($\alpha = 0.05$).

2.表8.10给出了小白鼠在接种3种不同菌型的伤寒杆菌后存活的天数

表 8.10

菌型	存活天数									
甲	2	4	3	2	4	7	7	2	5	4	
乙	5	6	8	5	10	7	12	6	6		
丙	7	11	6	6	7	9	5	10	6	3	10

试问,小白鼠在接种了不同菌型的伤寒杆菌后存活的天数是否有显著性差异($\alpha = 0.05$)?

习题答案

习题一

一、填空题

1.(1)$A \cup B \cup C$　　(2)$A\overline{B}\,\overline{C} \cup \overline{A}B\overline{C} \cup \overline{A}\,\overline{B}C$

(3)$\overline{B}\,\overline{C} \cup \overline{A}\,\overline{C} \cup \overline{A}\,\overline{B}$或$A\overline{B}\,\overline{C} \cup \overline{A}B\overline{C} \cup \overline{A}\,\overline{B}C \cup \overline{A}\,\overline{B}\,\overline{C}$

2.0.7　3.$\frac{3}{7}$　4.$\frac{1}{4}$　5.0.75

二、选择题

1.A　2.D　3.B　4.D　5.B

三、计算题

1.0.98　2.0.32　3.(1)0.827 3　(2)0.055 2

4.(1)0.2　(2)0.6　5.0.05　6.$\frac{3}{5}$

7.$\frac{23}{36}$　8.(1)0.946　(2)0.3

9.$\frac{1}{2}$　$\frac{2}{9}$　10.0.132　11.0.187 5　12.0.104

13.$\frac{8}{15}$　14.(1)$\frac{1}{15}$　(2)$\frac{1}{210}$　(3)$\frac{2}{21}$

15.(1)0.28　(2)0.83　(3)0.72　16.0.92

17.取出产品是 B 厂生产的可能性最大　18.$\frac{m}{(m+k)}$

四、证明题

提示:利用条件概率可证得

习题二

一、填空题

1.$\frac{1}{5}$　2.1　$\frac{1}{2}$　3.0.2　4.$\frac{2}{3}$　5.$\frac{4}{5}$

二、选择题

1.C　2.B　3.B　4.C　5.C

三、计算题

1.(1) 否　(2) 是

2.

X	0	1	2	3
P	0.999 889	0.000 001	0.000 01	0.000 1

3.

X	0	1	2	3
P	0.064	0.288	0.432	0.216

4.

X	0	1	2
P	$\frac{7}{15}$	$\frac{7}{15}$	$\frac{1}{15}$

5.(1)0.2　(2)0.9　(3)0.4　(4)0.5　6.不能

7.(1)$A = \frac{1}{\pi}$　(2)$\frac{1}{3}$　8.(1)$A = 1$　(2)$\frac{e-1}{e^2}$

9.分布函数:$F(x) = \begin{cases} 0 & x < 1 \\ \frac{1}{6} & 1 \leqslant x < 2 \\ \frac{2}{3} & 2 \leqslant x < 3 \\ 1 & x \geqslant 3 \end{cases}$

10.分布函数:$F(x) = \begin{cases} 0 & x < 0 \\ \frac{x^2}{4} & 0 \leqslant x \leqslant 2 \\ 1 & x > 2 \end{cases}$

11.(1)$A = 1$　(2)0.21　(3)密度函数 $f(x) = \begin{cases} 2x & 0 \leqslant x \leqslant 1 \\ 0 & 其他 \end{cases}$

12.$P(X > 5) = 0.214\,9$

13.

(1)

X	0	1	2	3	4	5
P	0.606 5	0.303 3	0.075 8	0.021 6	0.001 6	0.0002

(2) 0.909 8

14.0.3

15.(1)0.617 9　(2)0.115 1　(3)0.308 5　(4)0.020 6

16.(1)0.567 5　(2)0.066 8　(3)0.000 3　(4)0.319 2

17.0.954 4　18.$\sigma^2 < 976.56$　19.59%

20.(1)0.818 5　(2)0.994 0

21.(1)$P\{X = K\} = \left(\frac{3}{13}\right)^{k-1}\left(\frac{10}{13}\right)$

(2)

X	1	2	3	4
P	$\frac{10}{13}$	$(\frac{3}{13})(\frac{10}{12})$	$(\frac{3}{13})(\frac{2}{12})(\frac{10}{11})$	$(\frac{3}{13})(\frac{2}{12})(\frac{1}{11})$

22.(1)$A=\frac{1}{2}$ (2)$\frac{1}{2}(1-e^{-1})$ (3)$F(x)=\begin{cases}\frac{1}{2}e^{x} & x<0\\ 1-\frac{1}{2}e^{-x} & x\geqslant 0\end{cases}$

23.$f(x)=\begin{cases}0 & \text{其他}\\ \frac{1}{b-a}\left(\frac{6}{\pi}\right)^{\frac{1}{3}}\frac{1}{3}x^{-\frac{2}{3}} & x\in\left[\left(\frac{\pi}{6}\right)a^3,\left(\frac{\pi}{6}\right)b^3\right]\end{cases}$

24.$n\geqslant 4$

25.提示:$P\{x\geqslant h\}\leqslant 0.01$ 或 $P\{x<h\}\geqslant 0.99$,利用后式求得 $h=184.31$(查表 $\varphi(2.33)=0.990\,1$)

26.(1)$A=\frac{1}{2},B=\frac{1}{\pi}$ (2)$\frac{1}{2}$ (3)$f(x)=\frac{1}{[\pi(1+x^2)]}$

四、证明题

提示:参数为2的指数函数的密度函数为$f(x)=\begin{cases}2e^{-2x} & x>0\\ 0 & x\leqslant 0\end{cases}$,利用 $Y=1-e^{-2x}$ 的反函数 $x=\begin{cases}-\frac{1}{2}\ln(1-y) & 0<y<1\\ 0 & \text{其它}\end{cases}$即可证得.

习题三

一、填空题

1.$\frac{5}{7}$ 2.$\frac{1}{3}$ $\frac{1}{6}$ 3.$F(b,c)-F(a,c)$ 4.$F(a,b)$ 5.$\frac{1}{2}$

二、选择题

1.C 2 A 3.C 4.D 5.B

三、计算题

1.

Y \ X	0	1	2	3	$P_{\cdot j}$
1	0	$\frac{3}{8}$	$\frac{3}{8}$	0	$\frac{3}{4}$
3	$\frac{1}{8}$	0	0	$\frac{1}{8}$	$\frac{1}{4}$
$P_{i\cdot}$	$\frac{1}{8}$	$\frac{3}{8}$	$\frac{3}{8}$	$\frac{1}{8}$	1

2.(1) $A=\frac{1}{\pi^2},B=\frac{\pi}{2},C=\frac{\pi}{2}$

(2) $f(x,y)=\frac{6}{\pi^2(4+x^2)(9+y^2)}$　(3) 独立

3.(1)12　(2) $(1-e^3)(1-e^{-8})$

4.(1) $A=24$

5.(1) $f_x(x)=\begin{cases}12x^2(1-x) & 0\leqslant x\leqslant 1\\ 0 & 其他\end{cases}$

$f_y(y)=\begin{cases}12y(1-y)^2 & 0\leqslant y\leqslant 1\\ 0 & 其他\end{cases}$

(2) 不独立

6. $f_{Y|X}(y\mid x)=\begin{cases}\frac{2y}{x^2} & 0<y<x,0<x<1\\ 0 & 其他\end{cases}$

$f_{X|Y}(x\mid y)=\begin{cases}\frac{2(1-x)}{(1-y)^2} & y\leqslant x<1,0<y<1\\ 0 & 其他\end{cases}$

四、证明题

提示:设 X 和 Y 分别表示两个投掷点的坐标,则 (X,Y) 的联合密度为

$f(x,y)=\begin{cases}1 & 0\leqslant x\leqslant 1,0\leqslant y\leqslant 1\\ 0 & 其他\end{cases}$

命题就归结为求 $Z=|X-Y|$ 的密度函数.

先求 $Z=|X-Y|$ 的分布函数为

$$F_Z=P\{Z\leqslant z\}=P\{|X-Y|\leqslant z\}=\iint\limits_{|x-y|\leqslant z}f(x,y)\mathrm{d}x\mathrm{d}y=\iint\limits_{D}f(x,y)\mathrm{d}x\mathrm{d}y$$

显然,当 $z<0$ 时, $F_Z=0$.

当 $0\leqslant z\leqslant 1$ 时,积分区域 $D=\{(x,y):0\leqslant x\leqslant 1,0\leqslant y\leqslant 1,|x-y|\leqslant z\}$,因而

$$F_Z(z)=\iint\limits_{D}f(x,y)\mathrm{d}x\mathrm{d}y=1-2\cdot\frac{1}{2}(1-z)^2=2z-z^2$$

当 $z>1$ 时,积分区域 $D=\{(x,y):0\leqslant x\leqslant 1,0\leqslant y\leqslant 1\}$.因而

$$F_Z(z)=1$$

综合起来,有

$$F_Z(z)=\begin{cases}0 & z<0\\ 2z-z^2 & 0<z<1\\ 1 & z>1\end{cases}$$

因此, $Z=|X-Y|$ 的密度函数为

$$f_Z(z)=F'_Z(z)=\begin{cases}2(1-z) & 0<z<1\\ 0 & 其他\end{cases}$$

习题四

一、填空题

1.1.16　2.7.4　3.$\frac{1}{2}$　4.46　5.85

6.$\left(\frac{35}{48}\right)$　7.$N(\mu,\frac{\sigma^2}{n}),N(0,1),N(\mu,\frac{\sigma^2}{n}),N(0,1)$

8.$\mu^2+\sigma^2$　9.10

二、选择题

1.B　2.C　3.B　4.A　5.C

三、计算题

1.$E(X)=0,E(X^2)=0.6,D(X)=0.6$

2.甲的质量好

3.$E(X)=0.86,D(X)=0.429\,4$

4.$E(X)=0,D(X)=\frac{4}{3}$

5.$E(X)=D(X)=\lambda$

6.$E(X)=0,D(X)=\frac{1}{2},\sigma(X)=\frac{\sqrt{2}}{2}$

7.$E(X)=0,D(X)=\frac{1}{6}$

8.$n=36,p=\frac{1}{3}$

9.(1) $E(X+2Y+1)=6$　(2) $D(2X-3Y)=44$

10.$E(X)=\frac{12}{7},D(X)=\frac{24}{49}$　11.10 min 25 s

12.平均需赛6场

13.$E(X)=\frac{k(n+1)}{2},D(X)=\frac{k(n^2-1)}{12}$

14.$k=2,E(XY)=\frac{1}{4},D(XY)=\frac{7}{144}$

15.21 t

16.$\frac{37}{72}$　17.0.947 5　18.0.984 2　19.537　20.16

21.(1)0.125 7　(2)0.993 8

22.(1)$X\sim b(100,0.2),P\{X=k\}=C_{100}^{k}0.2^{k}0.8^{100-k},k=0,1,\cdots,100$　(2)0.927

23.0.006 2

四、证明题

1.提示:(1)

$$E(X)=\int_{-\infty}^{+\infty}x\cdot\frac{1}{2}e^{-|x|}dx=0$$

$$D(X)=E(X^2)=\int_{-\infty}^{+\infty}\frac{1}{2}x^2e^{-|x|}dx=\int_{0}^{+\infty}x^2e^{-x}dx=2$$

(2) $Cov(X,|X|)=E(X|X|)-E(X)E(|X|)=E(X|X|)=\frac{1}{2}\int_{-\infty}^{+\infty}x|x|$ $e^{-|x|}dx=0$,所以 X 与 $|X|$ 不相关

(3) 对任意正数 $0<a<+\infty$,$\{|X|\leqslant a\}\subset\{X\leqslant a\}$,且 $P\{X\leqslant a\}<1$,$P\{|X|<a\}>0$,故

$$P\{|X|\leqslant a,X\leqslant a\}=P\{|X|\leqslant a\}>P\{X\leqslant a\}P\{|X|\leqslant a\}$$

因此 X 与 $|X|$ 不独立

习题五

一、填空题

1. $\hat{n}=\frac{\bar{X}}{p},\hat{p}=1-\frac{S^2}{\bar{X}}$
2. $\hat{\theta}=\max\{X_1,X_2,\cdots,X_n\}$
3. $[4.412,5.588]$
4. 2
5. 5.78
6. 随机性　代表性　独立性
7. $\mu,\frac{\sigma^2}{n}$
8. $N(\mu,\frac{\sigma^2}{n})$;$\chi^2(n-1)$
9. $f(x)=\frac{1}{\sqrt{8\pi}}e^{-\frac{(x-4)^2}{8}}(-\infty<x<+\infty)$
10. $N(0,1)$;$t(n-1)$

二、选择题

1.D　2.B　3.C　4.A　5.B　6.C　7.B　8.B　9.D　10.C

三、计算题

1. $\bar{X}=7$;$S^2=3.75$
2. $\bar{X}=2.18$;$S^2=2.149\ 1$;$S\approx1.465\ 977\ 8$
3. (1)1.96　(2)2.58　(3)1.6
4. (1)1.69　16.0　(2)1.15　11.07
5. 0.003 92
6. $\mu=1\ 147$ h　$\sigma^2=7\ 578.9$
7. $\hat{\lambda}=\bar{X}$　8.318

9. $\hat{\sigma}=2.5$
10. $\hat{\theta}$ 是 θ 的无偏估计.

11.(-3.495,3.315)

12.(4.413,4.555)

13.(21.27,21.53)

14.(498.12,502.38)

15.(70 707,460 158)

16.(1.11,5.47)

17.$P\{\overline{X} > 11\} = 1 - \Phi(0.816\ 5) = 0.206\ 1$

18.$P\left\{\frac{S^2}{\sigma^2} \leqslant 1.5\right\} \geqslant 1.95, P\left\{\frac{S^2}{\sigma^2} > 1.5\right\} < 0.05 \quad 1.5(n-1) > \chi^2_{0.05}(n-1)$ 得 $n \geqslant 27$,故 $n = 27$

19.$\hat{\theta} = \frac{1}{2n}\sum_{i=1}^{n} x_i^2$,是无偏估计

20.矩估计为:$\hat{\alpha} = \frac{1-2\overline{X}}{\overline{X}-1}$;极大似然估计为 $\hat{\alpha} = -\left(1 + \frac{n}{\sum_{i=1}^{n} \ln X_i}\right)$

21.μ 的置信区间为(-1.87,2.42);σ^2 的置信区间为(3.56,28.64)

22.$\hat{\beta}_{矩} = \frac{\overline{X}}{1-\overline{X}}, \hat{\beta}_{极大} = \frac{-n}{\sum_{i=1}^{n} \ln X_i}$

23.$\hat{\lambda}_{矩} = \overline{X}, \hat{\lambda}_{极大} = \overline{X}$

24.(1)[2.121,2.129]　(2)[2.117 5,2.132 5]

25.[-0.401,2.601]

26.[0.128,1.238]

四、证明题

提示:由题设先求 $E(X_i)$ 及 $D(X_i)$ 后,再证明 $\hat{p}$ 是 p 的无偏估计量.

习题六

一、填空题

1.$T = \frac{\overline{X}\sqrt{n(n-1)}}{Q}$　2.$F, F = \frac{(n-1)\sum_{i=1}^{m}(X_i - \overline{X})^2}{(m-1)\sum_{i=1}^{n}(Y_i - \overline{Y})^2}$

3.$\left\{\frac{|\overline{X} - 80|}{S_n^*}\sqrt{n} \geqslant t_{\frac{\alpha}{2}}(n-1)\right\}$,

$\left\{\frac{\sum_{i=1}^{n}(x_i - \overline{x})^2}{\sigma_0^2} > \chi^2_{\frac{\alpha}{2}}(n-1)\right\} \cup \left\{\frac{\sum_{i=1}^{n}(x_i - \overline{x})^2}{\sigma_0^2} < \chi^2_{1-\frac{\alpha}{2}}(n-1)\right\}$

4. $\chi_n^2 = \dfrac{\sum_{i=1}^{n}(X_i \sim \mu_0)^2}{\sigma_0^2}$　5. $\chi^2(n)$

二、选择题

1.B　2.D　3.A　4.A　5.C　6.A　7.C　8 A.　9.A

三、计算题

1.不能否定这批产品该项指标为 1 600

2.可以认为该日机器工作状态正常

3.可以认为两支矿脉含锌量相同

4.可以认为这次考试考生的平均成绩为 70 分

5.可以认为这次考试考生的成绩的方差为16^2

6.可以认为这批钢索的断裂强度为 800 kg/cm^2

7.认为该打包机工作正常,无系统偏差

8.认为四乙基铅中毒者和正常人的脉搏有显著差异

9.无系统偏差

10.有显著性偏大

11. $|U| = 2 > 1.96$,有显著性的变化

12.(1) $|U| = 0.872 < 1.96$,认为机器工作正常

(2) 因为 $\chi^2 = \dfrac{(n-1)S^2}{\sigma^2} = \dfrac{9 \times 28.41}{25} = 10.23$, $\chi_{1-\frac{\alpha}{2}}(n-1) = \chi_{0.975}^2(9) = 2.70$, $\chi_{\frac{\alpha}{2}}(n-1) = \chi_{0.025}^2(9) = 19.0$,所以 $2.70 < 10.23 < 19.0$,故接受

13.是($\sigma^2 < \sigma_0^2$)

四、证明题

提示:依题意

$$P\{|\overline{X}| \geqslant 1.96\} = 0.05 P\{|\overline{X}| < 1.96\} = P\left\{\left|\frac{\overline{x}}{5}\sqrt{n}\right| < 0.392\sqrt{n}\right\} = 0.95$$

由于$\dfrac{\overline{X}}{5}\sqrt{n} \sim N(0,1)$,因此有 $0.392\sqrt{n} = 1.96 \Rightarrow n = 25$

习题七

1.各区间均值间有显著差异;(6.75,18.45),(-7.65,4.05),(-20.25,-8.55)

2.只有浓度的影响是显著的

3.有显著的差异

4.(1) 回归方程:$\hat{Y} = 0.016 + 0.002\,6x$　(2) 显著　(3) 预测区间(0.198,0.354)

5.回归方程:$\hat{Y} = 24.628\,7 + 0.058\,86x$

6.(1) 略　(2) $\hat{y} = 13.958\,4 + 12.550\,3x$　(3) $\hat{\sigma}^2 = 0.043\,2$　(4) 回归效果显著　(5) (11.82,13.28)　(6)(20.03,20.44)　(7)(19.66,20.81)

7. $r_d = 3.692, r_1 = -2.548, Y_2 = 0.78, r_3 = -0.08, r_4 = 0, k > 3, \rho_1 = -0.689, \rho_2 = 0.211, \rho_3 = -0.211, \rho_4 = 0 \quad k > 3$

8. $\varphi_{11} = \rho_1 = \dfrac{2}{3}, \varphi_{22} = \dfrac{\rho_2 - \rho_1^2}{1 - \rho_1^2} = -\dfrac{1}{2}, \varphi_{33} = 0(K > 2)$

附　　表

附表 1　二项式分布表

$$b(x,n,p)=\sum_{k=0}^{x}\binom{n}{k}p^k(1-p)^{n-k}$$

n	x \ p	0.1	0.2	0.3	0.4	0.5	0.6	0.7	0.8	0.9
2	0	0.810 0	0.640 0	0.490 0	0.360 0	0.250 0	0.160 0	0.090 0	0.040 0	0.010 0
	1	0.990 0	0.960 0	0.910 0	0.840 0	0.750 0	0.640 0	0.510 0	0.360 0	0.190 0
3	0	0.729 0	0.512 0	0.343 0	0.216 0	0.125 0	0.064 0	0.027 0	0.008 0	0.001 0
	1	0.972 0	0.896 0	0.784 0	0.648 0	0.500 0	0.352 0	0.216 0	0.104 0	0.028 0
	2	0.999 0	0.992 0	0.973 0	0.936 0	0.875 0	0.784 0	0.657 0	0.488 0	0.271 0
4	0	0.656 1	0.409 6	0.240 1	0.129 6	0.062 5	0.025 6	0.008 1	0.001 6	0.000 1
	1	0.947 7	0.819 2	0.651 7	0.475 2	0.312 5	0.179 2	0.083 7	0.027 2	0.003 7
	2	0.996 3	0.972 8	0.916 3	0.820 8	0.687 5	0.524 8	0.348 3	0.180 8	0.052 3
	3	0.999 9	0.998 4	0.991 9	0.974 4	0.937 5	0.870 4	0.759 9	0.590 4	0.343 9
5	0	0.590 5	0.327 7	0.168 1	0.077 8	0.031 3	0.010 2	0.002 4	0.000 3	0.000 0
	1	0.918 5	0.737 3	0.528 2	0.337 0	0.187 5	0.087 0	0.030 8	0.006 7	0.000 5
	2	0.991 4	0.942 1	0.836 9	0.682 6	0.500 0	0.317 4	0.163 1	0.057 9	0.008 6
	3	0.999 5	0.993 3	0.969 2	0.913 0	0.812 5	0.663 0	0.471 8	0.262 7	0.081 5
	4	1.000 0	0.999 7	0.997 6	0.989 8	0.968 7	0.922 2	0.831 9	0.672 3	0.409 5
6	0	0.531 4	0.262 1	0.117 6	0.046 7	0.015 6	0.004 1	0.000 7	0.000 1	0.000 0
	1	0.885 7	0.655 4	0.420 2	0.233 3	0.109 4	0.041 0	0.010 9	0.001 6	0.000 1
	2	0.984 2	0.901 1	0.744 3	0.544 3	0.343 8	0.179 2	0.070 5	0.017 0	0.001 3
	3	0.998 7	0.983 0	0.929 5	0.820 8	0.656 3	0.455 7	0.255 7	0.098 9	0.015 8
	4	0.999 9	0.998 4	0.989 1	0.959 0	0.890 6	0.766 7	0.579 8	0.344 6	0.114 3
	5	1.000 0	0.999 9	0.999 3	0.995 9	0.984 4	0.953 3	0.882 4	0.737 9	0.468 6
7	0	0.478 3	0.209 7	0.082 4	0.028 0	0.007 8	0.001 6	0.000 2	0.000 0	0.000 0
	1	0.850 3	0.576 7	0.329 4	0.158 6	0.062 5	0.018 8	0.003 8	0.000 4	0.000 0
	2	0.974 3	0.852 0	0.647 1	0.419 9	0.226 6	0.096 3	0.028 8	0.004 7	0.000 2
	3	0.997 3	0.966 7	0.874 0	0.710 2	0.500 0	0.289 8	0.126 0	0.033 3	0.002 7
	4	0.999 8	0.995 3	0.971 2	0.903 7	0.773 4	0.580 1	0.352 9	0.148 0	0.025 7
	5	1.000 0	0.999 6	0.996 2	0.981 2	0.937 5	0.841 4	0.670 6	0.423 3	0.149 7
	6	1.000 0	1.000 0	0.999 8	0.998 4	0.992 2	0.972 0	0.917 6	0.790 3	0.521 7

续附表1

n	x \ p	0.1	0.2	0.3	0.4	0.5	0.6	0.7	0.8	0.9
8	0	0.430 5	0.167 8	0.057 6	0.016 8	0.003 9	0.000 7	0.000 1	0.000 0	0.0000
	1	0.813 1	0.503 3	0.255 3	0.106 4	0.035 2	0.008 5	0.001 3	0.000 1	0.000 0
	2	0.961 9	0.796 9	0.551 8	0.315 4	0.144 5	0.049 8	0.011 3	0.001 2	0.000 0
	3	0.995 0	0.943 7	0.805 9	0.594 1	0.363 3	0.173 7	0.058 0	0.010 4	0.000 4
	4	0.999 6	0.989 6	0.942 0	0.826 3	0.636 7	0.405 9	0.194 1	0.056 3	0.005 0
	5	1.000 0	0.998 8	0.988 7	0.950 2	0.855 5	0.684 6	0.448 2	0.203 1	0.038 1
	6	1.000 0	0.999 9	0.998 7	0.991 5	0.964 8	0.893 6	0.744 7	0.496 7	0.186 9
	7	1.000 0	1.000 0	0.999 9	0.999 3	0.996 1	0.983 2	0.942 4	0.832 2	0.5695
9	0	0.387 4	0.134 2	0.040 4	0.010 1	0.002 0	0.000 3	0.000 0	0.000 0	0.000 0
	1	0.774 8	0.436 2	0.196 0	0.070 5	0.019 5	0.003 8	0.000 4	0.000 0	0.000 0
	2	0.947 0	0.738 2	0.462 8	0.231 8	0.089 8	0.025 0	0.004 3	0.000 3	0.000 0
	3	0.991 7	0.914 4	0.729 7	0.482 6	0.253 9	0.099 4	0.025 3	0.003 1	0.000 1
	4	0.999 1	0.980 4	0.901 2	0.733 4	0.500 0	0.266 6	0.098 8	0.019 6	0.000 9
	5	0.999 9	0.996 9	0.974 7	0.900 6	0.746 1	0.517 4	0.270 3	0.085 6	0.008 3
	6	1.000 0	0.999 7	0.995 7	0.975 0	0.910 2	0.768 2	0.537 2	0.261 8	0.053 0
	7	1.000 0	1.000 0	0.999 6	0.996 2	0.980 5	0.929 5	0.804 0	0.563 8	0.225 2
	8	1.000 0	1.000 0	1.000 0	0.999 7	0.998 0	0.989 9	0.959 6	0.865 8	0.6126
10	0	0.348 7	0.107 4	0.028 2	0.006 0	0.001 0	0.000 1	0.000 0	0.000 0	0.000 0
	1	0.736 1	0.375 8	0.149 3	0.046 4	0.010 7	0.001 7	0.000 1	0.000 0	0.000 0
	2	0.929 8	0.677 8	0.382 8	0.167 3	0.054 7	0.012 3	0.001 6	0.000 1	0.000 0
	3	0.987 2	0.879 1	0.649 6	0.382 3	0.171 9	0.054 8	0.010 6	0.000 9	0.000 0
	4	0.998 4	0.967 2	0.849 7	0.633 1	0.377 0	0.166 2	0.047 3	0.006 4	0.000 1
	5	0.999 9	0.993 6	0.952 7	0.833 8	0.623 0	0.366 9	0.150 3	0.032 8	0.001 6
	6	1.000 0	0.999 1	0.989 4	0.945 2	0.828 1	0.617 7	0.350 4	0.120 9	0.012 8
	7	1.000 0	0.999 9	0.998 4	0.987 7	0.945 3	0.832 7	0.617 2	0.322 2	0.070 2
	8	1.000 0	1.000 0	0.999 9	0.998 3	0.989 3	0.953 6	0.850 7	0.624 2	0.263 9
	9	1.000 0	1.000 0	1.000 0	0.999 9	0.999 0	0.994 0	0.971 8	0.892 6	0.6513
11	0	0.313 8	0.085 9	0.019 8	0.003 6	0.000 5	0.000 0	0.000 0	0.000 0	0.0000
	1	0.697 4	0.322 1	0.113 0	0.030 2	0.005 9	0.000 7	0.000 0	0.000 0	0.000 0
	2	0.910 4	0.617 4	0.312 7	0.118 9	0.032 7	0.005 9	0.000 6	0.000 0	0.000 0
	3	0.981 5	0.838 9	0.569 6	0.296 3	0.113 3	0.029 3	0.004 3	0.000 2	0.000 0
	4	0.997 2	0.949 6	0.789 7	0.532 8	0.274 4	0.099 4	0.021 6	0.002 0	0.000 0
	5	0.999 7	0.988 3	0.921 8	0.753 5	0.500 0	0.246 5	0.078 2	0.011 7	0.000 3
	6	1.000 0	0.998 0	0.978 4	0.900 6	0.725 6	0.467 2	0.210 3	0.050 4	0.002 8
	7	1.000 0	0.999 8	0.995 7	0.970 7	0.886 7	0.703 7	0.430 4	0.161 1	0.018 5
	8	1.000 0	1.000 0	0.999 4	0.994 1	0.967 3	0.881 1	0.687 3	0.382 6	0.089 6
	9	1.000 0	1.000 0	1.000 0	0.999 3	0.994 1	0.969 8	0.887 0	0.677 9	0.302 6
	10	1.000 0	1.000 0	1.000 0	1.000 0	0.999 5	0.996 4	0.980 2	0.914 1	0.686 2

续附表 1

n	x \ p	0.1	0.2	0.3	0.4	0.5	0.6	0.7	0.8	0.9
15	0	0.205 9	0.035 2	0.004 7	0.000 5	0.000 0	0.000 0	0.000 0	0.000 0	0.000 0
	1	0.549 0	0.167 1	0.035 3	0.005 2	0.000 5	0.000 0	0.000 0	0.000 0	0.000 0
	2	0.815 9	0.398 0	0.126 8	0.027 1	0.003 7	0.000 3	0.000 0	0.000 0	0.000 0
	3	0.944 4	0.648 2	0.296 9	0.090 5	0.017 6	0.001 9	0.000 1	0.000 0	0.000 0
	4	0.987 3	0.835 8	0.515 5	0.217 3	0.059 2	0.009 3	0.000 7	0.000 0	0.000 0
	5	0.997 8	0.938 9	0.721 6	0.403 2	0.150 9	0.033 8	0.003 7	0.000 1	0.000 0
	6	0.999 7	0.981 9	0.868 9	0.609 8	0.303 6	0.095 0	0.015 2	0.000 8	0.000 0
	7	1.000 0	0.995 8	0.950 0	0.786 9	0.500 0	0.213 1	0.050 0	0.004 2	0.000 0
	8	1.000 0	0.999 2	0.984 8	0.905 0	0.696 4	0.390 2	0.131 1	0.018 1	0.000 3
	9	1.000 0	0.999 9	0.996 3	0.966 2	0.849 1	0.596 8	0.278 4	0.061 1	0.002 2
	10	1.000 0	1.000 0	0.999 3	0.990 7	0.940 8	0.782 7	0.484 5	0.164 2	0.012 7
	11	1.000 0	1.000 0	0.999 9	0.998 1	0.982 4	0.909 5	0.703 1	0.351 8	0.055 6
	12	1.000 0	1.000 0	1.000 0	0.999 7	0.996 3	0.972 9	0.873 2	0.602 0	0.184 1
	13	1.000 0	1.000 0	1.000 0	1.000 0	0.999 5	0.994 8	0.964 7	0.832 9	0.451 0
	14	1.000 0	1.000 0	1.000 0	1.000 0	1.000 0	0.999 5	0.995 3	0.964 8	0.7941
20	0	0.121 6	0.011 5	0.000 8	0.000 0	0.000 0	0.000 0	0.000 0	0.000 0	0.000 0
	1	0.391 7	0.069 2	0.007 6	0.000 5	0.000 0	0.000 0	0.000 0	0.000 0	0.000 0
	2	0.676 9	0.206 1	0.035 5	0.003 6	0.000 2	0.000 0	0.000 0	0.000 0	0.000 0
	3	0.867 0	0.411 4	0.107 1	0.016 0	0.001 3	0.000 0	0.000 0	0.000 0	0.000 0
	4	0.956 8	0.629 6	0.237 5	0.051 0	0.005 9	0.000 3	0.000 0	0.000 0	0.000 0
	5	0.988 7	0.804 2	0.416 4	0.125 6	0.020 7	0.001 6	0.000 0	0.000 0	0.000 0
	6	0.997 6	0.913 3	0.608 0	0.250 0	0.057 7	0.006 5	0.000 3	0.000 0	0.000 0
	7	0.999 6	0.967 9	0.772 3	0.415 9	0.131 6	0.021 0	0.001 3	0.000 0	0.000 0
	8	0.999 9	0.990 0	0.886 7	0.595 6	0.251 7	0.056 5	0.005 1	0.000 1	0.000 0
	9	1.000 0	0.997 4	0.952 0	0.755 3	0.411 9	0.127 5	0.017 1	0.000 6	0.000 0
	10	1.000 0	0.999 4	0.982 9	0.872 5	0.588 1	0.244 7	0.048 0	0.002 6	0.000 0
	11	1.000 0	0.999 9	0.994 9	0.943 5	0.748 3	0.404 4	0.113 3	0.010 0	0.000 1
	12	1.000 0	1.000 0	0.998 7	0.979 0	0.868 4	0.584 1	0.227 7	0.032 1	0.000 4
	13	1.000 0	1.000 0	0.999 7	0.993 5	0.942 3	0.750 0	0.392 0	0.086 7	0.002 4
	14	1.000 0	1.000 0	1.000 0	0.998 4	0.979 3	0.874 4	0.583 6	0.195 8	0.011 3
	15	1.000 0	1.000 0	1.000 0	0.999 7	0.994 1	0.949 0	0.762 5	0.370 4	0.043 2
	16	1.000 0	1.000 0	1.000 0	1.000 0	0.998 7	0.984 0	0.892 9	0.588 6	0.133 0
	17	1.000 0	1.000 0	1.000 0	1.000 0	0.999 8	0.996 4	0.964 5	0.793 9	0.323 1
	18	1.000 0	1.000 0	1.000 0	1.000 0	1.000 0	0.999 5	0.992 4	0.930 8	0.608 3
	19	1.000 0	1.000 0	1.000 0	1.000 0	1.000 0	1.000 0	0.999 2	0.988 5	0.878 4

附表 2 泊松分布表

$$F(x,\lambda) = \sum_{k=0}^{x} \frac{\lambda^k}{k!} e^{-\lambda}$$

λ \ x	0	1	2	3	4	5	6	7
0.02	0.980 2	0.999 8	1.000 0					
0.04	0.960 8	0.999 2	1.000 0					
0.06	0.941 8	0.998 3	1.000 0					
0.08	0.923 1	0.997 0	0.999 9	1.000 0				
0.10	0.904 8	0.995 3	0.999 8	1.000 0				
0.15	0.860 7	0.989 8	0.999 5	1.000 0				
0.2	0.818 7	0.982 5	0.998 9	0.999 9	1.000 0			
0.25	0.778 8	0.973 5	0.997 8	0.999 9	1.000 0			
0.3	0.740 8	0.963 1	0.995 4	0.999 7	1.000 0			
0.35	0.704 7	0.951 3	0.994 5	0.999 5	1.000 0			
0.4	0.670 3	0.938 4	0.992 1	0.999 2	0.999 9	1.000 0		
0.45	0.637 6	0.924 6	0.989 1	0.998 8	0.999 9	1.000 0		
0.5	0.606 5	0.909 8	0.985 6	0.998 2	0.999 8	1.000 0		
0.55	0.576 9	0.894 3	0.981 5	0.997 5	0.999 7	1.000 0		
0.6	0.548 8	0.878 1	0.976 9	0.996 6	0.999 6	1.000 0		
0.65	0.522 0	0.861 4	0.971 7	0.995 6	0.999 4	0.999 9	1.000 0	
0.7	0.496 6	0.844 2	0.965 9	0.994 2	0.999 2	0.999 9	1.000 0	
0.75	0.472 4	0.826 6	0.959 5	0.992 7	0.998 9	0.999 9	1.000 0	
0.8	0.449 3	0.808 8	0.952 6	0.990 9	0.998 6	0.999 8	1.000 0	
0.85	0.427 4	0.790 7	0.945 1	0.988 9	0.998 2	0.999 7	1.000 0	
0.9	0.406 6	0.772 5	0.937 1	0.986 5	0.997 7	0.999 7	1.000 0	
0.95	0.386 7	0.754 1	0.928 7	0.983 9	0.997 1	0.999 5	0.999 9	1.000 0
1	0.367 9	0.735 8	0.919 7	0.981 0	0.996 3	0.999 4	0.999 9	1.000 0

续附表 2

λ \ x	0	1	2	3	4	5	6	7	8	9	10
1.1	0.332 9	0.699 0	0.900 4	0.974 3	0.994 6	0.999 0	0.999 9	1.000 0			
1.2	0.301 2	0.662 6	0.879 5	0.966 2	0.992 3	0.998 5	0.999 7	1.000 0			
1.3	0.272 5	0.626 8	0.857 1	0.956 9	0.989 3	0.997 8	0.999 6	0.999 9	1.000 0		
1.4	0.246 6	0.591 8	0.833 5	0.946 3	0.985 7	0.996 8	0.999 4	0.999 9	1.000 0		
1.5	0.223 1	0.557 8	0.808 8	0.934 4	0.981 4	0.995 5	0.999 1	0.999 8	1.000 0		
1.6	0.201 9	0.524 9	0.783 4	0.921 2	0.976 3	0.994 0	0.998 7	0.999 7	1.000 0		
1.7	0.182 7	0.493 2	0.757 2	0.906 8	0.970 4	0.992 0	0.998 1	0.999 6	0.999 9	1.000 0	
1.8	0.165 3	0.462 8	0.730 6	0.891 3	0.963 6	0.989 6	0.997 4	0.999 4	0.999 9	1.000 0	
1.9	0.149 6	0.433 7	0.703 7	0.874 7	0.955 9	0.986 8	0.996 6	0.999 2	0.999 8	1.000 0	
2	0.135 3	0.406 0	0.676 7	0.857 1	0.947 3	0.983 4	0.995 5	0.998 9	0.999 8	1.000 0	
2.1	0.122 5	0.379 6	0.649 6	0.838 6	0.937 9	0.979 6	0.994 1	0.998 5	0.999 7	0.999 9	1.000 0
2.2	0.110 8	0.354 6	0.622 7	0.819 4	0.927 5	0.975 1	0.992 5	0.998 0	0.999 5	0.999 9	1.000 0
2.3	0.100 3	0.330 9	0.596 0	0.799 3	0.916 2	0.970 0	0.990 6	0.997 4	0.999 4	0.999 9	1.000 0
2.4	0.090 7	0.308 4	0.569 7	0.778 7	0.904 1	0.964 3	0.988 4	0.996 7	0.999 1	0.999 8	1.000 0

续附表 2

x \ λ	2.6	2.8	3	3.2	3.4	3.6	3.8	4	4.2	4.4	4.6
0	0.074 3	0.060 8	0.049 8	0.040 8	0.033 4	0.027 3	0.022 4	0.018 3	0.015 0	0.012 3	0.010 1
1	0.267 4	0.231 1	0.199 1	0.171 2	0.146 8	0.125 7	0.107 4	0.091 6	0.078 0	0.066 3	0.056 3
2	0.518 4	0.469 5	0.423 2	0.379 9	0.339 7	0.302 7	0.268 9	0.238 1	0.210 2	0.185 1	0.162 6
3	0.736 0	0.691 9	0.647 2	0.602 5	0.558 4	0.515 2	0.473 5	0.433 5	0.395 4	0.359 4	0.325 7
4	0.877 4	0.847 7	0.815 3	0.780 6	0.744 2	0.706 4	0.667 8	0.628 8	0.589 8	0.551 2	0.513 2
5	0.951 0	0.934 9	0.916 1	0.894 6	0.870 5	0.844 1	0.815 6	0.785 1	0.753 1	0.719 9	0.685 8
6	0.982 8	0.975 6	0.966 5	0.955 4	0.942 1	0.926 7	0.909 1	0.889 3	0.867 5	0.843 6	0.818 0
7	0.994 7	0.991 9	0.988 1	0.983 2	0.976 9	0.969 2	0.959 9	0.948 9	0.936 1	0.921 4	0.904 9
8	0.998 5	0.997 6	0.996 2	0.994 3	0.991 7	0.988 3	0.984 0	0.978 6	0.972 1	0.964 2	0.954 9
9	0.999 6	0.999 3	0.998 9	0.998 2	0.997 3	0.996 0	0.994 2	0.991 9	0.988 9	0.985 1	0.980 5
10	0.999 9	0.999 8	0.999 7	0.999 5	0.999 2	0.998 7	0.998 1	0.997 2	0.995 9	0.994 3	0.992 2
11	1.000 0	1.000 0	0.999 9	0.999 9	0.999 8	0.999 6	0.999 4	0.999 1	0.998 6	0.998 0	0.997 1
12			1.000 0	1.000 0	0.999 9	0.999 9	0.999 8	0.999 7	0.999 6	0.999 3	0.999 0
13					1.000 0	1.000 0	1.000 0	0.999 9	0.999 9	0.999 8	0.999 7
14								1.000 0	1.000 0	0.999 9	0.999 9
15										1.000 0	1.000 0

续附表 2

x \ λ	4.8	5	5.2	5.4	5.6	5.8	6	6.2	6.4	6.6	6.8
0	0.008 2	0.006 7	0.005 5	0.004 5	0.003 7	0.003 0	0.002 5	0.002 0	0.001 7	0.001 4	0.001 1
1	0.047 7	0.040 4	0.034 2	0.028 9	0.024 4	0.020 6	0.017 4	0.014 6	0.012 3	0.010 3	0.008 7
2	0.142 5	0.124 7	0.108 8	0.094 8	0.082 4	0.071 5	0.062 0	0.053 6	0.046 3	0.040 0	0.034 4
3	0.294 2	0.265 0	0.238 1	0.213 3	0.190 6	0.170 0	0.151 2	0.134 2	0.118 9	0.105 2	0.092 8
4	0.476 3	0.440 5	0.406 1	0.373 3	0.342 2	0.312 7	0.285 1	0.259 2	0.235 1	0.212 7	0.192 0
5	0.651 0	0.616 0	0.580 9	0.546 1	0.511 9	0.478 3	0.445 7	0.414 1	0.383 7	0.354 7	0.327 0
6	0.790 8	0.762 2	0.732 4	0.701 7	0.670 3	0.638 4	0.606 3	0.574 2	0.542 3	0.510 8	0.479 9
7	0.886 7	0.866 6	0.844 9	0.821 7	0.797 0	0.771 0	0.744 0	0.716 0	0.687 3	0.658 1	0.628 5
8	0.944 2	0.931 9	0.918 1	0.902 7	0.885 7	0.867 2	0.847 2	0.825 9	0.803 3	0.779 6	0.754 8
9	0.974 9	0.968 2	0.960 3	0.951 2	0.940 9	0.929 2	0.916 1	0.901 6	0.885 8	0.868 6	0.850 2
10	0.989 6	0.986 3	0.982 3	0.977 5	0.971 8	0.965 1	0.957 4	0.948 6	0.938 6	0.927 4	0.915 1
11	0.996 0	0.994 5	0.992 7	0.990 4	0.987 5	0.984 1	0.979 9	0.975 0	0.969 3	0.962 7	0.955 2
12	0.998 6	0.998 0	0.997 2	0.996 2	0.994 9	0.993 2	0.991 2	0.988 7	0.985 7	0.982 1	0.977 9
13	0.999 5	0.999 3	0.999 0	0.998 6	0.998 0	0.997 3	0.996 4	0.995 2	0.993 7	0.992 0	0.989 8
14	0.999 9	0.999 8	0.999 7	0.999 5	0.999 3	0.999 0	0.998 6	0.998 1	0.997 4	0.996 6	0.995 6
15	1.000 0	0.999 9	0.999 9	0.999 8	0.999 8	0.999 6	0.999 5	0.999 3	0.999 0	0.998 6	0.998 2
16		1.000 0	1.000 0	0.999 9	0.999 9	0.999 9	0.999 8	0.999 7	0.999 6	0.999 5	0.999 3
17				1.000 0	1.000 0	1.000 0	0.999 9	0.999 9	0.999 9	0.999 8	0.999 7
18							1.000 0	1.000 0	1.000 0	0.999 9	0.999 9
19										1.000 0	1.000 0

续附表 2

x \ λ	7	7.2	7.4	7.6	7.8	8	8.2	8.4	8.6	8.8	9
0	0.000 9	0.000 7	0.000 6	0.000 5	0.000 4	0.000 3	0.000 3	0.000 2	0.000 2	0.000 2	0.000 1
1	0.007 3	0.006 1	0.005 1	0.004 3	0.003 6	0.003 0	0.002 5	0.002 1	0.001 8	0.001 5	0.001 2
2	0.029 6	0.025 5	0.021 9	0.018 8	0.016 1	0.013 8	0.011 8	0.010 0	0.008 6	0.007 3	0.006 2
3	0.081 8	0.071 9	0.063 2	0.055 4	0.048 5	0.042 4	0.037 0	0.032 3	0.028 1	0.024 4	0.021 2
4	0.173 0	0.155 5	0.139 5	0.124 9	0.111 7	0.099 6	0.088 7	0.078 9	0.070 1	0.062 1	0.055 0
5	0.300 7	0.275 9	0.252 6	0.230 7	0.210 3	0.191 2	0.173 6	0.157 3	0.142 2	0.128 4	0.115 7
6	0.449 7	0.420 4	0.392 0	0.364 6	0.338 4	0.313 4	0.289 6	0.267 0	0.245 7	0.225 6	0.206 8
7	0.598 7	0.568 9	0.539 3	0.510 0	0.481 2	0.453 0	0.425 4	0.398 7	0.372 8	0.347 8	0.323 9
8	0.729 1	0.702 7	0.675 7	0.648 2	0.620 4	0.592 5	0.564 7	0.536 9	0.509 4	0.482 3	0.455 7
9	0.830 5	0.809 6	0.787 7	0.764 9	0.741 1	0.716 6	0.691 5	0.665 9	0.640 0	0.613 7	0.587 4
10	0.901 5	0.886 7	0.870 7	0.853 5	0.835 2	0.815 9	0.795 5	0.774 3	0.752 2	0.729 4	0.706 0
11	0.946 7	0.937 1	0.926 5	0.914 8	0.902 0	0.888 1	0.873 1	0.857 1	0.840 0	0.822 0	0.803 0
12	0.973 0	0.967 3	0.960 9	0.953 6	0.945 4	0.936 2	0.926 1	0.915 0	0.902 9	0.889 8	0.875 8
13	0.987 2	0.984 1	0.980 5	0.976 2	0.971 4	0.965 8	0.959 5	0.952 4	0.944 5	0.935 8	0.926 1
14	0.994 3	0.992 7	0.990 8	0.988 6	0.985 9	0.982 7	0.979 1	0.974 9	0.970 1	0.964 7	0.958 5
15	0.997 6	0.996 9	0.995 9	0.994 8	0.993 4	0.991 8	0.989 8	0.987 5	0.984 8	0.981 6	0.978 0
16	0.999 0	0.998 7	0.998 3	0.997 8	0.997 1	0.996 3	0.995 3	0.994 1	0.992 6	0.990 9	0.988 9
17	0.999 6	0.999 5	0.999 3	0.999 1	0.998 8	0.998 4	0.997 9	0.997 3	0.996 6	0.995 7	0.994 7
18	0.999 9	0.999 8	0.999 7	0.999 6	0.999 5	0.999 3	0.999 1	0.998 9	0.998 5	0.998 1	0.997 6
19	1.000 0	0.999 9	0.999 9	0.999 9	0.999 8	0.999 7	0.999 7	0.999 5	0.999 4	0.999 2	0.998 9
20		1.000 0	1.000 0	1.000 0	0.999 9	0.999 9	0.999 9	0.999 8	0.999 8	0.999 7	0.999 6
21					1.000 0	1.000 0	1.000 0	0.999 9	0.999 9	0.999 9	0.999 8
22								1.000 0	1.000 0	1.000 0	0.999 9
23											1.000 0

续附表 2

x \ λ	9.5	10	10.5	11	11.5	12	12.5	13	13.5	14	14.5
0	0.000 1	0.000 0	0.000 0	0.000 0	0.000 0	0.000 0	0.000 0	0.000 0	0.000 0	0.000 0	0.000 0
1	0.000 8	0.000 5	0.000 3	0.000 2	0.000 1	0.000 1	0.000 1	0.000 0	0.000 0	0.000 0	0.000 0
2	0.004 2	0.002 8	0.001 8	0.001 2	0.000 8	0.000 5	0.000 3	0.000 2	0.000 1	0.000 1	0.000 1
3	0.014 9	0.010 3	0.007 1	0.004 9	0.003 4	0.002 3	0.001 6	0.001 1	0.000 7	0.000 5	0.000 3
4	0.040 3	0.029 3	0.021 1	0.015 1	0.010 7	0.007 6	0.005 3	0.003 7	0.002 6	0.001 8	0.001 2
5	0.088 5	0.067 1	0.050 4	0.037 5	0.027 7	0.020 3	0.014 8	0.010 7	0.007 7	0.005 5	0.003 9
6	0.164 9	0.130 1	0.101 6	0.078 6	0.060 3	0.045 8	0.034 6	0.025 9	0.019 3	0.014 2	0.010 5
7	0.268 7	0.220 2	0.178 5	0.143 2	0.113 7	0.089 5	0.069 8	0.054 0	0.041 5	0.031 6	0.023 9
8	0.391 8	0.332 8	0.279 4	0.232 0	0.190 6	0.155 0	0.124 9	0.099 8	0.079 0	0.062 1	0.048 4
9	0.521 8	0.457 9	0.397 1	0.340 5	0.288 8	0.242 4	0.201 4	0.165 8	0.135 3	0.109 4	0.087 8
10	0.645 3	0.583 0	0.520 7	0.459 9	0.401 7	0.347 2	0.297 1	0.251 7	0.211 2	0.175 7	0.144 9
11	0.752 0	0.696 8	0.638 7	0.579 3	0.519 8	0.461 6	0.405 8	0.353 2	0.304 5	0.260 0	0.220 1
12	0.836 4	0.791 6	0.742 0	0.688 7	0.632 9	0.576 0	0.519 0	0.463 1	0.409 3	0.358 5	0.311 1
13	0.898 1	0.864 5	0.825 3	0.781 3	0.733 0	0.681 5	0.627 8	0.573 0	0.518 2	0.464 4	0.412 5
14	0.940 0	0.916 5	0.887 9	0.854 0	0.815 3	0.772 0	0.725 0	0.675 1	0.623 3	0.570 4	0.517 6
15	0.966 5	0.951 3	0.931 7	0.907 4	0.878 3	0.844 4	0.806 0	0.763 6	0.717 8	0.669 4	0.619 2

续附表 2

x \ λ	9.5	10	10.5	11	11.5	12	12.5	13	13.5	14	14.5
16	0.982 3	0.973 0	0.960 4	0.944 1	0.923 6	0.898 7	0.869 3	0.835 5	0.797 5	0.755 9	0.711 2
17	0.991 1	0.985 7	0.978 1	0.967 8	0.954 2	0.937 0	0.915 8	0.890 5	0.860 9	0.827 2	0.789 7
18	0.995 7	0.992 8	0.988 5	0.982 3	0.973 8	0.962 6	0.948 1	0.930 2	0.908 4	0.882 6	0.853 0
19	0.998 0	0.996 5	0.994 2	0.990 7	0.985 7	0.978 7	0.969 4	0.957 3	0.942 1	0.923 5	0.901 2
20	0.999 1	0.998 4	0.997 2	0.995 3	0.992 5	0.988 4	0.982 7	0.975 0	0.964 9	0.952 1	0.936 2
21	0.999 6	0.999 3	0.998 7	0.997 7	0.996 2	0.993 9	0.990 6	0.985 9	0.979 6	0.971 2	0.960 4
22	0.999 9	0.999 7	0.999 4	0.999 0	0.998 2	0.997 0	0.995 1	0.992 4	0.988 5	0.983 3	0.976 3
23	0.999 9	0.999 9	0.999 8	0.999 5	0.999 2	0.998 5	0.997 5	0.996 0	0.993 8	0.990 7	0.986 3
24	1.000 0	1.000 0	0.999 9	0.999 8	0.999 6	0.999 3	0.998 8	0.998 0	0.996 8	0.995 0	0.992 4
25			1.000 0	0.999 9	0.999 8	0.999 7	0.999 4	0.999 0	0.998 4	0.997 4	0.995 9
26				1.000 0	0.999 9	0.999 9	0.999 7	0.999 5	0.999 2	0.998 7	0.997 9
27					1.000 0	0.999 9	0.999 9	0.999 8	0.999 6	0.999 4	0.998 9
28						1.000 0	1.000 0	0.999 9	0.999 8	0.999 7	0.999 5
29								1.000 0	0.999 9	0.999 9	0.999 8

附表 3 标准正态分布表

$$\Phi(x) = \frac{1}{\sqrt{2\pi}}\int_{-\infty}^{x} e^{-\frac{t^2}{2}}dt$$

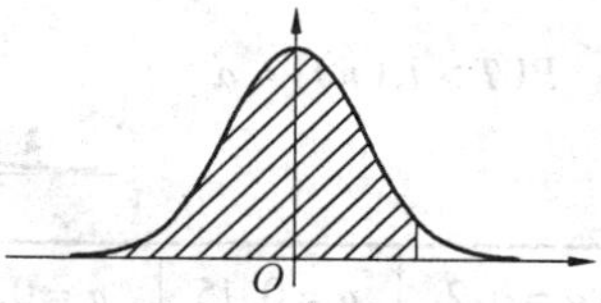

x	0.00	0.01	0.02	0.03	0.04	0.05	0.06	0.07	0.08	0.09
0.0	0.500 0	0.504 0	0.508 0	0.512 0	0.516 0	0.519 9	0.523 9	0.527 9	0.531 9	0.535 9
0.1	0.539 8	0.543 8	0.547 8	0.551 7	0.555 7	0.559 6	0.563 6	0.567 5	0.571 4	0.575 3
0.2	0.579 3	0.583 2	0.587 1	0.591 0	0.594 8	0.598 7	0.602 6	0.606 4	0.610 3	0.614 1
0.3	0.617 9	0.621 7	0.625 5	0.629 3	0.633 1	0.636 8	0.640 6	0.644 3	0.648 0	0.651 7
0.4	0.655 4	0.659 1	0.662 8	0.666 4	0.670 0	0.673 6	0.677 2	0.680 8	0.684 4	0.687 9
0.5	0.691 5	0.695 0	0.698 5	0.701 9	0.705 4	0.708 8	0.712 3	0.715 7	0.719 0	0.722 4
0.6	0.725 7	0.729 1	0.732 4	0.735 7	0.738 9	0.742 2	0.745 4	0.748 6	0.751 7	0.754 9
0.7	0.758 0	0.761 1	0.764 2	0.767 3	0.770 4	0.773 4	0.776 4	0.779 4	0.782 3	0.785 2
0.8	0.788 1	0.791 0	0.793 9	0.796 7	0.799 5	0.802 3	0.805 1	0.807 8	0.810 6	0.813 3
0.9	0.815 9	0.818 6	0.821 2	0.823 8	0.826 4	0.828 9	0.831 5	0.834 0	0.836 5	0.838 9
1.0	0.841 3	0.843 8	0.846 1	0.848 5	0.850 8	0.853 1	0.855 4	0.857 7	0.859 9	0.862 1
1.1	0.864 3	0.866 5	0.868 6	0.870 8	0.872 9	0.874 9	0.877 0	0.879 0	0.881 0	0.883 0
1.2	0.884 9	0.886 9	0.888 8	0.890 7	0.892 5	0.894 4	0.896 2	0.898 0	0.899 7	0.901 5
1.3	0.903 2	0.904 9	0.906 6	0.908 2	0.909 9	0.911 5	0.913 1	0.914 7	0.916 2	0.917 7
1.4	0.919 2	0.920 7	0.922 2	0.923 6	0.925 1	0.926 5	0.927 9	0.929 2	0.930 6	0.931 9
1.5	0.933 2	0.934 5	0.935 7	0.937 0	0.938 2	0.939 4	0.940 6	0.941 8	0.942 9	0.944 1
1.6	0.945 2	0.946 3	0.947 4	0.948 4	0.949 5	0.950 5	0.951 5	0.952 5	0.953 5	0.954 5
1.7	0.955 4	0.956 4	0.957 3	0.958 2	0.959 1	0.959 9	0.960 8	0.961 6	0.962 5	0.963 3
1.8	0.964 1	0.964 9	0.965 6	0.966 4	0.967 1	0.967 8	0.968 6	0.969 3	0.969 9	0.970 6
1.9	0.971 3	0.971 9	0.972 6	0.973 2	0.973 8	0.974 4	0.975 0	0.975 6	0.976 1	0.976 7
2.0	0.977 2	0.977 8	0.978 3	0.978 8	0.979 3	0.979 8	0.980 3	0.980 8	0.981 2	0.981 7
2.1	0.982 1	0.982 6	0.983 0	0.983 4	0.983 8	0.984 2	0.984 6	0.985 0	0.985 4	0.985 7
2.2	0.986 1	0.986 4	0.986 8	0.987 1	0.987 5	0.987 8	0.988 1	0.988 4	0.988 7	0.989 0
2.3	0.989 3	0.989 6	0.989 8	0.990 1	0.990 4	0.990 6	0.990 9	0.991 1	0.991 3	0.991 6
2.4	0.991 8	0.992 0	0.992 2	0.992 5	0.992 7	0.992 9	0.993 1	0.993 2	0.993 4	0.993 6
2.5	0.993 8	0.994 0	0.994 1	0.994 3	0.994 5	0.994 6	0.994 8	0.994 9	0.995 1	0.995 2
2.6	0.995 3	0.995 5	0.995 6	0.995 7	0.995 9	0.996 0	0.996 1	0.996 2	0.996 3	0.996 4
2.7	0.996 5	0.996 6	0.996 7	0.996 8	0.996 9	0.997 0	0.997 1	0.997 2	0.997 3	0.997 4
2.8	0.997 4	0.997 5	0.997 6	0.997 7	0.997 7	0.997 8	0.997 9	0.997 9	0.998 0	0.998 1
2.9	0.998 1	0.998 2	0.998 2	0.998 3	0.998 4	0.998 4	0.998 5	0.998 5	0.998 6	0.998 6
3.0	0.998 7	0.998 7	0.998 7	0.998 8	0.998 8	0.998 9	0.998 9	0.998 9	0.999 0	0.999 0
3.1	0.999 0	0.999 1	0.999 1	0.999 1	0.999 2	0.999 2	0.999 2	0.999 2	0.999 3	0.999 3
3.2	0.999 3	0.999 3	0.999 4	0.999 4	0.999 4	0.999 4	0.999 4	0.999 5	0.999 5	0.999 5
3.3	0.999 5	0.999 5	0.999 5	0.999 6	0.999 6	0.999 6	0.999 6	0.999 6	0.999 6	0.999 7
3.4	0.999 7	0.999 7	0.999 7	0.999 7	0.999 7	0.999 7	0.999 7	0.999 7	0.999 7	0.999 8
3.5	0.999 8									
4.0	0.999 97									
5.0	0.999 999 713									

附表 4　t 分布表

$P(T > t_\alpha(n)) = \alpha$

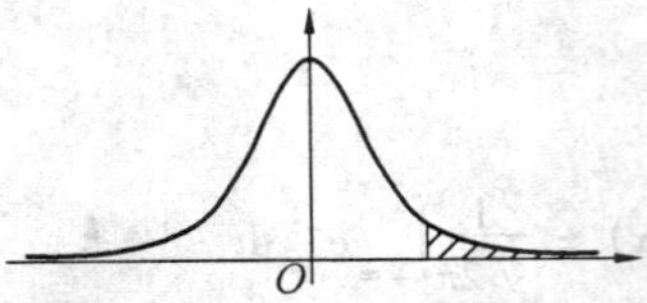

n	$\alpha = 0.25$	$\alpha = 0.2$	$\alpha = 0.15$	$\alpha = 0.1$	$\alpha = 0.05$	$\alpha = 0.025$	$\alpha = 0.01$	$\alpha = 0.005$
1	1.000 0	1.376 4	1.962 6	3.077 7	6.313 8	12.706 2	31.820 5	63.656 7
2	0.816 5	1.060 7	1.386 2	1.885 6	2.920 0	4.302 7	6.964 6	9.924 8
3	0.764 9	0.978 5	1.249 8	1.637 7	2.353 4	3.182 4	4.540 7	5.840 9
4	0.740 7	0.941 0	1.189 6	1.533 2	2.131 8	2.776 4	3.746 9	4.604 1
5	0.726 7	0.919 5	1.155 8	1.475 9	2.015 0	2.570 6	3.364 9	4.032 1
6	0.717 6	0.905 7	1.134 2	1.439 8	1.943 2	2.446 9	3.142 7	3.707 4
7	0.711 1	0.896 0	1.119 2	1.414 9	1.894 6	2.364 6	2.998 0	3.499 5
8	0.706 4	0.888 9	1.108 1	1.396 8	1.859 5	2.306 0	2.896 5	3.355 4
9	0.702 7	0.883 4	1.099 7	1.383 0	1.833 1	2.262 2	2.821 4	3.249 8
10	0.699 8	0.879 1	1.093 1	1.372 2	1.812 5	2.228 1	2.763 8	3.169 3
11	0.697 4	0.875 5	1.087 7	1.363 4	1.795 9	2.201 0	2.718 1	3.105 8
12	0.695 5	0.872 6	1.083 2	1.356 2	1.782 3	2.178 8	2.681 0	3.054 5
13	0.693 8	0.870 2	1.079 5	1.350 2	1.770 9	2.160 4	2.650 3	3.012 3
14	0.692 4	0.868 1	1.076 3	1.345 0	1.761 3	2.144 8	2.624 5	2.976 8
15	0.691 2	0.866 2	1.073 5	1.340 6	1.753 1	2.131 4	2.602 5	2.9467
16	0.690 1	0.864 7	1.071 1	1.336 8	1.745 9	2.119 9	2.583 5	2.920 8
17	0.689 2	0.863 3	1.069 0	1.333 4	1.739 6	2.109 8	2.566 9	2.898 2
18	0.688 4	0.862 0	1.067 2	1.330 4	1.734 1	2.100 9	2.552 4	2.878 4
19	0.687 6	0.861 0	1.065 5	1.327 7	1.729 1	2.093 0	2.539 5	2.860 9
20	0.687 0	0.860 0	1.064 0	1.325 3	1.724 7	2.086 0	2.528 0	2.845 3
21	0.686 4	0.859 1	1.062 7	1.323 2	1.720 7	2.079 6	2.517 6	2.831 4
22	0.685 8	0.858 3	1.061 4	1.321 2	1.717 1	2.073 9	2.508 3	2.818 8
23	0.685 3	0.857 5	1.060 3	1.319 5	1.713 9	2.068 7	2.499 9	2.807 3
24	0.684 8	0.856 9	1.059 3	1.317 8	1.710 9	2.063 9	2.492 2	2.796 9
25	0.684 4	0.856 2	1.058 4	1.316 3	1.708 1	2.059 5	2.485 1	2.787 4
26	0.684 0	0.855 7	1.057 5	1.315 0	1.705 6	2.055 5	2.478 6	2.778 7
27	0.683 7	0.855 1	1.056 7	1.313 7	1.703 3	2.051 8	2.472 7	2.770 7
28	0.683 4	0.854 6	1.056 0	1.312 5	1.701 1	2.048 4	2.467 1	2.763 3
29	0.683 0	0.854 2	1.055 3	1.311 4	1.699 1	2.045 2	2.462 0	2.756 4
30	0.682 8	0.853 8	1.054 7	1.310 4	1.697 3	2.042 3	2.457 3	2.750 0
31	0.682 5	0.853 4	1.054 1	1.309 5	1.695 5	2.039 5	2.452 8	2.744 0
32	0.682 2	0.853 0	1.053 5	1.308 6	1.693 9	2.036 9	2.448 7	2.738 5
33	0.682 0	0.852 6	1.053 0	1.307 7	1.692 4	2.034 5	2.444 8	2.733 3
34	0.681 8	0.852 3	1.052 5	1.307 0	1.690 9	2.032 2	2.441 1	2.728 4
35	0.681 6	0.852 0	1.052 0	1.306 2	1.689 6	2.030 1	2.437 7	2.723 8

续附表 4

n	$\alpha=0.25$	$\alpha=0.2$	$\alpha=0.15$	$\alpha=0.1$	$\alpha=0.05$	$\alpha=0.025$	$\alpha=0.01$	$\alpha=0.005$
36	0.681 4	0.851 7	1.051 6	1.305 5	1.688 3	2.028 1	2.434 5	2.719 5
37	0.681 2	0.851 4	1.051 2	1.304 9	1.687 1	2.026 2	2.431 4	2.715 4
38	0.681 0	0.851 2	1.050 8	1.304 2	1.686 0	2.024 4	2.428 6	2.711 6
39	0.680 8	0.850 9	1.050 4	1.303 6	1.684 9	2.022 7	2.425 8	2.707 9
40	0.680 7	0.850 7	1.050 0	1.303 1	1.683 9	2.021 1	2.423 3	2.704 5
41	0.680 5	0.850 5	1.049 7	1.302 5	1.682 9	2.019 5	2.420 8	2.701 2
42	0.680 4	0.850 3	1.049 4	1.302 0	1.682 0	2.018 1	2.418 5	2.698 1
43	0.680 2	0.850 1	1.049 1	1.301 6	1.681 1	2.016 7	2.416 3	2.695 1
44	0.680 1	0.849 9	1.048 8	1.301 1	1.680 2	2.015 4	2.414 1	2.692 3
45	0.680 0	0.849 7	1.048 5	1.300 6	1.679 4	2.014 1	2.412 1	2.689 6
46	0.679 9	0.849 5	1.048 3	1.300 2	1.678 7	2.012 9	2.410 2	2.687 0
47	0.679 7	0.849 3	1.048 0	1.299 8	1.677 9	2.011 7	2.408 3	2.684 6
48	0.679 6	0.849 2	1.047 8	1.299 4	1.677 2	2.010 6	2.406 6	2.682 2
49	0.679 5	0.849 0	1.047 5	1.299 1	1.676 6	2.009 6	2.404 9	2.680 0
50	0.679 4	0.848 9	1.047 3	1.298 7	1.675 9	2.008 6	2.403 3	2.677 8

附表 5 χ^2 分布表

$$1-F(x,n)=P\{\chi^2>\chi^2_\alpha(n)\}=\alpha$$

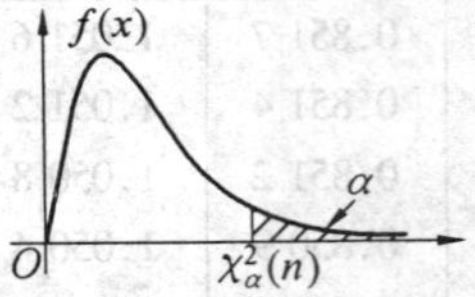

n \ α	0.995	0.99	0.975	0.95	0.9	0.75
1	0.000 0	0.000 2	0.001 0	0.003 9	0.015 8	0.101 5
2	0.010 0	0.020 1	0.050 6	0.102 6	0.210 7	0.575 4
3	0.071 7	0.114 8	0.215 8	0.351 8	0.584 4	1.212 5
4	0.207 0	0.297 1	0.484 4	0.710 7	1.063 6	1.922 6
5	0.411 7	0.554 3	0.831 2	1.145 5	1.610 3	2.674 6
6	0.675 7	0.872 1	1.237 3	1.635 4	2.204 1	3.454 6
7	0.989 3	1.239 0	1.689 9	2.167 3	2.833 1	4.254 9
8	1.344 4	1.646 5	2.179 7	2.732 6	3.489 5	5.070 6
9	1.734 9	2.087 9	2.700 4	3.325 1	4.168 2	5.898 8
10	2.155 9	2.558 2	3.247 0	3.940 3	4.865 2	6.737 2
11	2.603 2	3.053 5	3.815 7	4.574 8	5.577 8	7.584 1
12	3.073 8	3.570 6	4.403 8	5.226 0	6.303 8	8.438 4
13	3.565 0	4.106 9	5.008 8	5.891 9	7.041 5	9.299 1
14	4.074 7	4.660 4	5.628 7	6.570 6	7.789 5	10.165 3
15	4.600 9	5.229 3	6.262 1	7.260 9	8.546 8	11.036 5
16	5.142 2	5.812 2	6.907 7	7.961 6	9.312 2	11.912 2
17	5.697 2	6.407 8	7.564 2	8.671 8	10.085 2	12.791 9
18	6.264 8	7.014 9	8.230 7	9.390 5	10.864 9	13.675 3
19	6.844 0	7.632 7	8.906 5	10.117 0	11.650 9	14.562 0
20	7.433 8	8.260 4	9.590 8	10.850 8	12.442 6	15.451 8
21	8.033 7	8.897 2	10.282 9	11.591 3	13.239 6	16.344 4
22	8.642 7	9.542 5	10.982 3	12.338 0	14.041 5	17.239 6
23	9.260 4	10.195 7	11.688 6	13.090 5	14.848 0	18.137 3
24	9.886 2	10.856 4	12.401 2	13.848 4	15.658 7	19.037 3
25	10.519 7	11.524 0	13.119 7	14.611 4	16.473 4	19.939 3
26	11.160 2	12.198 1	13.843 9	15.379 2	17.291 9	20.843 4
27	11.807 6	12.878 5	14.573 4	16.151 4	18.113 9	21.749 4
28	12.461 3	13.564 7	15.307 9	16.927 9	18.939 2	22.657 2
29	13.121 1	14.256 5	16.047 1	17.708 4	19.767 7	23.566 6
30	13.786 7	14.953 5	16.790 8	18.492 7	20.599 2	24.477 6
31	14.457 8	15.655 5	17.538 7	19.280 6	21.433 6	25.390 1
32	15.134 0	16.362 2	18.290 8	20.071 9	22.270 6	26.304 1
33	15.815 3	17.073 5	19.046 7	20.866 5	23.110 2	27.219 4
34	16.501 3	17.789 1	19.806 3	21.664 3	23.952 3	28.136 1

续附表 5

α / n	0.995	0.99	0.975	0.95	0.9	0.75
35	17.191 8	18.508 9	20.569 4	22.465 0	24.796 7	29.054 0
36	17.886 7	19.232 7	21.335 9	23.268 6	25.643 3	29.973 0
37	18.585 8	19.960 2	22.105 6	24.074 9	26.492 1	30.893 3
38	19.288 9	20.691 4	22.878 5	24.883 9	27.343 0	31.814 6
39	19.995 9	21.426 2	23.654 3	25.695 4	28.195 8	32.736 9
40	20.706 5	22.164 3	24.433 0	26.509 3	29.050 5	33.660 3
41	21.420 8	22.905 6	25.214 5	27.325 6	29.907 1	34.584 6
42	22.138 5	23.650 1	25.998 7	28.144 0	30.765 4	35.509 9
43	22.859 5	24.397 6	26.785 4	28.964 7	31.625 5	36.436 1
44	23.583 7	25.148 0	27.574 6	29.787 5	32.487 1	37.363 1
45	24.311 0	25.901 3	28.366 2	30.612 3	33.350 4	38.291 0
46	25.041 3	26.657 2	29.160 1	31.439 0	34.215 2	39.219 7
47	25.774 6	27.415 8	29.956 2	32.267 6	35.081 4	40.149 2
48	26.510 6	28.177 0	30.754 5	33.098 1	35.949 1	41.079 4
49	27.249 3	28.940 6	31.554 9	33.930 3	36.818 2	42.010 4
50	27.990 7	29.706 7	32.357 4	34.764 3	37.688 6	42.942 1

续附表 5

α / n	0.25	0.10	0.05	0.025	0.01	0.005
1	1.323 3	2.705 5	3.841 5	5.023 9	6.634 9	7.8794
2	2.772 6	4.605 2	5.991 5	7.377 8	9.210 3	10.596 6
3	4.108 3	6.251 4	7.814 7	9.348 4	11.344 9	12.838 2
4	5.385 3	7.779 4	9.487 7	11.143 3	13.276 7	14.860 3
5	6.625 7	9.236 4	11.070 5	12.832 5	15.086 3	16.749 6
6	7.840 8	10.644 6	12.591 6	14.449 4	16.811 9	18.547 6
7	9.037 1	12.017 0	14.067 1	16.012 8	18.475 3	20.277 7
8	10.218 9	13.361 6	15.507 3	17.534 5	20.090 2	21.955 0
9	11.388 8	14.683 7	16.919 0	19.022 8	21.666 0	23.589 4
10	12.548 9	15.987 2	18.307 0	20.483 2	23.209 3	25.188 2
11	13.700 7	17.275 0	19.675 1	21.920 0	24.725 0	26.756 8
12	14.845 4	18.549 3	21.026 1	23.336 7	26.217 0	28.299 5
13	15.983 9	19.811 9	22.362 0	24.735 6	27.688 2	29.819 5
14	17.116 9	21.064 1	23.684 8	26.118 9	29.141 2	31.319 3
15	18.245 1	22.307 1	24.995 8	27.488 4	30.577 9	32.801 3
16	19.368 9	23.541 8	26.296 2	28.845 4	31.999 9	34.267 2
17	20.488 7	24.769 0	27.587 1	30.191 0	33.408 7	35.718 5
18	21.604 9	25.989 4	28.869 3	31.526 4	34.805 3	37.156 5
19	22.717 8	27.203 6	30.143 5	32.852 3	36.190 9	38.582 3
20	23.827 7	28.412 0	31.410 4	34.169 6	37.566 2	39.9968

续附表 5

n \ α	0.25	0.10	0.05	0.025	0.01	0.005
21	24.934 8	29.615 1	32.670 6	35.478 9	38.932 2	41.401 1
22	26.039 3	30.813 3	33.924 4	36.780 7	40.289 4	42.795 7
23	27.141 3	32.006 9	35.172 5	38.075 6	41.638 4	44.181 3
24	28.241 2	33.196 2	36.415 0	39.364 1	42.979 8	45.558 5
25	29.338 9	34.381 6	37.652 5	40.646 5	44.314 1	46.927 9
26	30.434 6	35.563 2	38.885 1	41.923 2	45.641 7	48.289 9
27	31.528 4	36.741 2	40.113 3	43.194 5	46.962 9	49.644 9
28	32.620 5	37.915 9	41.337 1	44.460 8	48.278 2	50.993 4
29	33.710 9	39.087 5	42.557 0	45.722 3	49.587 9	52.335 6
30	34.799 7	40.256 0	43.773 0	46.979 2	50.892 2	53.672 0
31	35.887 1	41.421 7	44.985 3	48.231 9	52.191 4	55.002 7
32	36.973 0	42.584 7	46.194 3	49.480 4	53.485 8	56.328 1
33	38.057 5	43.745 2	47.399 9	50.725 1	54.775 5	57.648 4
34	39.140 8	44.903 2	48.602 4	51.966 0	56.060 9	58.963 9
35	40.222 8	46.058 8	49.801 8	53.203 3	57.342 1	60.274 8
36	41.303 6	47.212 2	50.998 5	54.437 3	58.619 2	61.581 2
37	42.383 3	48.363 4	52.192 3	55.668 0	59.892 5	62.883 3
38	43.461 9	49.512 6	53.383 5	56.895 5	61.162 1	64.181 4
39	44.539 5	50.659 8	54.572 2	58.120 1	62.428 1	65.475 6
40	45.616 0	51.805 1	55.758 5	59.341 7	63.690 7	66.766 0
41	46.691 6	52.948 5	56.942 4	60.560 6	64.950 1	68.052 7
42	47.766 3	54.090 2	58.124 0	61.776 8	66.206 2	69.336 0
43	48.840 0	55.230 2	59.303 5	62.990 4	67.459 3	70.615 9
44	49.912 9	56.368 5	60.480 9	64.201 5	68.709 5	71.892 6
45	50.984 9	57.505 3	61.656 2	65.410 2	69.956 8	73.166 1
46	52.056 2	58.640 5	62.829 6	66.616 5	71.201 4	74.436 5
47	53.126 7	59.774 3	64.001 1	67.820 6	72.443 3	75.704 1
48	54.196 4	60.906 6	65.170 8	69.022 6	73.682 6	76.968 8
49	55.265 3	62.037 5	66.338 6	70.222 4	74.919 5	78.230 7
50	56.333 6	63.167 1	67.504 8	71.420 2	76.153 9	79.490 0

附表 6 F 分布表

$$1-F(x\mid n_1,n_2)=P\{F>F_\alpha(n_1,n_2)\}=\alpha$$

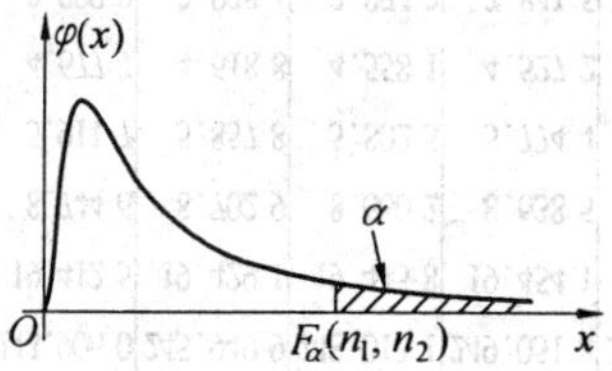

($\alpha=0.10$)

n_2 \ n_1	1	2	3	4	5	6	7	8	9	10	12	15	20	24	30	40	60	120	∞
1	39.863 5	49.500 0	53.593 2	55.833 0	57.240 1	58.204 4	58.906 0	59.439 0	59.857 6	60.195 0	60.705 2	61.220 3	61.740 3	62.002 0	62.265 0	62.529 1	62.794 3	63.060 6	63.312 0
2	8.526 3	9.000 0	9.161 8	9.243 4	9.292 6	9.325 5	9.349 1	9.366 8	9.380 5	9.391 6	9.408 1	9.424 7	9.441 3	9.449 6	9.457 9	9.466 2	9.474 6	9.482 9	9.490 7
3	5.538 3	5.462 4	5.390 8	5.342 6	5.309 2	5.284 7	5.266 2	5.251 7	5.240 0	5.230 4	5.215 6	5.200 3	5.184 5	5.176 4	5.168 1	5.159 7	5.151 2	5.142 5	5.134 2
4	4.544 8	4.324 6	4.190 9	4.107 2	4.050 6	4.009 7	3.979 0	3.954 9	3.935 7	3.919 9	3.895 5	3.870 4	3.844 3	3.831 0	3.817 4	3.803 6	3.789 6	3.775 3	3.761 6
5	4.060 4	3.779 7	3.619 5	3.520 2	3.453 0	3.404 5	3.367 9	3.339 3	3.316 3	3.297 4	3.268 2	3.238 0	3.206 7	3.190 5	3.174 1	3.157 3	3.140 2	3.122 8	3.106 1
6	3.775 9	3.463 3	3.288 8	3.180 8	3.107 5	3.054 6	3.014 5	2.983 0	2.957 7	2.936 9	2.904 7	2.871 2	2.836 3	2.818 3	2.800 0	2.781 2	2.762 0	2.742 3	2.723 4
7	3.589 4	3.257 4	3.074 1	2.960 5	2.883 3	2.827 4	2.784 9	2.751 6	2.724 7	2.702 5	2.668 1	2.632 2	2.594 7	2.575 3	2.555 5	2.535 1	2.514 2	2.492 8	2.472 1
8	3.457 9	3.113 1	2.923 8	2.806 4	2.726 4	2.668 3	2.624 1	2.589 3	2.561 2	2.538 0	2.502 0	2.464 2	2.424 6	2.404 1	2.383 0	2.361 4	2.339 1	2.316 2	2.294 0
9	3.360 3	3.006 5	2.812 9	2.692 7	2.610 6	2.550 9	2.505 3	2.469 4	2.440 3	2.416 3	2.378 9	2.339 6	2.298 3	2.276 8	2.254 7	2.232 0	2.208 5	2.184 3	2.160 8
10	3.285 0	2.924 5	2.727 7	2.605 3	2.521 6	2.460 6	2.414 0	2.377 2	2.347 3	2.322 6	2.284 1	2.243 5	2.200 7	2.178 4	2.155 4	2.131 7	2.107 2	2.081 8	2.057 0
11	3.225 2	2.859 5	2.660 2	2.536 2	2.451 2	2.389 1	2.341 6	2.304 0	2.273 5	2.248 2	2.208 7	2.167 1	2.123 0	2.100 0	2.076 2	2.051 6	2.026 1	1.999 7	1.973 8
12	3.176 5	2.806 8	2.605 5	2.480 1	2.394 0	2.331 0	2.282 8	2.244 6	2.213 5	2.187 8	2.147 4	2.104 9	2.059 7	2.036 0	2.011 5	1.986 1	1.959 7	1.932 3	1.905 4
13	3.136 2	2.763 2	2.560 3	2.433 7	2.346 7	2.283 0	2.234 1	2.195 3	2.163 8	2.137 6	2.096 6	2.053 2	2.007 0	1.982 7	1.957 6	1.931 5	1.904 3	1.875 9	1.848 0
14	3.102 2	2.726 5	2.522 2	2.394 7	2.306 9	2.242 6	2.193 1	2.153 9	2.122 0	2.095 4	2.053 7	2.009 5	1.962 5	1.937 7	1.911 9	1.885 2	1.857 2	1.828 0	1.799 2
15	3.073 2	2.695 2	2.489 8	2.361 4	2.273 0	2.208 1	2.158 2	2.118 5	2.086 2	2.059 3	2.017 1	1.972 2	1.924 3	1.899 0	1.872 8	1.845 4	1.816 8	1.786 7	1.757 0
16	3.048 1	2.668 2	2.461 8	2.332 7	2.243 8	2.178 3	2.128 0	2.088 0	2.055 3	2.028 1	1.985 4	1.939 9	1.891 3	1.865 6	1.838 8	1.810 8	1.781 6	1.750 7	1.720 2
17	3.026 2	2.644 6	2.437 4	2.307 7	2.218 3	2.152 4	2.101 7	2.061 3	2.028 4	2.000 9	1.957 7	1.911 7	1.862 4	1.836 2	1.809 0	1.780 5	1.750 6	1.719 1	1.687 7
18	3.007 0	2.623 9	2.416 0	2.285 8	2.195 8	2.129 6	2.078 5	2.037 9	2.004 7	1.977 0	1.933 3	1.886 8	1.836 8	1.810 3	1.782 7	1.753 7	1.723 2	1.691 0	1.658 8

续附表 6

n_2 \ n_1	1	2	3	4	5	6	7	8	9	10	12	15	20	24	30	40	60	120	∞
($\alpha=0.10$)																			
19	2.989 9	2.605 6	2.397 0	2.266 3	2.176 0	2.109 4	2.058 0	2.017 1	1.983 6	1.955 7	1.911 7	1.864 7	1.814 2	1.787 3	1.759 2	1.729 8	1.698 8	1.665 9	1.632 9
20	2.974 7	2.589 3	2.380 1	2.248 9	2.158 2	2.091 3	2.039 7	1.998 5	1.964 9	1.936 7	1.892 4	1.844 9	1.793 8	1.766 7	1.738 2	1.708 3	1.676 8	1.643 3	1.609 6
21	2.961 0	2.574 6	2.364 9	2.233 3	2.142 3	2.075 1	2.023 3	1.981 9	1.948 0	1.919 7	1.875 0	1.827 1	1.775 6	1.748 1	1.719 3	1.689 0	1.656 9	1.622 8	1.588 4
22	2.948 6	2.561 3	2.351 2	2.219 3	2.127 9	2.060 5	2.008 4	1.966 8	1.932 7	1.904 3	1.859 3	1.811 1	1.759 0	1.731 2	1.702 1	1.671 4	1.638 9	1.604 1	1.569 1
23	2.937 4	2.549 3	2.338 7	2.206 5	2.114 9	2.047 2	1.994 9	1.953 1	1.918 9	1.890 3	1.845 0	1.796 4	1.743 9	1.715 9	1.686 4	1.655 4	1.622 4	1.587 1	1.551 4
24	2.927 1	2.538 3	2.327 4	2.194 9	2.103 0	2.035 1	1.982 6	1.940 7	1.906 3	1.877 5	1.831 9	1.783 1	1.730 2	1.701 9	1.672 1	1.640 7	1.607 3	1.571 5	1.535 1
25	2.917 7	2.528 3	2.317 0	2.184 2	2.092 2	2.024 1	1.971 4	1.929 2	1.894 7	1.865 8	1.820 0	1.770 8	1.717 5	1.689 0	1.658 9	1.627 2	1.593 4	1.557 0	1.520 1
26	2.909 1	2.519 1	2.307 5	2.174 5	2.082 2	2.013 9	1.961 0	1.918 8	1.884 1	1.855 0	1.809 0	1.759 6	1.705 9	1.677 1	1.646 8	1.614 7	1.580 5	1.543 7	1.506 1
27	2.901 2	2.510 6	2.298 7	2.165 5	2.073 0	2.004 5	1.951 5	1.909 1	1.874 3	1.845 1	1.798 9	1.749 2	1.695 1	1.666 2	1.635 6	1.603 2	1.568 6	1.531 3	1.493 1
28	2.893 8	2.502 8	2.290 6	2.157 1	2.064 5	1.995 9	1.942 7	1.900 1	1.865 2	1.835 9	1.789 5	1.739 5	1.685 2	1.656 0	1.625 2	1.592 5	1.557 5	1.519 8	1.481 0
29	2.887 0	2.495 5	2.283 1	2.149 4	2.056 6	1.987 8	1.934 5	1.891 8	1.856 8	1.827 4	1.780 8	1.730 6	1.675 9	1.646 5	1.615 5	1.582 5	1.547 2	1.509 0	1.469 7
30	2.880 7	2.488 7	2.276 1	2.142 2	2.049 2	1.980 3	1.926 9	1.884 1	1.849 0	1.819 5	1.772 7	1.722 3	1.667 3	1.637 7	1.606 5	1.573 2	1.537 6	1.498 9	1.459 0
40	2.835 4	2.440 4	2.226 1	2.090 9	1.996 8	1.926 9	1.872 5	1.828 9	1.792 9	1.762 7	1.714 6	1.662 4	1.605 2	1.574 1	1.541 1	1.505 6	1.467 2	1.424 8	1.380 0
60	2.791 1	2.393 3	2.177 4	2.041 0	1.945 7	1.874 7	1.819 4	1.774 8	1.738 0	1.707 0	1.657 4	1.603 4	1.543 5	1.510 7	1.475 5	1.437 3	1.395 2	1.347 6	1.295 2
130	2.747 8	2.347 3	2.130 0	1.992 3	1.895 9	1.823 8	1.767 5	1.722 0	1.684 2	1.652 4	1.601 2	1.545 0	1.482 1	1.447 2	1.409 4	1.367 6	1.320 3	1.264 6	1.197 7
∞	2.708 1	2.305 2	2.086 5	1.947 7	1.850 2	1.777 1	1.719 7	1.673 3	1.634 7	1.601 9	1.549 1	1.490 6	1.424 3	1.387 0	1.346 0	1.299 6	1.245 0	1.175 0	1.059 0
($\alpha=0.05$)																			
1	161.447 6	199.500 0	215.707 3	224.583 2	230.161 9	233.986 0	236.768 4	238.882 7	240.543 3	241.881 7	243.906 0	245.949 9	248.013 1	249.051 8	250.095 1	251.143 2	252.195 7	253.252 9	254.250 6
2	18.512 8	19.000 0	19.164 3	19.246 8	19.296 4	19.329 5	19.353 2	19.371 0	19.384 8	19.395 9	19.412 5	19.429 1	19.445 8	19.454 1	19.462 4	19.470 7	19.479 1	19.487 4	19.495 2
3	10.128 0	9.552 1	9.276 6	9.117 2	9.013 5	8.940 6	8.886 7	8.845 2	8.812 3	8.785 5	8.744 6	8.702 9	8.660 2	8.638 5	8.616 6	8.594 4	8.572 0	8.549 4	8.527 8
4	7.708 6	6.944 3	6.591 4	6.388 2	6.256 1	6.163 1	6.094 2	6.041 0	5.998 8	5.964 4	5.911 7	5.857 8	5.802 5	5.774 4	5.745 9	5.717 0	5.687 7	5.658 1	5.629 9
5	6.607 9	5.786 1	5.409 5	5.192 2	5.050 3	4.950 3	4.875 9	4.818 3	4.772 5	4.735 1	4.677 7	4.618 8	4.558 1	4.527 2	4.495 7	4.463 8	4.431 4	4.398 5	4.367 0
6	5.987 4	5.143 3	4.757 1	4.533 7	4.387 4	4.283 9	4.206 7	4.146 8	4.099 0	4.060 0	3.999 9	3.938 1	3.874 2	3.841 5	3.808 2	3.774 3	3.739 8	3.704 7	3.671 0
7	5.591 4	4.737 4	4.346 8	4.120 3	3.971 5	3.866 0	3.787 0	3.725 7	3.676 7	3.636 5	3.574 7	3.510 7	3.444 5	3.410 5	3.375 8	3.340 4	3.304 3	3.267 4	3.232 0
8	5.317 7	4.459 0	4.066 2	3.837 9	3.687 5	3.580 6	3.500 5	3.438 1	3.388 1	3.347 2	3.283 9	3.218 4	3.150 3	3.115 2	3.079 4	3.042 8	3.005 3	2.966 9	2.930 0

续附表 6

($\alpha=0.05$)

n_2 \ n_1	1	2	3	4	5	6	7	8	9	10	12	15	20	24	30	40	60	120	∞
9	5.117 4	4.256 5	3.862 5	3.633 1	3.481 7	3.373 8	3.292 7	3.229 6	3.178 9	3.137 3	3.072 9	3.006 1	2.936 5	2.900 5	2.863 7	2.825 9	2.787 2	2.747 5	2.709 2
10	4.964 6	4.102 8	3.708 3	3.478 0	3.325 8	3.217 2	3.135 5	3.071 7	3.020 4	2.978 2	2.913 0	2.845 0	2.774 0	2.737 2	2.699 6	2.660 9	2.621 1	2.580 1	2.540 5
11	4.844 3	3.982 3	3.587 4	3.356 7	3.203 9	3.094 6	3.012 3	2.948 0	2.896 2	2.853 6	2.787 6	2.718 6	2.646 4	2.609 0	2.570 5	2.530 9	2.490 1	2.448 0	2.407 1
12	4.747 2	3.885 3	3.490 3	3.259 2	3.105 9	2.996 1	2.913 4	2.848 6	2.796 4	2.753 4	2.686 6	2.616 9	2.543 6	2.505 5	2.466 3	2.425 9	2.384 2	2.341 0	2.298 9
13	4.667 2	3.805 6	3.410 5	3.179 1	3.025 4	2.915 3	2.832 1	2.766 9	2.714 4	2.671 0	2.603 7	2.533 1	2.458 9	2.420 2	2.380 3	2.339 2	2.296 6	2.252 4	2.209 2
14	4.600 1	3.738 9	3.343 9	3.112 2	2.958 2	2.847 7	2.764 2	2.698 7	2.645 8	2.602 2	2.534 2	2.463 0	2.387 9	2.348 7	2.308 2	2.266 4	2.222 9	2.177 8	2.133 6
15	4.543 1	3.682 3	3.287 4	3.055 6	2.901 3	2.790 5	2.706 6	2.640 8	2.587 6	2.543 7	2.475 3	2.403 4	2.327 5	2.287 8	2.246 8	2.204 3	2.160 1	2.114 1	2.068 8
16	4.494 0	3.633 7	3.238 9	3.006 9	2.852 4	2.741 3	2.657 2	2.591 1	2.537 7	2.493 5	2.424 7	2.352 2	2.275 6	2.235 4	2.193 8	2.150 7	2.105 8	2.058 9	2.012 7
17	4.451 3	3.591 5	3.196 8	2.964 7	2.810 0	2.698 7	2.614 3	2.548 0	2.494 3	2.449 9	2.380 7	2.307 7	2.230 4	2.189 8	2.147 7	2.104 0	2.058 4	2.010 7	1.963 5
18	4.413 9	3.554 6	3.159 9	2.927 7	2.772 9	2.661 3	2.576 7	2.510 2	2.456 3	2.411 7	2.342 1	2.268 6	2.190 6	2.149 7	2.107 1	2.062 9	2.016 6	1.968 1	1.920 0
19	4.380 7	3.521 9	3.127 4	2.895 1	2.740 1	2.628 3	2.543 5	2.476 8	2.422 7	2.377 9	2.308 0	2.234 1	2.155 5	2.114 1	2.071 2	2.026 4	1.979 5	1.930 2	1.881 2
20	4.351 2	3.492 8	3.098 4	2.866 1	2.710 9	2.599 0	2.514 0	2.447 1	2.392 8	2.347 9	2.277 6	2.203 3	2.124 2	2.082 5	2.039 1	1.993 8	1.946 4	1.896 3	1.846 5
21	4.324 8	3.466 8	3.072 5	2.840 1	2.684 8	2.572 7	2.487 6	2.420 5	2.366 0	2.321 0	2.250 4	2.175 7	2.096 0	2.054 0	2.010 2	1.964 5	1.916 5	1.865 7	1.815 1
22	4.300 9	3.443 4	3.049 1	2.816 7	2.661 3	2.549 1	2.463 8	2.396 5	2.341 9	2.296 7	2.225 8	2.150 8	2.070 7	2.028 3	1.984 2	1.938 0	1.889 4	1.838 0	1.786 5
23	4.279 3	3.422 1	3.028 0	2.795 5	2.640 0	2.527 7	2.442 2	2.374 8	2.320 1	2.274 7	2.203 6	2.128 2	2.047 6	2.005 0	1.960 5	1.913 9	1.864 8	1.812 8	1.760 5
24	4.259 7	3.402 8	3.008 8	2.776 3	2.620 7	2.508 2	2.422 6	2.355 1	2.300 2	2.254 7	2.183 4	2.107 7	2.026 7	1.983 8	1.939 0	1.892 0	1.842 4	1.789 6	1.736 6
25	4.241 7	3.385 2	2.991 2	2.758 7	2.603 0	2.490 4	2.404 7	2.337 1	2.282 1	2.236 5	2.164 9	2.088 9	2.007 5	1.964 3	1.919 2	1.871 8	1.821 7	1.768 4	1.714 6
26	4.225 2	3.369 0	2.975 2	2.742 6	2.586 8	2.474 1	2.388 3	2.320 5	2.265 5	2.219 7	2.147 9	2.071 6	1.989 8	1.946 4	1.901 0	1.853 3	1.802 7	1.748 8	1.694 2
27	4.210 0	3.354 1	2.960 4	2.727 8	2.571 9	2.459 1	2.373 2	2.305 3	2.250 1	2.204 3	2.132 3	2.055 8	1.973 6	1.929 9	1.884 2	1.836 1	1.785 1	1.730 6	1.675 4
28	4.196 0	3.340 4	2.946 7	2.714 1	2.558 1	2.445 3	2.359 3	2.291 3	2.236 0	2.190 0	2.117 9	2.041 1	1.958 6	1.914 7	1.868 7	1.820 3	1.768 9	1.713 8	1.657 8
29	4.183 0	3.327 7	2.934 0	2.701 4	2.545 4	2.432 4	2.346 3	2.278 3	2.222 9	2.176 8	2.104 5	2.027 5	1.944 6	1.900 5	1.854 3	1.805 5	1.753 7	1.698 1	1.641 4
30	4.170 9	3.315 8	2.922 3	2.689 6	2.533 6	2.420 5	2.334 3	2.266 2	2.210 7	2.164 6	2.092 1	2.014 8	1.931 7	1.887 4	1.840 9	1.791 8	1.739 6	1.683 5	1.626 1
40	4.084 7	3.231 7	2.838 7	2.606 0	2.449 5	2.335 9	2.249 0	2.180 2	2.124 0	2.077 2	2.003 5	1.924 5	1.838 9	1.792 9	1.744 4	1.692 8	1.637 3	1.576 6	1.513 2
60	4.001 2	3.150 4	2.758 1	2.525 2	2.368 3	2.254 1	2.166 5	2.097 0	2.040 1	1.992 6	1.917 4	1.836 4	1.748 0	1.700 1	1.649 1	1.594 3	1.534 3	1.467 3	1.394 4
120	3.920 1	3.071 8	2.680 2	2.447 2	2.289 9	2.175 0	2.086 8	2.016 4	1.958 8	1.910 5	1.833 7	1.750 5	1.658 7	1.608 4	1.554 3	1.495 2	1.429 0	1.351 9	1.260 8
∞	3.846 1	3.000 2	2.609 4	2.376 4	2.218 6	2.103 1	2.014 2	1.943 0	1.884 6	1.835 4	1.757 0	1.671 4	1.575 8	1.522 8	1.464 8	1.400 1	1.325 0	1.230 0	1.076 4

续附表 6

($\alpha=0.025$)

n_2 \ n_1	1	2	3	4	5	6	7	8	9	10	12	15	20	24	30	40	60	120	∞
1	647.79	799.5	864.16	899.58	921.85	937.11	948.22	956.66	963.28	968.63	976.71	984.87	993.1	997.25	1 001.4	1 005.6	1 009.8	1 014	1 018
2	38.506	39	39.165	39.248	39.298	39.331	39.355	39.373	39.387	39.398	39.415	39.431	39.448	39.456	39.465	39.473	39.481	39.49	39.497
3	17.443	16.044	15.439	15.101	14.885	14.735	14.624	14.54	14.473	14.419	14.337	14.253	14.167	14.124	14.081	14.037	13.992	13.947	13.905
4	12.21 8	10.64 9	9.979 2	9.604 5	9.364 5	9.197 3	9.074 1	8.979 6	8.904 7	8.843 9	8.751 2	8.656 5	8.559 9	8.510 9	8.461 3	8.411 1	8.360 4	8.309 2	8.260 4
5	10.00 7	8.433 6	7.763 6	7.387 9	7.146 4	6.977 7	6.853 1	6.757 2	6.681 1	6.619 2	6.524 5	6.427 7	6.328 6	6.27 8	6.226 9	6.17 5	6.122 5	6.069 3	6.018 6
6	8.813 1	7.259 9	6.598 8	6.227 2	5.987 6	5.819 8	5.695 5	5.599 6	5.523 4	5.461 3	5.366 2	5.268 7	5.168 4	5.117 2	5.065 2	5.012 5	4.958 9	4.904 4	4.852 4
7	8.072 7	6.541 5	5.889 8	5.522 6	5.285 2	5.118 6	4.994 9	4.899 3	4.823 2	4.761 1	4.665 8	4.567 8	4.466 7	4.41 5	4.362 4	4.308 9	4.254 4	4.198 9	4.145 8
8	7.570 9	6.059 5	5.41 6	5.052 6	4.817 3	4.651 7	4.528 6	4.433 3	4.357 2	4.295 1	4.199 7	4.101 2	3.999 5	3.947 2	3.89 4	3.839 8	3.784 4	3.727 9	3.673 7
9	7.209 3	5.714 7	5.078 1	4.718 1	4.484 4	4.319 7	4.19 7	4.10 2	4.02 6	3.963 9	3.868 2	3.769 4	3.666 9	3.614 2	3.560 4	3.505 5	3.449 3	3.391 8	3.336 4
10	6.936 7	5.456 4	4.825 6	4.468 3	4.236 1	4.072 1	3.949 8	3.854 9	3.77 9	3.716 8	3.620 9	3.521 7	3.418 5	3.365 4	3.311	3.255 4	3.198 4	3.139 9	3.083 4
11	6.724 1	5.255 9	4.63	4.275 1	4.044	3.880 7	3.758 6	3.663 8	3.587 9	3.525 7	3.429 6	3.329 9	3.226 1	3.172 5	3.117 6	3.061 3	3.003 5	2.944 1	2.886 5
12	6.553 8	5.095 9	4.474 2	4.121 2	3.891 1	3.728 3	3.606 5	3.511 8	3.435 8	3.373 6	3.277 3	3.177 2	3.072 8	3.018 7	2.963 3	2.906 3	2.847 8	2.787 4	2.728 7
13	6.414 3	4.965 3	4.347 2	3.995 9	3.766 7	3.604 3	3.482 7	3.388	3.31 2	3.249 7	3.153 2	3.052 7	2.947 7	2.893 2	2.837 2	2.779 7	2.720 4	2.659	2.599 3
14	6.297 9	4.856 7	4.241 7	3.891 9	3.663 4	3.501 4	3.379 9	3.285 3	3.209 3	3.146 9	3.050 2	2.949 3	2.843 7	2.788 8	2.732 4	2.674 2	2.614 2	2.551 9	2.491 2
15	6.199 5	4.765	4.152 8	3.804 3	3.576 4	3.414 7	3.293 4	3.198 7	3.122 7	3.060 2	2.963 3	2.862 1	2.755 9	2.700 6	2.643 7	2.58 5	2.524 2	2.461 1	2.399 4
16	6.115 1	4.686 7	4.076 8	3.729 4	3.502 1	3.340 6	3.219 4	3.124 8	3.048 8	2.986 2	2.88 9	2.787 5	2.680 8	2.625 2	2.567 8	2.508 5	2.447 1	2.383 1	2.320 4
17	6.042	4.618 9	4.011 2	3.664 8	3.437 9	3.276 7	3.155 6	3.061	2.984 9	2.922 2	2.824 9	2.723	2.615 8	2.559 8	2.502	2.442 2	2.380 1	2.315 3	2.251 6
18	5.978 1	4.559 7	3.953 9	3.608 3	3.38 2	3.220 9	3.099 9	3.005 3	2.929 1	2.866 4	2.768 9	2.666 7	2.559	2.502 7	2.444 5	2.384 2	2.321 4	2.255 8	2.191 2
19	5.921 6	4.507 5	3.903 4	3.558 7	3.332 7	3.171 8	3.050 9	2.956 3	2.880 1	2.817 2	2.719 6	2.617 1	2.508 9	2.452 3	2.393 7	2.332 9	2.269 6	2.203 2	2.137 6
20	5.871 5	4.461 3	3.858 7	3.514 7	3.289 1	3.128 3	3.007 4	2.912 8	2.836 5	2.773 7	2.675 8	2.573 1	2.464 5	2.407 6	2.348 6	2.287 3	2.223 4	2.156 2	2.089 7
21	5.826 6	4.419 9	3.818 8	3.475 4	3.250 1	3.089 5	2.968 6	2.874	2.797 7	2.734 8	2.636 8	2.533 8	2.424 7	2.367 5	2.308 2	2.246 5	2.181 9	2.114 1	2.046 7
22	5.786 3	4.382 8	3.782 9	3.440 1	3.215 1	3.054 6	2.933 8	2.839 2	2.762 8	2.699 8	2.601 7	2.498 4	2.389	2.331 5	2.271 8	2.209 7	2.144 6	2.076	2.007 7
23	5.749 8	4.349 2	3.750 5	3.408 3	3.183 5	3.023 2	2.902 3	2.807 7	2.731 3	2.668 2	2.569 9	2.466 5	2.356 7	2.298 9	2.238 9	2.176 3	2.110 7	2.041 5	1.972 3
24	5.716 6	4.318 7	3.721 1	3.379 4	3.154 8	2.994 6	2.873 8	2.779 1	2.702 7	2.639 6	2.541 1	2.437 4	2.327 3	2.269 3	2.209	2.146	2.079 9	2.009 9	1.939 9
25	5.686 4	4.290 9	3.694 3	3.353	3.128 7	2.968 5	2.847 8	2.753 1	2.676 6	2.613 5	2.514 9	2.411	2.300 5	2.242 2	2.181 6	2.118 3	2.051 6	1.981 1	1.910 2

续附表 6

n_2 \ n_1	1	2	3	4	5	6	7	8	9	10	12	15	20	24	30	40	60	120	∞
(α=0.025)																			
26	5.658 6	4.265 5	3.669 7	3.328 9	3.104 8	2.944 7	2.824	2.729 3	2.652 8	2.589 6	2.490 8	2.386 7	2.275 9	2.217 4	2.156 5	2.092 8	2.025 7	1.954 5	1.882 8
27	5.633 1	4.242 1	3.647 2	3.306 7	3.082 8	2.922 8	2.802 1	2.707 4	2.630 9	2.567 6	2.468 8	2.364 4	2.253 3	2.194 6	2.133 4	2.069 3	2.001 8	1.929 9	1.857 5
28	5.609 6	4.220 5	3.626 4	3.286 3	3.062 6	2.902 7	2.78 2	2.687 2	2.610 6	2.547 3	2.448 4	2.343 8	2.232 4	2.173 5	2.112 1	2.047 7	1.979 7	1.907 2	1.83 4
29	5.587 8	4.200 6	3.607 2	3.267 4	3.043 8	2.884	2.763 3	2.668 6	2.591 9	2.528 6	2.429 5	2.324 8	2.213 1	2.154	2.092 3	2.027 6	1.959 1	1.886 1	1.812 1
30	5.567 5	4.182 1	3.589 4	3.249 9	3.026 5	2.866 7	2.746	2.651 3	2.574 6	2.511 2	2.412	2.307 2	2.195 2	2.135 9	2.073 9	2.008 9	1.94	1.866 4	1.791 7
40	5.423 9	4.051	3.463 3	3.126 1	2.903 7	2.744 4	2.623 8	2.528 9	2.451 9	2.388 2	2.288 2	2.181 9	2.067 7	2.006 9	1.942 9	1.875 2	1.802 8	1.724 2	1.642 7
60	5.285 6	3.925 3	3.342 5	3.007 7	2.786 3	2.627 4	2.506 8	2.411 7	2.334 4	2.270 2	2.169 2	2.061 3	1.944 5	1.881 7	1.815 2	1.744	1.666 8	1.581	1.488 6
120	5.152 3	3.804 6	3.226 9	2.894 3	2.67 4	2.515 4	2.394 8	2.299 4	2.221 7	2.157	2.054 8	1.945	1.824 9	1.759 7	1.689 9	1.614 1	1.529 9	1.432 7	1.319
∞	5.031 5	3.695 7	3.122 6	2.792 2	2.572 8	2.414 5	2.293 8	2.198 1	2.12	2.054 7	1.951 2	1.839 2	1.715 4	1.647 3	1.573 4	1.491 5	1.397 1	1.279 2	1.091 6
(α=0.01)																			
1	4 052.2	4 999.5	5 403.4	5 624.6	5 763.6	5 85 9	5 928.4	5 981.1	6 022.5	6 055.8	6 106.3	6 157.3	6 208.7	6 234.6	6 260.6	6 286.8	6 313	6 339.4	6 364.3
2	98.503	99	99.166	99.249	99.299	99.333	99.356	99.374	99.388	99.399	99.416	99.433	99.449	99.458	99.466	99.474	99.482	99.491	99.499
3	34.116	30.817	29.457	28.71	28.237	27.911	27.672	27.489	27.345	27.229	27.052	26.872	26.69	26.598	26.505	26.411	26.316	26.221	26.131
4	21.198	18	16.694	15.977	15.522	15.207	14.976	14.799	14.659	14.546	14.374	14.198	14.02	13.929	13.838	13.745	13.652	13.558	13.469
5	16.258	13.274	12.06	11.392	10.967	10.672	10.456	10.289	10.158	10.051	9.888 3	9.722 2	9.552 6	9.466 5	9.379 3	9.291 2	9.202	9.111 8	9.025 9
6	13.745	10.925	9.779 5	9.148 3	8.745 9	8.466 1	8.26	8.101 7	7.976 1	7.874 1	7.718 3	7.559	7.395 8	7.312 7	7.228 5	7.143 2	7.056 7	6.969	6.885 4
7	12.246	9.546 6	8.451 3	7.846 6	7.460 4	7.191 4	6.992 8	6.84	6.718 8	6.620 1	6.469 1	6.314 3	6.155 4	6.074 3	5.992	5.908 4	5.823 6	5.737 3	5.654 8
8	11.259	8.649 1	7.591	7.006 1	6.631 8	6.370 7	6.177 6	6.028 9	5.910 6	5.814 3	5.666 7	5.515 1	5.359 1	5.279 3	5.198 1	5.115 6	5.031 6	4.946 1	4.864 1
9	10.56 1	8.021 5	6.991 9	6.422 1	6.056 9	5.801 8	5.612 9	5.467 1	5.351 1	5.256 5	5.111 4	4.962 1	4.808	4.729	4.648 6	4.566 6	4.483 1	4.397 8	4.315 8
10	10.044	7.559 4	6.552 3	5.994 3	5.636 3	5.385 8	5.200 1	5.056 7	4.942 4	4.849 1	4.705 9	4.558 1	4.405 4	4.326 9	4.246 9	4.165 3	4.081 9	3.996 5	3.914 3
11	9.646	7.205 7	6.216 7	5.668 3	5.316	5.069 2	4.886 1	4.744 5	4.631 5	4.539 3	4.397 4	4.250 9	4.09 9	4.020 9	3.941 1	3.859 6	3.776 1	3.690 4	3.607 8
12	9.330 2	6.926 6	5.952 5	5.412	5.064 3	4.820 6	4.639 5	4.499 4	4.387 5	4.296 1	4.155 3	4.009 6	3.858 4	3.780 5	3.700 8	3.619 2	3.535 5	3.449 4	3.366 2
13	9.073 8	6.701	5.739 4	5.205 3	4.861 6	4.620 4	4.441	4.302 1	4.191 1	4.100 3	3.960 3	3.815 4	3.664 6	3.586 8	3.507	3.425 3	3.341 3	3.254 8	3.170 8
14	8.861 6	6.514 9	5.563 9	5.035 4	4.695	4.455 8	4.277 9	4.139 9	4.029 7	3.939 4	3.800 1	3.655 7	3.505 2	3.427 4	3.347 6	3.265 6	3.181 3	3.094 2	3.009 5
15	8.683 1	6.358 9	5.417	4.893 2	4.555 6	4.318 3	4.141 5	4.004 5	3.894 8	3.804 9	3.666 2	3.522 2	3.371 9	3.29 4	3.214 1	3.131 9	3.047 1	2.959 5	2.874

续附表 6

n_2 \ n_1	1	2	3	4	5	6	7	8	9	10	12	15	20	24	30	40	60	120	∞
($\alpha=0.01$)																			
16	8.531	6.226 2	5.292 2	4.772 6	4.437 4	4.201 6	4.025 9	3.889 6	3.780 4	3.690 9	3.552 7	3.408 9	3.258 7	3.180 8	3.100 7	3.018 2	2.933	2.844 7	2.758 5
17	8.399 7	6.112 1	5.185	4.66 9	4.335 9	4.101 5	3.926 7	3.791	3.682 2	3.593 1	3.455 2	3.311 7	3.161 5	3.083 5	3.003 2	2.920 5	2.834 8	2.745 9	2.658 7
18	8.285 4	6.012 9	5.091 9	4.579	4.247 9	4.014 6	3.840 6	3.705 4	3.597 1	3.508 2	3.370 6	3.227 3	3.077 1	2.999	2.918 5	2.835 4	2.749 3	2.659 7	2.571 7
19	8.184 9	5.925 9	5.010 3	4.500 3	4.170 8	3.938 6	3.765 3	3.630 5	3.522 5	3.433 8	3.296 5	3.153 3	3.003 1	2.924 9	2.844 2	2.760 8	2.674 2	2.583 9	2.495 1
20	8.09 6	5.848 9	4.938 2	4.430 7	4.102 7	3.871 4	3.698 7	3.564 4	3.456 7	3.368 2	3.231 1	3.088	2.937 7	2.859 4	2.778 5	2.694 7	2.607 7	2.516 8	2.427 1
21	8.016 6	5.780 4	4.874	4.368 8	4.042 1	3.811 7	3.639 6	3.505 6	3.398 1	3.309 8	3.173	3.03	2.879 6	2.801	2.72	2.635 9	2.548 4	2.456 8	2.366 2
22	7.945 4	5.719	4.816 6	4.313 4	3.988	3.758 3	3.586 7	3.453	3.345 8	3.257 6	3.120 9	2.977 9	2.827 4	2.748 8	2.667 5	2.583 1	2.495 1	2.402 9	2.311 5
23	7.881 1	5.663 7	4.764 9	4.263 6	3.939 2	3.710 2	3.53 9	3.405 7	3.298 6	3.210 6	3.074	2.931 1	2.780 5	2.701 7	2.620 2	2.535 5	2.447 1	2.354 2	2.261 9
24	7.822 9	5.613 6	4.718 1	4.218 4	3.895 1	3.666 7	3.495 9	3.362 9	3.256	3.168 1	3.031 6	2.888 7	2.73 8	2.659 1	2.577 3	2.492 3	2.403 5	2.31	2.216 8
25	7.769 8	5.568	4.675 5	4.177 4	3.855	3.627 2	3.456 8	3.323 9	3.217 2	3.129 4	2.993 1	2.850 2	2.699 3	2.620 3	2.538 3	2.45 3	2.363 7	2.269 6	2.175 6
26	7.721 3	5.526 3	4.636 6	4.14	3.818 3	3.591 1	3.421	3.288 4	3.181 8	3.094 1	2.957 8	2.815	2.664	2.584 8	2.502 6	2.417	2.327 3	2.232 5	2.137 7
27	7.676 7	5.488 1	4.600 9	4.105 6	3.784 8	3.558	3.388 2	3.255 8	3.149 4	3.061 8	2.925 6	2.782 7	2.631 6	2.552 2	2.469 9	2.384	2.293 8	2.198 5	2.102 9
28	7.635 6	5.452 9	4.568 1	4.074	3.753 9	3.527 6	3.358 1	3.225 9	3.119 5	3.032	2.895 9	2.753	2.601 7	2.522 3	2.439 7	2.353 5	2.262 9	2.167	2.070 6
29	7.597 7	5.420 4	4.537 8	4.044 9	3.725 4	3.499 5	3.330 3	3.198 2	3.092	3.004 5	2.868 5	2.725 6	2.574 2	2.494 6	2.411 8	2.325 3	2.234 4	2.137 9	2.040 6
30	7.562 5	5.390 3	4.509 7	4.017 9	3.69 9	3.473 5	3.304 5	3.172 6	3.066 5	2.979 1	2.843 1	2.700 2	2.548 7	2.468 9	2.386	2.299 2	2.207 9	2.110 8	2.012 8
40	7.314 1	5.178 5	4.312 6	3.828 3	3.513 8	3.291	3.123 8	2.99 3	2.887 6	2.800 5	2.664 8	2.521 6	2.368 9	2.288	2.203 4	2.114 2	2.019 4	1.917 2	1.811 8
60	7.077 1	4.977 4	4.125 9	3.64 9	3.338 9	3.118 7	2.95 3	2.823 3	2.718 5	2.631 8	2.496 1	2.352 3	2.197 8	2.115 4	2.028 5	1.936	1.836 3	1.726 3	1.608 8
120	6.850 9	4.786 5	3.949 1	3.479 5	3.173 5	2.955 9	2.791 8	2.662 9	2.558 6	2.472 1	2.336 3	2.191 5	2.034 6	1.95	1.86	1.762 8	1.655 7	1.533	1.391 1
∞	6.647 6	4.615 8	3.791 4	3.328 5	3.026 4	2.81 1	2.648 2	2.520 1	2.416 2	2.329 8	2.193 6	2.047 5	1.887 5	1.800 2	1.706 1	1.602 5	1.484 2	1.338	1.109 7
($\alpha=0.05$)																			
1	16 211	19 999	21 615	22 500	23 056	23 437	23 715	23 925	24 091	24 224	24 426	24 630	24 836	24 940	25 044	25 148	25 253	25 359	25 458
2	198.5	19.9	199.17	199.25	199.3	199.33	199.36	199.37	199.39	199.4	199.42	199.43	199.45	199.46	199.47	199.47	199.48	199.49	199.5
3	55.552	49.799	47.467	46.195	45.392	44.838	44.434	44.126	43.882	43.686	43.387	43.085	42.778	42.622	42.466	42.308	42.149	41.989	41.838
4	31.333	26.284	24.259	23.155	22.456	21.975	21.622	21.352	21.139	20.967	20.705	20.438	20.167	20.03	19.892	19.752	19.611	19.468	19.333
5	22.785	18.314	16.53	15.556	14.94	14.513	14.2	13.961	13.772	13.618	13.384	13.146	12.903	12.78	12.656	12.53	12.402	12.274	12.151
6	18.635	14.544	12.917	12.028	11.464	11.073	10.786	10.566	10.391	10.25	10.034	9.814	9.588 8	9.474 2	9.358 2	9.240 8	9.121 9	9.001 5	8.886 7

续附表 6

n_2 \ n_1	1	2	3	4	5	6	7	8	9	10	12	15	20	24	30	40	60	120	∞
($\alpha=0.05$)																			
7	16.236	12.404	10.882	10.05	9.522 1	9.155 3	8.885 4	8.678 1	8.513 8	8.380 3	8.176 4	7.967 8	7.754	7.645	7.534 5	7.422 4	7.308 8	7.193 3	7.083 1
8	14.688	11.042	9.596 5	8.805 1	8.301 8	7.952	7.694 1	7.495 9	7.338 6	7.210 6	7.014 9	6.814 3	6.608 2	6.502 9	6.396 1	6.287 5	6.177 2	6.064 9	5.957 5
9	13.614	10.107	8.717 1	7.955 9	7.471 2	7.133 9	6.884 9	6.693 3	6.541 1	6.417 2	6.227 4	6.032 5	5.831 8	5.729 2	5.624 8	5.518 6	5.410 4	5.300 1	5.194 3
10	12.826	9.427	8.080 7	7.342 8	6.872 4	6.544 6	6.302 5	6.115 9	5.967 6	5.846 7	5.661 3	5.470 7	5.274	5.173 2	5.070 6	4.965 9	4.859 2	4.750 1	4.645 3
11	12.226	8.912 2	7.600 4	6.880 9	6.421 7	6.101 6	5.864 8	5.682 1	5.536 8	5.418 3	5.236 3	5.048 9	4.855 2	4.755 7	4.654 3	4.550 8	4.445	4.336 7	4.232 3
12	11.754	8.509 6	7.225 8	6.521 1	6.071 1	5.757	5.524 5	5.345 1	5.202 1	5.085 5	4.906 2	4.721 3	4.529 9	4.431 4	4.330 9	4.228 2	4.122 9	4.014 9	3.910 7
13	11.374	8.186 5	6.925 8	6.233 5	5.791	5.481 9	5.252 9	5.076 1	4.935 1	4.819 9	4.642 9	4.46	4.270 3	4.172 6	4.072 7	3.970 4	3.865 5	3.757 7	3.653 3
14	11.06	7.921 6	6.680 4	5.998 4	5.562 3	5.257 4	5.031 3	4.856 6	4.717 3	4.603 4	4.428 1	4.246 8	4.058 5	3.961 4	3.861 9	3.76	3.655 2	3.547 3	3.442 7
15	10.798	7.700 8	6.476	5.802 9	5.372 1	5.070 8	4.847 3	4.674 4	4.536 4	4.423 5	4.249 7	4.069 8	3.882 6	3.785 9	3.686 7	3.585	3.480 3	3.372 2	3.267 1
16	10.575	7.513 8	6.303 4	5.637 8	5.211 7	4.913 4	4.692	4.520 7	4.383 8	4.271 9	4.099 4	3.920 5	3.734 2	3.637 8	3.538 9	3.437 2	3.332 4	3.224	3.118 4
17	10.384	7.353 6	6.155 6	5.496 7	5.074 6	4.778 9	4.559 4	4.389 4	4.253 5	4.142 4	3.970 9	3.792 9	3.607 3	3.511 2	3.412 4	3.310 8	3.205 8	3.097 1	2.990 8
18	10.218	7.214 8	6.027 8	5.374 6	4.956	4.662 7	4.444 8	4.275 9	4.141	4.030 5	3.859 9	3.682 7	3.497 7	3.401 7	3.303	3.201 4	3.096 2	2.987 1	2.880 2
19	10.073	7.093 5	5.916 1	5.268 1	4.852 6	4.561 4	4.344 8	4.177	4.042 8	3.932 9	3.763 1	3.586 6	3.402	3.306 2	3.207 5	3.105 8	3.000 4	2.890 8	2.783 2
20	9.943 9	6.986 5	5.817 7	5.174 3	4.761 6	4.472 1	4.256 9	4.09	3.956 4	3.847	3.677 9	3.502	3.317 8	3.222	3.123 4	3.021 5	2.915 9	2.805 8	2.697 5
21	9.829 5	6.891 4	5.730 4	5.091 1	4.680 9	4.393 1	4.178 9	4.012 8	3.879 9	3.770 9	3.602 4	3.427	3.243 1	3.147 4	3.048 8	2.946 7	2.840 8	2.730 2	2.621 2
22	9.727 1	6.806 4	5.652 4	5.016 8	4.608 8	4.322 5	4.109 4	3.944	3.811 6	3.703	3.535	3.36	3.176 4	3.080 7	2.982 1	2.879 9	2.773 6	2.662 5	2.552 7
23	9.634 8	6.73	5.582 3	4.95	4.544 1	4.259 1	4.046 9	3.882 2	3.750 2	3.642	3.474 5	3.299 9	3.116 5	3.020 8	2.922 1	2.819 7	2.713 2	2.601 5	2.491
24	9.551 3	6.660 9	5.519	4.889 8	4.485 7	4.201 9	3.990 5	3.826 4	3.694 9	3.587	3.419 9	3.245 6	3.062 4	2.966 7	2.867 9	2.765 4	2.658 5	2.546 3	2.435
25	9.475 3	6.598 2	5.461 5	4.835 1	4.432 7	4.15	3.939 4	3.775 8	3.644 7	3.537	3.370 4	3.196 3	3.013 3	2.917 6	2.818 7	2.716	2.608 8	2.496 1	2.383 9
26	9.405 9	6.540 9	5.409 1	4.785 2	4.384 4	4.102 7	3.892 8	3.729 7	3.598 9	3.491 6	3.325 2	3.151 5	2.968 5	2.872 8	2.773 8	2.670 9	2.563 3	2.450 1	2.337 2
27	9.342 3	6.488 5	5.361 1	4.739 6	4.340 2	4.059 4	3.850 1	3.687 5	3.557 1	3.449 9	3.283 9	3.110 4	2.927 5	2.831 8	2.732 7	2.629 6	2.521 7	2.407 9	2.294 2
28	9.283 8	6.440 3	5.317	4.697 7	4.299 6	4.019 7	3.811	3.648 7	3.518 6	3.411 7	3.246	3.072 7	2.889 9	2.794 1	2.694 9	2.591 6	2.483 4	2.369	2.254 5
29	9.229 7	6.395 8	5.276 4	4.659 1	4.262 2	3.983 1	3.774 9	3.613 1	3.483 2	3.376 5	3.211	3.037 9	2.855 1	2.759 4	2.66	2.556 5	2.447 9	2.333 1	2.217 8
30	9.179 7	6.354 7	5.238 8	4.623 4	4.227 6	3.949 2	3.741 6	3.580 1	3.450 5	3.344	3.178 7	3.005 7	2.823	2.727 2	2.627 8	2.524 1	2.415 1	2.299 8	2.183 7
40	8.827 9	6.066 4	4.975 8	4.373 8	3.986	3.712 9	3.508 8	3.349 8	3.222	3.116 7	2.953 1	2.781 1	2.598 4	2.502	2.401 5	2.295 8	2.183 8	2.063 6	1.940 1
60	8.494 6	5.795	4.729	4.139 9	3.759 9	3.491 8	3.291 1	3.134 4	3.008 3	2.904 2	2.741 9	2.570 5	2.387 2	2.289 8	2.187 4	2.078 9	1.962 2	1.834 1	1.697 9
120	8.178 8	5.539 3	4.497 2	3.920 7	3.548 2	3.284 9	3.087 4	2.933	2.808 3	2.705 2	2.543 9	2.372 7	2.188 1	2.089	1.984	1.870 9	1.746 9	1.605 5	1.443 2
∞	7.897	5.312 4	4.292 1	3.727	3.361 5	3.102 5	2.907 9	2.755 3	2.631 9	2.529 7	2.369 1	2.197 6	2.010 9	1.909 5	1.800 6	1.681 2	1.545 5	1.379 2	1.122 1

参考文献

[1] 陈希孺. 概率论与数理统计[M]. 北京:科学出版社,2002.
[2] 茆诗松,程依明,濮晓龙. 概率论与数理统计教程[M]. 北京:高等教育出版社,2004.
[3] 孔繁亮. 概率论与数理统计[M]. 哈尔滨:哈尔滨工业大学出版社,1994.
[4] 盛骤,谢式千,潘承毅. 概率论与数理统计[M]. 北京:高等教育出版社,2001.
[5] 吴翊,李永乐,胡庆军. 应用数理统计[M]. 北京:国防科技大学出版社,1995.
[6] MORRIS H, DEGROOT MARK J, SCHERVISH. 概率统计[M]. 3 版. 叶中行,王蓉华,徐晓岭,译. 北京:人民邮电出版社,2007.
[7] 吴赣昌. 概率论与数理统计[M]. 北京:中国人民大学出版社,2006.